Ehrmann
Kompakt-Training
Logistik

Kompakt-Training
Praktische Betriebswirtschaft
Herausgeber Professor Klaus Olfert

www.kiehl.de

Logistik

Von
Prof. Dr. Harald Ehrmann

6. Auflage

kiehl

Herausgeber:
Prof. Klaus Olfert
76530 Baden-Baden

ISBN 978-3-470-**53446**-6 · 6. Auflage 2013

Kiehl ist eine Marke des NWB Verlags

Satz: Röser MEDIA GmbH & Co. KG, Karlsruhe
Druck: medienHaus Plump GmbH, Rheinbreitbach

Kompakt-Training Praktische Betriebswirtschaft

Das Kompakt-Training Praktische Betriebswirtschaft ist aus der Notwendigkeit entstanden, dass Wissen immer häufiger unter erheblichem Zeit- und Erfolgsdruck erworben oder reaktiviert werden muss. Den vielfältigen betriebswirtschaftlichen Fakten und Zusammenhängen, die aufzunehmen sind, stehen eng begrenzte Zeitbudgets gegenüber.

Die vorliegende Fachbuchreihe ist darauf ausgerichtet, die Leser darin zu unterstützen, rasch und fundiert in die verschiedenen betriebswirtschaftlichen Themenbereiche einzudringen sowie diese aufzufrischen. Sie eignet sich in besonderer Weise für:

- Studierende an Fachhochschulen, Akademien und Universitäten
- Fortzubildende an öffentlichen und privaten Bildungsinstitutionen
- Fach- und Führungskräfte in Unternehmen und sonstigen Organisationen.

Das Kompakt-Training Praktische Betriebswirtschaft ist auch zum Selbststudium sehr gut geeignet, nicht zuletzt wegen seiner herausragenden Gestaltungsmerkmale. Jeder einzelne Band der Fachbuchreihe zeichnet sich u. a. aus durch:

- kompakte und praxisbezogene Darstellung
- systematischen und lernfreundlichen Aufbau
- viele einprägsame Beispiele, Tabellen, Abbildungen
- 50 praxisbezogene Übungen mit Lösungen
- MiniLex mit 150 - 200 Stichworten.

Für Anregungen, die der weiteren Verbesserung dieses Lernkonzeptes dienen, bin ich dankbar.

Prof. Klaus Olfert
Herausgeber

Feedbackhinweis

Kein Produkt ist so gut, dass es nicht noch verbessert werden könnte. Ihre Meinung ist uns wichtig. Was gefällt Ihnen gut? Was können wir in Ihren Augen verbessern? Bitte schreiben Sie einfach eine E-Mail an: **c.ziegler@kiehl.de**

Als kleines Dankeschön verlosen wir unter allen Teilnehmern einmal pro Monat ein Buchgeschenk!

Vorwort zur 6. Auflage

Die Logistik ist ein bereits sehr alter Bereich, ihre Anfänge reichen in die frühe Menschheitsgeschichte zurück. Immer wenn Menschen oder Gegenstände über bestimmte Entfernungen hinweg bewegt wurden, war ein Durchdenken, Planen und Organisieren erforderlich, und es wurden logistische Maßnahmen ergriffen. Eine moderne Logistik wurde jedoch erst in den 60er-Jahren des 20. Jahrhunderts in Ansätzen entwickelt.

Zunächst handelt es sich bei der Logistik um eine reine Distributionslogistik, im Laufe der Jahre wurde ihr Aufgabenbereich wesentlich erweitert. Heute stellt sie ein umfassendes betriebswirtschaftliches Gebiet dar.

Wenn auch noch keine einheitliche Auffassung über die Logistik besteht, kann dennoch festgestellt werden, dass es sich bei ihr um aus den Unternehmenszielen abgeleitete, planerische und ausführende Maßnahmen sowie Instrumente zur Gewährleistung eines optimalen Material-, Wert- und Informationsflusses im Verlauf des Leistungserstellungsprozesses handelt.

Das vorliegende Buch verfolgt das Ziel, die Kernbereiche der Logistik in einer verständlichen und übersichtlichen Form für Lehre und Praxis darzustellen.

Neben den Grundlagen der Logistik werden dem Leser ihre wichtigsten Einzelaufgaben sowie ihre bereichs- und unternehmensübergreifenden Aufgaben nahegebracht. Teilbereiche, wie der Aufbau von Logistikkonzeptionen, die Eingliederung der Logistik in die Unternehmensorganisation, das Setzen von Logistikzielen und die Logistikplanung, werden ebenso behandelt wie die wichtigsten Bereichslogistiken. Die betriebswirtschaftlichen, technischen und informationellen Komponenten der Logistik werden in den einzelnen Kapiteln zum Ausdruck gebracht.

Bei der Fülle der logistischen Aufgaben kann nicht auf jede Einzelfrage eingegangen werden, sondern es war erforderlich, Schwerpunkte zu setzen.

Für die sechste Auflage wurden die einzelnen Kapitel überarbeitet, teilweise aktualisiert und ergänzt. Von der Ergänzung sind in erster Linie die Bereiche Logistik-Controlling, Informationstechnologie, Risikomanagement, Gütertransport sowie Entsorgungslogistik betroffen.

Die zahlreichen Aufgaben und das Mini-Lexikon dienen der Wissensüberprüfung und ermöglichen dem Leser, sich einen kurzen Überblick über wichtige Themen aus der Logistik zu verschaffen.

Ich danke meinen Lesern für zahlreiche wertvolle Anregungen.

Prof. Harald Ehrmann
Bielefeld, Bad Reichenhall, im Juni 2013

Benutzungshinweise

Aufgaben/Fälle

Die Aufgaben/Fälle im Übungsteil dienen der Wissens- und Verständniskontrolle. Auf sie wird jeweils im Textteil hingewiesen:

Aufgabe 1 > Seite 269

Aufgabe 2 > Seite 269

Der Übungsteil befindet sich als „blauer Teil" am Ende des Buches. Es wird empfohlen, die Aufgaben/Fälle unmittelbar nach Bearbeitung der entsprechenden Textstellen zu lösen.

Diese Symbole erleichtern Ihnen die Arbeit mit diesem Buch:

TIPP

Hier finden Sie nützliche Hinweise zum Thema.

MERKE

Das X macht auf wichtige Merksätze oder Definitionen aufmerksam.

ACHTUNG

Das Ausrufezeichen steht für Beachtenswertes, wie z. B. Fehler, die immer wieder vorkommen, typische Stolpersteine oder wichtige Ausnahmen.

INFO

Hier erhalten Sie nützliche Zusatz- und Hintergrundinformationen zum Thema.

RECHTSGRUNDLAGEN

Das Paragrafenzeichen verweist auf rechtliche Grundlagen, wie z. B. Gesetzestexte.

MEDIEN

Das Maus-Symbol weist Sie auf andere Medien hin. Sie finden hier Hinweise z. B. auf Download-Möglichkeiten von Zusatzmaterialien, auf Audio-Medien oder auf die Website von Kiehl.

Aus Gründen der Praktikabilität und besseren Lesbarkeit wird darauf verzichtet, jeweils männliche und weibliche Personenbezeichnungen zu verwenden. So können z. B. Mitarbeiter, Arbeitnehmer, Vorgesetzte grundsätzlich sowohl männliche als auch weibliche Personen sein.

A. Grundlagen

Kaum ein Bereich hat in den letzten Jahren so an Bedeutung, aber auch an Bekanntheit gewonnen wie der der Logistik. Nicht nur aus dem Betriebsgeschehen ist die Logistik nicht mehr wegzudenken, auch der Außenstehende wird nahezu auf Schritt und Tritt damit konfrontiert. Aufschriften auf Transportmitteln, Firmenschilder und diverse Werbemittel weisen plakativ auf logistische Komplexe hin.

Dass die Logistik so sehr in den Vordergrund gerückt ist, hat seine Ursache in den steigenden Anforderungen an die Unternehmen, den Material-, Werte- und Informationsfluss optimal zu gestalten. Aufgabe der Logistik ist ja die optimale Gestaltung dieses Flusses.

In den nächsten Kapiteln sollen die folgenden Grundlagen der Logistik betrachtet werden:

Grundlagen	Begriff der Logistik
	Entwicklung der Logistik
	Hauptbereiche der Logistik
	Logistikkonzeption
	Logistik in der Organisation

1. Logistikbegriff

In der betriebswirtschaftlichen Literatur lässt sich **keine einheitliche Definition** der Logistik finden. Auch in der betrieblichen Praxis umfasst der Logistikbegriff unterschiedliche Inhalte. Je nach dem Aufgabenschwerpunkt, der der Logistik zugewiesen wird, unterscheidet sich die Definition.

Unternimmt man den Versuch, eine **umfassende Beschreibung** der Logistik zu finden, gelangt man zu dem folgenden Ergebnis:

Logistik stellt die aus den Unternehmenszielen abgeleiteten planerischen und ausführenden Maßnahmen und Instrumente zur Gewährleistung eines optimalen Material-, Wert- und Informationsflusses im Rahmen des betrieblichen Leistungserstellungsprozesses dar, wobei dieser sich von der Beschaffung von Produktionsfaktoren und Informationen über deren Bearbeitung und Weiterleitung bis zur Distribution der erstellten Leistung erstreckt.

Gliedert man die Logistik in einzelne Aufgaben auf, erhält man die von *Jünemann* formulierten „sechs r“,

- die richtige Menge
- der richtigen Objekte (Güter, Personen, Energie, Informationen)
- am richtigen Ort (Quelle oder Senke im System)
- zum richtigen Zeitpunkt
- in der richtigen Qualität
- zu den richtigen Kosten

bereitzustellen und zu einer Gesamtfunktion zu vereinigen.

Der Logistikdefinition lässt sich unschwer entnehmen, dass die Logistik nicht mehr wie in früheren Zeiten das interne und externe Transportwesen umfasst, sondern ein Flusskonzept darstellt.

Befasst man sich mit der Logistik, ist auf jeden Fall zu beachten, dass sie nicht eine Aneinanderreihung von Maßnahmen und Konzepten sein darf, sondern, dass eine logistische Konzeption zu entwickeln ist.

Die Logistik ist eine wichtige betriebliche Funktion neben anderen bedeutenden Funktionen.

In Bezug auf einzelne Unternehmen bzw. auf Unternehmen des gleichen Zweiges muss zwischen folgenden **Logistikformen** unterschieden werden:

- Unternehmenslogistik als die Logistik des jeweils betrachteten Unternehmens
- Logistik der Unternehmen, mit denen das betrachtete Unternehmen in Beziehung steht, bzw. mit Auswirkungen auf diese
- Branchenlogistiken.

2. Entwicklung der Logistik

Die Logistik kann auf eine lange Geschichte zurückblicken. Immer dann, wenn Menschen oder Gegenstände über bestimmte Entfernungen bewegt wurden, war ein Durchdenken, Planen und Organisieren erforderlich, wurden logistische Maßnahmen ergriffen.

Es handelte sich dabei um (*Schmidt*)

- ganze Völkerbewegungen
- lokal- und gruppenbezogene Bevölkerungsbewegungen
- Bewegungen von Truppen
- Entdeckungs- und Eroberungsreisen
- Handelsreisen
- Erholungsreisen
- Erstellung von Behausungen, später von Bauten.

Der Begriff Logistik entstammt dem militärischen Bereich und wurde zunächst für die Gestaltung des Nachschubwesens und von Truppenbewegungen eingesetzt.

Im zivilen Bereich wurde der Logistikbegriff zuerst in den 60er-Jahren des 20. Jahrhunderts verwendet.

In den Anfangsjahren der Logistik wurden einzelne Logistikaufgaben isoliert voneinander vorgenommen.

Die Entwicklung der Logistik vollzog sich in mehreren Phasen.

In ihrer ersten Phase war die Logistik eine reine **Distributionslogistik,** die die optimale Belieferung der Käufer zum Inhalt hatte.

Der **Beschaffungsseite** wurde in einer späteren Phase größere Aufmerksamkeit gewidmet als Beschaffungskrisen auf den Rohstoff- und Energiemärkten auftraten. Die Gewährleistung der Versorgungssicherheit wurde zu einem Schwerpunkt der Logistik.

Die stärkere Berücksichtigung der Innenperspektiven in den Unternehmen und damit verbunden der Übergang vom reinen Marketingdenken zum Material-flow-Denken bewirkte einen verstärkten Einsatz der Logistik im Produktionsbereich (*Ericsson*). Die rasante technische Entwicklung vor allem im Computerbereich war dafür hauptverantwortlich.

In den folgenden Logistikphasen stand der **Integrationsgedanke** im Vordergrund. Logistikaktivitäten in den einzelnen Unternehmensbereichen wurden zu „Einzellogistiken" zusammengefasst, die miteinander verknüpft wurden.

Die aktuelle Phase der Logistik ist gekennzeichnet durch ihre Berücksichtigung im strategischen Bereich und durch das Bemühen, unternehmensübergreifende Logistik-Konzeptionen zu entwickeln.

Eine Betrachtung der Logistik unter drei Aspekten verdeutlicht ihre Entwicklung:

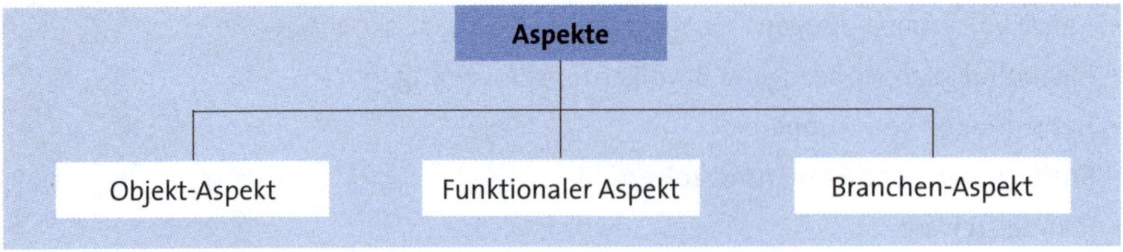

Betrachtet man die Entwicklung der Logistik unter dem Aspekt des **Objektes** stellt man fest, dass im Laufe der Jahre zu den Objekten Material und Erzeugnissen bzw. Waren die Informationen hinzugekommen sind. Ob die Beschaffung und Bereitstellung von Personal eine logistische Aufgabe ist, bleibt umstritten.

Sieht man die Entwicklung der Logistik unter funktionalem Aspekt, kann man feststellen, dass zu den klassischen Logistikfunktionen Einkauf, Lagerung, Transport, Produktion, Distribution u. Ä. die sehr wichtige Entsorgungsfunktion hinzugekommen ist.

Stellt man den Branchen-Gesichtspunkt bei der Betrachtung der Logistik-Entwicklung in den Vordergrund, erkennt man das Bestreben von immer mehr Branchen zum einen eine eigene Logistik zu entwickeln und zum anderen Branchen übergreifende Konzepte zu erarbeiten.

Aufgabe 1 > Seite 269

3. Hauptbereiche der Logistik

Unter Logistik werden planerische und ausführende Maßnahmen und Instrumente zur Gestaltung eines optimalen Material-, Wert- und Informationsflusses im Rahmen des Leistungserstellungsprozesses verstanden. Demnach existiert für die Logistik eine Vielzahl von Einsatzschwerpunkten. Geht man den logistischen Aufgaben auf den Grund, kann man erkennen, dass sie nahezu alle Unternehmensbereiche tangieren.

Haupteinsatzgebiete sind

- Beschaffung
- Lagerung
- Transport
- Distribution
- Entwicklung und Konstruktion
- Fabrikplanung (Layout)
- Fertigungsplanung
- Fertigungsorganisation
- Fertigungssteuerung
- Instandhaltung
- Disposition
- Entsorgung
- Verkaufsplanung
- Verkaufsorganisation
- Informationsbeschaffung
- Informationsverarbeitung etc.

Will man wichtige Logistikaufgaben einzelnen Unternehmensbereichen zuordnen, erhält man Logistikanwendungen, wie sie in der folgenden Tabelle wiedergegeben werden. Es muss auch an dieser Stelle betont werden, dass die einzelnen Logistikaufgaben bzw. -komplexe auf keinen Fall isoliert betrachtet werden dürfen, sondern in ein Logistikkonzept einzubetten sind (vgl. Kap. A.4.3).

Logistikanwendung	Logistikaufgaben
Beschaffungslogistik	Planung und Durchführung von Maßnahmen, die zur optimalen Gestaltung der Beschaffung ab den Beschaffungsmärkten bis in die Läger bzw. bis in die Produktion erforderlich sind
Lagerlogistik	Planung und Durchführung von Maßnahmen zur optimalen Standortwahl, zur Gestaltung optimaler Lagersysteme, einer optimalen Lagerorganisation und optimaler Lagertechnik
Produktionslogistik	Planung und Durchführung von Maßnahmen zur optimalen Gestaltung des Leistungsflusses von der Übernahme der bereitgestellten Produktionsfaktoren bis zur Abgabe der fertig gestellten Produkte an die Distribution
Transportlogistik	Planung und Durchführung von Maßnahmen zur optimalen Gestaltung des Transportes bei der Wahl der Transportmittel, Transportwege, Beladung und Entladung, Übergabe u. Ä.
Ersatzteillogistik	Planung und Durchführung von Maßnahmen zur optimalen Beschaffung und optimalen Gestaltung der Verfügbarkeit von Ersatzteilen
Instandhaltungslogistik	Planung und Durchführung von Maßnahmen zur Gewährleistung der ständigen Betriebsbereitschaft der Anlagen
Distributionslogistik	Planung und Durchführung von Maßnahmen zur optimalen Gestaltung des Leistungsprozesses der Übernahme der Produkte aus der Produktion und deren Weiterleitung und Übergabe an die Käufer
Entsorgungslogistik	Planung und Durchführung von Maßnahmen zur kostengünstigen und Umwelt schonenden Entsorgung nicht mehr benötigter Stoffe und Substanzen
Informationslogistik	Planung und Durchführung der Maßnahmen zur Gestaltung eines reibungslosen Informationsflusses
Branchenlogistiken ▸ Speditionslogistik ▸ Krankenhauslogistik ▸ Zuliefererlogistik u. Ä.	

4. Logistikkonzeption

4.1 Einführende Überlegungen

Logistische Aufgaben tangieren fast sämtliche Unternehmensbereiche. Dies zwingt dazu, logistische Funktionen nicht isoliert zu sehen und auszuführen, sondern in einen Gesamtzusammenhang zu stellen, ein Logistikkonzept zu entwickeln. Dieses bildet den Rahmen für die Formulierung der Aufgaben in den einzelnen Logistikbereichen (*Rupper*).

Ein Logistikkonzept verdeutlicht die Abhängigkeiten einzelner Bereiche und Prozesse voneinander und versucht eine bereichsübergreifende Abstimmung zu erreichen.

Ein Logistikkonzept muss dazu beitragen, Bereichsegoismen und Ressortdenken zu überwinden und die einzelnen Bereiche zu einer **Prozesskette** zu verknüpfen.

Wird ein Logistikkonzept entwickelt, werden die Konsequenzen logistischer Maßnahmen der einzelnen Bereiche für andere Bereiche erkannt und so gesteuert, dass sie auch in diesen, möglicherweise sogar im ganzen Unternehmen wirksam werden.

Ein Logistikkonzept muss ein **integriertes Konzept** sein. Eine Vollintegration wird allerdings in der Regel nicht möglich sein; eine völlige zeitliche und sachliche Abstimmung sämtlicher logistischer Aktivitäten aufeinander wird sich nur selten vornehmen lassen.

Das einem Logistikkonzept innewohnende ganzheitliche Denken ist ein

- Systemdenken
- Flussdenken
- Querschnittsfunktionsdenken

mit folgenden Inhalten (*Pfohl*):

Systemdenken	Elemente eines Logistiksystems können nicht isoliert ohne Auswirkungen auf andere Elemente verändert werden, und nur durch ihren Verbund können Synergieeffekte erreicht werden. Ziel ist stets die Optimierung des Gesamtsystems und nicht einzelner Teilbereiche (*Schulte*).
Flussdenken	Der gesamte Güter- und Informationsfluss in der Logistikkette zwischen Lieferanten und Kunden steht im Vordergrund. Erreicht werden soll ein ununterbrochener Fluss vom Anfang bis zum Ende der Kette.
Querschnittsfunktionsdenken	In der Regel konkurrieren Ziele der einzelnen Bereiche miteinander; dennoch müssen Logistikentscheidungen, die bereichsüberschreitend sind, so gefällt werden, dass die übergeordneten Ziele erfüllt werden. Eine optimale organisatorische Regelung der Schnittstellenaufgaben zwischen den einzelnen Funktionen und der Logistik trägt zur Erfüllung dieser Forderung bei.

Das erwähnte ganzheitliche Denken und das ganzheitliche Handeln („Total-System-Concept“) können nur realisiert werden, wenn die folgenden **Voraussetzungen** erfüllt werden, nämlich

- Logistik von der obersten Führungsebene steuern
- logistische Ziele und Strategien entwerfen
- logistische Aktivitäten in einem Gesamtzusammenhang sehen
- gute und motivierte Mitarbeiter für Logistikaufgaben einsetzen
- die Auswirkungen logistischer Maßnahmen erkennen
- die Kosten logistischer Maßnahmen erkennen, von anderen Kosten abgrenzen und den richtigen Objekten zurechnen
- auf allen hierarchischen Ebenen erkennen, dass Logistik keinen Selbstzweck darstellt, sondern der Erfüllung der wichtigsten betrieblichen Ziele dient
- die logistischen Aktivitäten so ausrichten, dass der Marketinggedanke der optimalen Erfüllung der Kundenwünsche voll berücksichtigt wird
- mit den Lieferanten optimal kooperieren
- Informationshemmnisse im Unternehmen abbauen
- sich technischen und organisatorischen Entwicklungen nicht verschließen
- sich geeigneten technischen Hilfsmitteln nicht verschließen, diese jedoch tatsächlich nur als Hilfsmittel betrachten
- stets kooperations- und lernbereit sein
- dafür Sorge tragen, dass die Logistik auf Zustimmung stößt und von sämtlichen Führungsebenen und breiten Mitarbeiterschichten getragen wird (vgl. auch *Bichler/ Schröter*).

Die die Logistikaufgaben verknüpfende **Logistikkette** beginnt und endet nicht an den Unternehmenstoren. Wird ein Logistikkonzept entwickelt, muss überlegt werden, wie alle externen und internen Partner (Mitarbeiter) in eine Logistikkette eingebunden werden können. Dabei ist von einer starken Vernetzung der Wertschöpfungskette auszugehen. *„Kernpunkte dieses Ansatzes sind die enge und vertrauensvolle Zusammenarbeit mit internen und externen Lieferanten und Kunden und deren Leistungen in Bezug auf Zeit, Kosten und Qualität“* (*Dehr*).

Die alle Beteiligten einbindende Kette wird auch als **Supply Chain** bezeichnet.

Die Supply Chain kann durch zwei eng miteinander verknüpfte Prozesse dargestellt werden, durch den rein physischen Prozess der innerbetrieblichen Transport-, Lager- und Umschlagsvorgänge sowie die Beschaffungs- und Warenverteilungsprozesse und durch den Informationsfluss (vgl. Kap. A.7).

Der Informationsfluss trägt dazu bei, die Logistik strategisch zu gestalten und den Materialfluss aktuell zu lenken. Um dies zu erreichen, müssen die Mitglieder der Kette über Informationen verfügen, die dem Materialfluss vorauseilen, ihn begleiten und ihm nachfolgen (*Melzer-Ridinger*).

Aufgabe 2 > Seite 269

4.2 Supply Chain Management

Der seit einiger Zeit viel verwendete Begriff Supply Chain Management erstreckt sich auf Bestrebungen, die Logistikkette zu optimieren.

Das Supply Chain Management-Konzept berücksichtigt vor allem die Kundenzufriedenheit und Kundenbindung und wird im Zusammenhang mit dem **Efficient Consumer Response** (**ECR**) gesehen. Dem Wesen nach ist das ECR-Konzept ein Marketingkonzept. *Reichel* führt aus, dass es sich um einen überbetrieblichen Ansatz mit einer internationalen über Branchen hinausgehenden Betrachtungsweise handelt, der es möglich machen soll durch den Austausch sensibler Daten in Bezug auf Logistik, Marketing und Organisation gemeinsam besser und gezielter vorgehen zu können.

Das ECR-Konzept basiert auf zwei Elementen, dem Supply Chain Management und dem Category Management. Folgende Darstellung zeigt die Zusammenhänge:

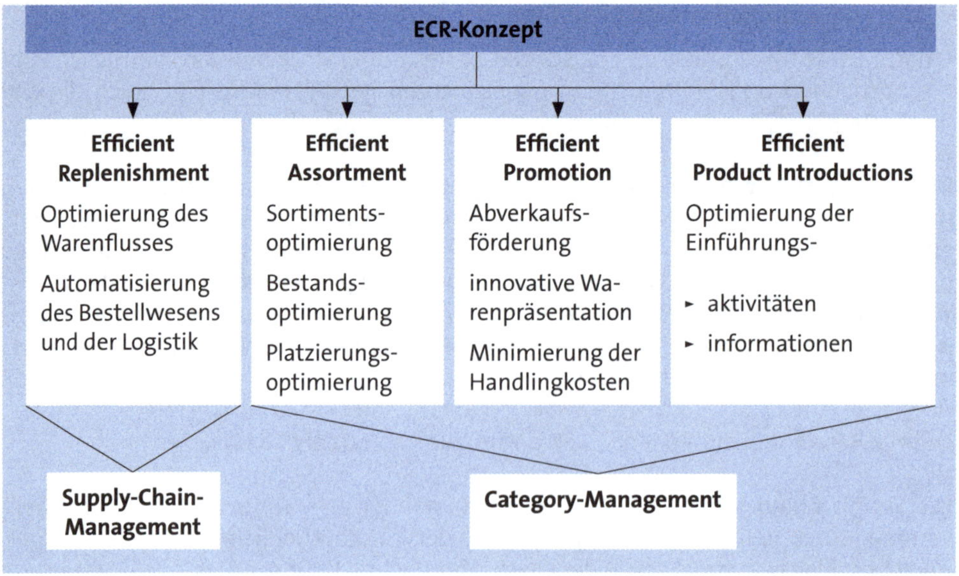

Quelle: *Reichel*

Das **Category Management** sieht Warengruppen als Strategische Geschäftseinheiten, für die, aufbauend auf den Bedürfnissen und Wünschen der Kunden in Zusammenarbeit von Herstellern und Handel, Strategien entwickelt werden, die zu einer *„Verbesserung der gesamten Leistung einer Warengruppe, d. h. einer 'Category' führen"* (*Reichel*).

Das **Supply Chain Management** ist bestrebt, Geschäftsprozesse effizient zu gestalten und will vor allem dazu beitragen, Schnittstellen zu vermeiden bzw. besser aufeinander abzustimmen.

Schnittstellen entstehen beim Übergang von Bearbeitungsschritten von einer Stelle zu einer anderen innerhalb eines Geschäftsprozesses. Sie sind meistens mit Störungen und Mehrarbeit verbunden. Da sich Geschäftsprozesse nicht nur auf ein Unternehmen erstrecken, sondern eine Reihe von Kunden- und Lieferantenbeziehungen umfassen, bestehen Schnittstellen auch zwischen den Unternehmen. Ihre Abstimmung aufeinander schafft die Basis für optimale Geschäftsprozesse.

„Das Supply Chain Management-Konzept ist als eine ***aufgabenorientierte Kooperation*** *der Logistik zwischen Hersteller und Handel zu verstehen mit dem Ziel, durch effiziente Gestaltung des Waren- und Informationsflusses vom Hersteller zum POS (Point of Sale, der Verfasser) über die einzelnen Lagerstufen der Hersteller und des Handels Kosten bei Lieferung, Umschlag, Lagerung etc. zu reduzieren sowie die Geschwindigkeit und Flexibilität zu steigern. Im Einzelnen bedeutet dies, dass Aufgaben, die nicht zur Wertschöpfung beitragen, optimiert oder, falls erforderlich, eliminiert werden müssen"* (*Reichel*).

Das Supply Chain Management-Konzept ist grundsätzlich nichts Neues. Enge Kooperation zwischen den Unternehmen findet schon seit längerem statt, sie reicht bis zur Abstimmung bestimmter Systeme aufeinander. Besonders im Beschaffungsbereich wird intensive Zusammenarbeit praktiziert, im Just-in-Time-Konzept ist sie Voraussetzung für das Funktionieren.

Eine besondere Bedeutung erhielten Supply Chain Management und ähnliche Konzepte mit der Entwicklung der Informationstechnik. Der Einzug des E-Business erleichtert wesentlich Maßnahmen zur Optimierung der Logistikkette (vgl. Kap. A.7).

4.3 Anforderungen an eine Logistikkonzeption

Eine Logistikkonzeption sollte folgende Anforderungen erfüllen:

Realistik	Das Konzept muss mit normalen Anstrengungen und mit einem vertretbaren Aufwand realisierbar sein.
Vollständigkeit	Sämtliche im Unternehmen erforderlichen Logistikprozesse sind zu erfassen.
Konsistenz	Die Logistikprozesse sind aufeinander abzustimmen.
Durchsetzbarkeit	Das Konzept muss sich im Unternehmen durchsetzen lassen. Hierzu ist es auch erforderlich, den Logistikbereich mit entsprechenden Kompetenzen auszustatten.
Transparenz	Das Konzept ist konkret, eindeutig und verständlich zu formulieren.
Überprüfbarkeit	Kontrollsysteme sollen die Effizienz der Maßnahmen feststellen.
Wirtschaftlichkeit	Die vorgegebenen Kosten sollen nach Möglichkeit nicht überschritten werden.
Flexibilität	Starre Konzepte sind zu vermeiden.

4.4 Inhalt eines Logistikkonzeptes

Auf die einzelnen Inhalte eines Logistikkonzeptes wird in späteren Kapiteln noch eingegangen, an dieser Stelle soll lediglich ein kurzer Überblick gegeben werden.

Der Inhalt eines Logistikkonzeptes wird bestimmt durch

- das Produkt
- den Markt
- die technologischen Einflussfaktoren
- die verwendeten Instrumente und eingesetzten Verfahren
- die rechtlichen Bedingungen
- das Informationssystem
- die Aufbauorganisation
- die verfügbaren Mittel
- die Kostenvorgaben
- die Kompetenzen
- Zeiten und Entfernungen
- Visionen.

4.5 Outsourcing von Logistikleistungen

Bei der Entwicklung von Logistikkonzeptionen sind Überlegungen anzustellen, ob das Unternehmen sämtliche Logistikleistungen selbst erbringt bzw. in welchem Ausmaß diese anderen Unternehmen übertragen werden. Es ist folglich die Frage „make or buy?“ zu beantworten.

Im Rahmen der Beschaffungslogistik (Kap. C.2.3.1) sowie der Marketinglogistik (Kap. F.3.3) wird auf einzelne Bereiche des Outsourcing eingegangen, an dieser Stelle werden einige grundsätzliche Überlegungen angestellt.

Seit einigen Jahren ist der Trend erkennbar, eine Reihe logistischer Aufgaben „auszulagern“. Folgende Gründe sind dafür maßgeblich:

- Senkung von laufenden Kosten
- Vermeiden von Investitionen
- Schonen der Liquidität
- Konzentration auf die Hauptaufgaben
- Nutzbarmachen von Spezialkenntnissen und der Erfahrung fremder Unternehmen
- Beschleunigung der Abläufe
- Risikoverminderung bzw. Risikoüberwälzung
- Umgehen von Personalengpässen
- Übertragung „unangenehmer Aufgaben“ (etwa verbunden mit Lärm oder Geruchsbelästigung) an Dritte.

Logistikdienstleister übernehmen neben klassischen Logistikleistungen in zunehmendem Maße Aufgaben, die sich kaum der eigentlichen Logistik zuordnen lassen. *Mertens* nennt eine Reihe von Aufgaben, die Logistiker neben ihren Kernaufgaben durchführen. Man spricht in diesem Zusammenhang von **Kontraktlogistik**. Es wird berichtet, dass ein Logistikunternehmen importierte Konfektionsteile für mehrere Auftraggeber bügelt, Knöpfe annäht oder Etiketten befestigt. Ein anderes Beispiel erstreckt sich auf das Eingravieren von Namen und Widmungen auf Füllhalter durch Logistiker, ein weiteres auf den Druck von Produktinfos und Gebrauchsanleitungen.

Ein Outsourcing von Logistikleistungen, unabhängig davon, ob es sich um Kernleistungen oder Zusatzleistungen handelt, ist nur sinnvoll, wenn sich daraus ein feststellbarer Nutzen für das Unternehmen ergibt.

Vor Abschluss eines Vertrages über das Outsourcing von Logistikleistungen muss sich das Unternehmen einen ausführlichen Eindruck über die Qualität des Logistikers verschaffen. Im Prinzip ist ein Auswahlverfahren durchzuführen, das Ähnlichkeit mit dem der Lieferanten hat (vgl. Kap. C.2.3.3). Gute Erfahrungen wurden bei der Auswahl und Bewertung von Logistikdienstleistungen mit der Anwendung von **Bewertungskatalogen** gemacht. Diese sollten neben Kriterien zur Beurteilung der wirtschaftlichen Lage des Logistikers und zur Beurteilung seiner Eignung das aktuelle Projekt durchzuführen, auch Kriterien zur Feststellung der grundsätzlichen Eignung als Logistikpartner enthalten. Letztere können sein:

- die Zuverlässigkeit
- das Image

- die Qualität
- der Preis
- die Konditionen
- die Terminsicherung
- die Flexibilität
- die Kooperationsfähigkeit- und bereitschaft
- die Möglichkeit gemeinsamer Planungen
- die Abstimmung rechnergestützter Systeme
- die Möglichkeit gemeinsamer Investitionen.

5. Logistik in der Unternehmensorganisation

5.1 Organisatorische Grundfragen

Bevor auf die Eingliederung der Logistik in die Unternehmensorganisation eingegangen wird, sind einige Grundfragen zu klären. In diesem Kapitel werden behandelt:

Organisatorische Grundfragen	Gliederung der Organisation
	Organisationsformen

5.1.1 Gliederung der Organisation

Die klassische Gliederung der Organisation sieht wie folgt aus:

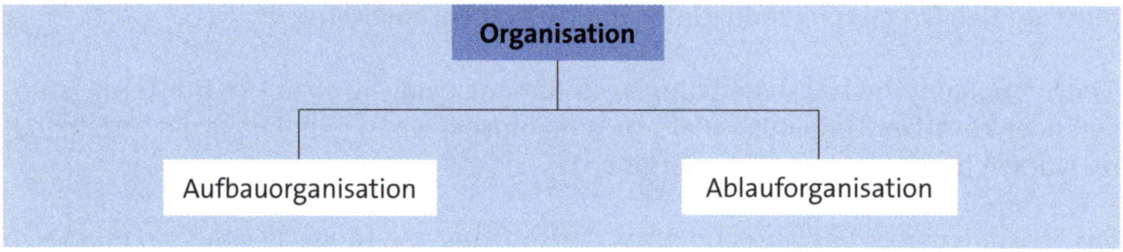

- Durch die **Aufbauorganisation** wird das Unternehmen strukturiert. Die Aufbauorganisation arbeitet mit der Aufgabenanalyse und der Aufgabensynthese.

  Mithilfe der **Aufgabenanalyse** wird die häufig sehr komplizierte und komplexe Gesamtaufgabe des Unternehmens systematisch nach mehreren Gesichtspunkten zerlegt, bis man elementare Aufgaben erhält.

  Durch die Aufgabenanalyse versucht man folgende Fragen zu beantworten:
  - Was ist zu tun?
  - Woran ist etwas zu tun?
  - Womit ist etwas zu tun?

- Wann ist etwas zu tun?
- Wie lange ist etwas zu tun?
- Wo ist etwas zu tun?

Daraus ergeben sich die Bestandteile der Aufgabenanalyse:

- die Verrichtung
- das Objekt
- das Sachmittel der Verrichtung
- die Zeit.

Die **Aufgabensynthese** hat die Aufgabe, die analytisch festgestellten Einzelaufgaben zu Aufgabenkomplexen zusammenzufassen, um Aktionseinheiten bilden zu können. Dabei handelt es sich um

- Stellen
- Abteilungen
- Instanzen
- Leitungshilfsstellen.

► Die **Ablauforganisation** befasst sich mit dem Ablauf der Aufgabenerfüllung, ihr Gegenstand sind die Arbeitsgänge und Arbeitsfolgen.

Hauptziele der Ablauforganisation sind:

- Arbeitsdurchführung mit möglichst geringem Aufwand
- Optimierung der Durchlaufzeiten aller Abläufe
- Maximierung der Kapazitätsauslastung
- Minimierung der Zahl der Bearbeitungsfehler
- termingerechte Arbeitsausführung
- Benutzerfreundlichkeit (*Olfert/Rahn*).

5.1.2 Organisationsformen

Die Literatur unterscheidet eine Vielzahl von Organisationsformen, und auch die Praxis setzt die verschiedensten Organisationsformen ein.

Je nach Unternehmensgröße, Branche, Art des Leistungserstellungsprozesses oder Präferenz der Leitungsinstanzen, neuerdings auch nach Wunsch von Großabnehmern wird die Organisationsform gewählt.

Die wichtigsten Organisationsformen ergeben sich aus der folgenden Übersicht:

Sektoralorganisation	Bei kleinen Unternehmen mit lediglich zwei Sektoren: betriebswirtschaftlicher Bereich und technischer Bereich
Funktionsorientierte Organisation	Zusammenfassung von gleichartigen Arbeitsvorgängen unabhängig von den Objekten
Objektorientierte Organisation (Spartenorganisation, divisionale Organisation)	Die verschiedenen Funktionen an verschiedenen Objekten werden für ein Objekt zu einem Bereich vereint. Es existieren zahlreiche Varianten
Matrixorganisation	Kombination von funktionsorientierter und objektorientierter Organisation
Tensororganisation	Zwei Entscheidungslinien treffen aufeinander, sie werden formal als Matrix dargestellt. Eine Organisationsform für Großunternehmen. Die Darstellung erfolgt in einer mehrdimensionalen Matrix.

Die einzelnen Organisationsformen werden in der Literatur ausführlich beschrieben. Stellvertretend für andere Formen wird an dieser Stelle auf die verbreitete Matrixorganisation etwas näher eingegangen.

Die **Matrixorganisation** stellt eine Kombination der funktionsorientierten mit der objektorientierten Organisation dar. Die Vorteile der beiden Organisationsformen werden miteinander kombiniert.

Da in der Matrixorganisation eine nach Objekten orientierte Spartenorganisation von einer funktionsorientierten Organisation überlagert wird, erhält man einen **überlagerten Betriebsaufbau.**

Der funktionsorientierte Aufbau setzt sich aus den Bereichen Beschaffung, Fertigung, Verkauf, Forschung und Entwicklung u. Ä. mit ihren Leitern zusammen. Daneben werden noch weitere Leitungsinstanzen mit Verantwortung für bestimmte Bereiche wie Produkte, Produktgruppen oder einzelne Projekte eingesetzt. Es handelt sich um **Produktmanager,** die auf Dauer und **Projektmanager,** die lediglich für einen bestimmten Zeitraum installiert werden.

Die Hauptaufgabe eines Produktmanagers ist die Koordinierung aller seine Produkte betreffenden Maßnahmen, wie etwa die Verkaufsförderungsmaßnahmen. Die Produktmanager kooperieren eng mit den Leitern der einzelnen Funktionsbereiche, haben jedoch in der Ursprungsform der Matrixorganisation keine Anweisungsbefugnis gegenüber den Mitarbeitern der Funktionsbereiche. In dieser Hinsicht ähnelt ihre Position der eines Inhabers einer Stabsstelle. Häufig räumt man den Produktmanagern mehr Kompetenzen, vor allem bestimmte Weisungs- und Entscheidungsbefugnisse ein. Dies kann zu sog. „kreativen Konflikten" mit Funktionsleitern führen.

Fasst man in größeren Unternehmen mehrere Sparten zusammen, werden deren Manager einem „Marketingdirektor" unterstellt.

Die Matrixorganisation erfordert neben guten fachlichen Kenntnissen und Fähigkeiten der sie tragenden Mitarbeiter ein hohes Maß an Kooperations- und Kompromissbereitschaft.

Die **Matrixorganisation** lässt sich folgendermaßen darstellen:

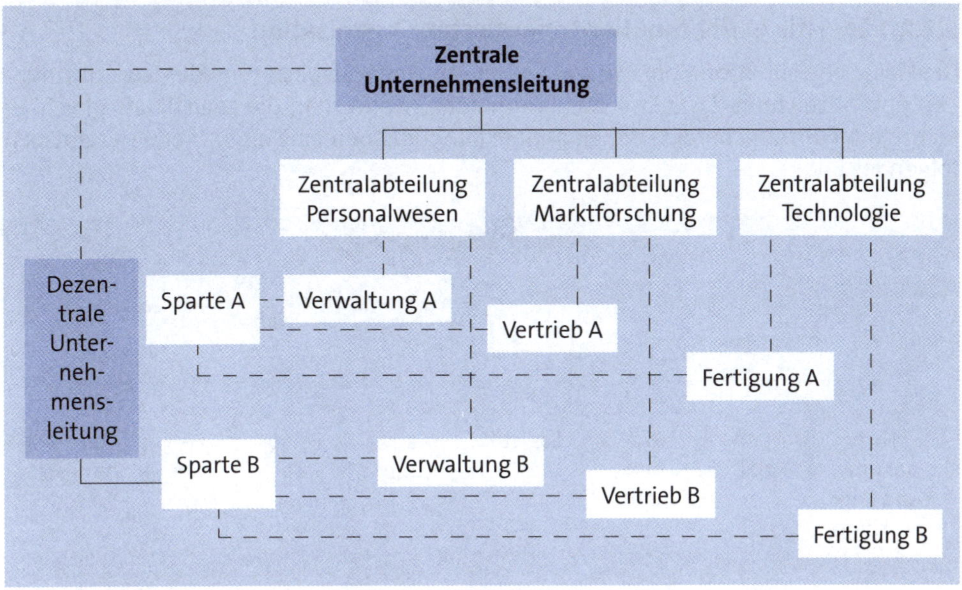

Aufgabe 3 > Seite 269

5.2 Möglichkeiten der Eingliederung der Logistik in die Aufbauorganisation

5.2.1 Bestimmungsfaktoren der Organisationsform

Die Gestaltung der Organisation der logistischen Aufgaben kann nicht nach einem festen Schema ablaufen, da eine Reihe von Faktoren zu berücksichtigen ist, die einerseits betriebsindividuell sind und andererseits außerhalb des Unternehmens liegen und ständig wechseln können.

Bei diesen Faktoren handelt es sich u. a. um

- die Branche, in der das Unternehmen tätig ist
- die Art des Betriebes hinsichtlich der Betriebsgröße (Zahl der Mitarbeiter, Umsatz, Marktanteil u. Ä.), der Produktstruktur, der Fertigungsstruktur, der Kundenstruktur, der Lieferantenstruktur
- die Anforderungen des Marktes an die Logistikleistungen. Diese resultieren in erster Linie aus der Lieferzeit, der Lieferbereitschaft, der Lieferhäufigkeit, den Lieferungsmodalitäten, der Lieferzuverlässigkeit

- die Logistikkosten
- die bereits vorhandene Organisation.

5.2.2 Logistik in den einzelnen Organisationsformen

5.2.2.1 Logistik in der funktionsorientierten Organisation

Die klassische Funktionalorganisation ist durch eine Aufsplitterung der Logistikaufgaben gekennzeichnet. Dies lässt sich **vermeiden**, wenn man die Logistik als gleichberechtigten Führungsbereich neben andere Funktionsbereiche einordnet. Es ergibt sich folgendes Bild:

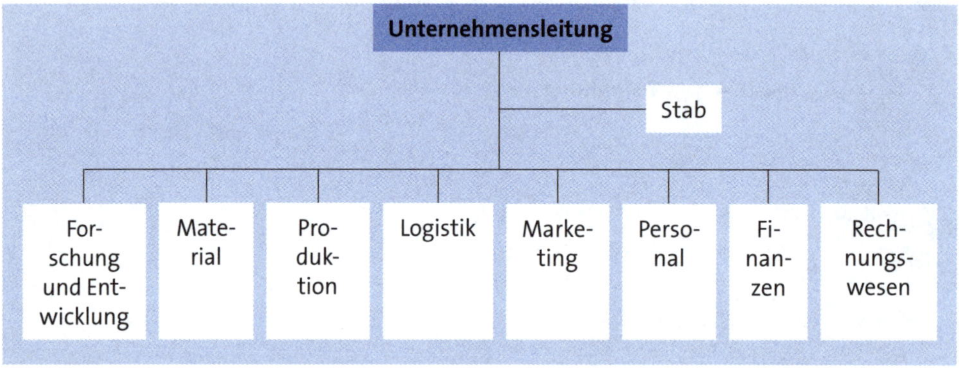

Schwierigkeiten können sich bei der Eingliederung der Logistik in die funktionsorientierte Organisation ergeben, wenn die Logistik als eine Abteilung angesehen wird, die in Konkurrenz zu anderen Abteilungen steht. Durch eindeutige Aufgaben- und Kompetenzabgrenzung muss in diesem Falle die bereichsübergreifende Funktion der Logistik besonders hervorgehoben werden.

Die **funktionale Organisationsstruktur** bietet folgende Varianten zur beschriebenen Eingliederung der Logistik:

- Zuordnung der Logistik zur Produktion bei sehr hohen eigenen Fertigungsanteilen
- Zuordnung der Logistik zum Marketing/Verkauf bei primär auf den Handel ausgerichteten Unternehmen
- Zusammenfassung der Logistikaufgaben in einer Stabsstelle (*Rupper*).

Allen drei Varianten ist gemeinsam, dass in ihnen die besondere Bedeutung und bereichsübergreifende Funktion (s. o.) nicht ausreichend berücksichtigt werden.

5.2.2.2 Logistik in der objektorientierten Organisation

Bei der objektorientierten Organisation als eine divisionalisierte Organisation werden unterhalb der Führungsebene Bereiche in Form von Sparten, Geschäftsbereichen oder Divisionen gebildet. Die Logistik wird über den einzelnen Divisionen (Sparten) angesiedelt, wodurch ihre besondere Bedeutung für das Unternehmen dokumentiert wird. Zusätzlich werden den einzelnen Divisionen Logistikbereiche zugeordnet.

Dies führt zu folgendem Bild:

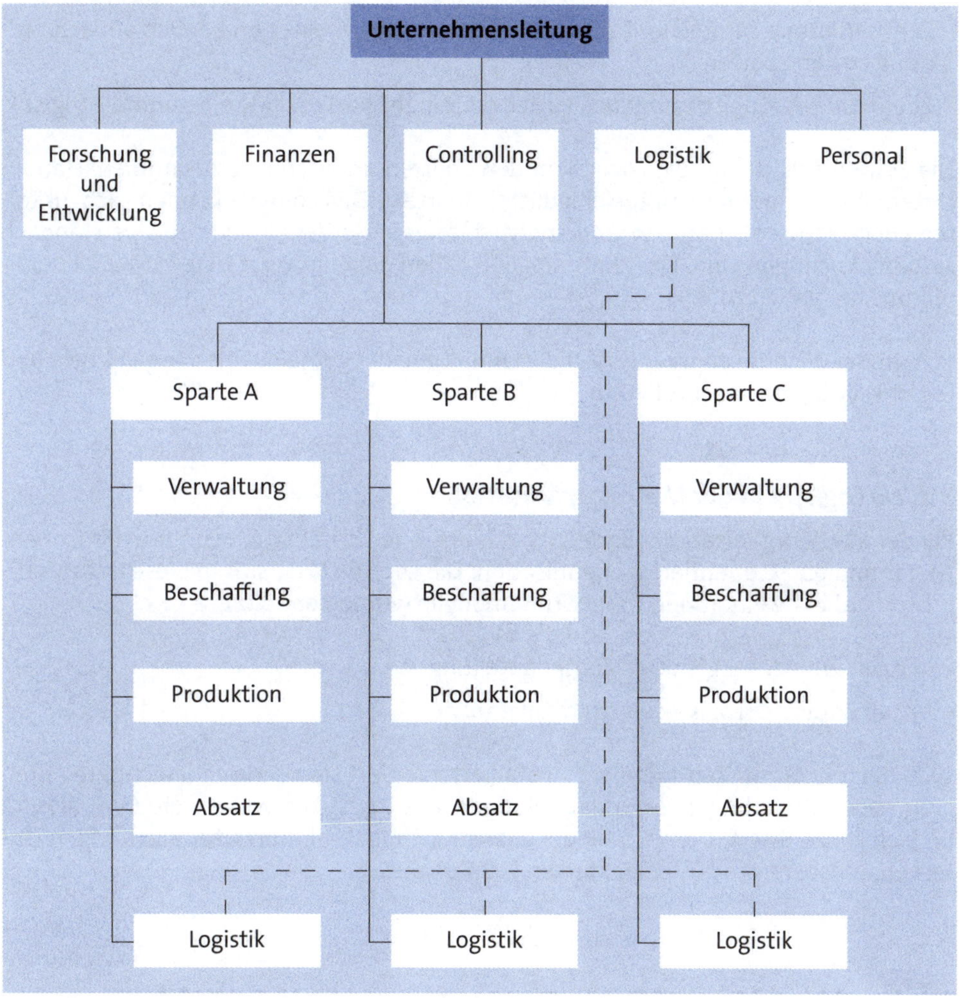

Der Logistik auf der **Führungsebene** fallen folgende Aufgaben zu:

- Ermittlung von Logistikzielen
- Entwicklung von Logistikstrategien

- Ausarbeitung von Logistikkonzepten
- Koordinierungsaufgaben
- Kontrollaufgaben.

Die Logistikaufgaben in den **Divisionen** orientieren sich an deren Aufgaben und Bedürfnissen. Sie werden durch die Zentrallogistik koordiniert.

Auch bei der objektorientierten Organisation sind verschiedene Varianten möglich:

- Zentralisierung sämtlicher Logistikaufgaben in einem einzigen Bereich ohne Zuordnung zu den Sparten
- Zuordnung der Logistikaufgaben zu den einzelnen Sparten ohne eine zentrale Logistik.

Die Zentrallogistik und die Logistik in den Sparten arbeiten eng zusammen. Hat ein Unternehmen mehrere unterschiedliche Sparten (Divisionen), können sich unterschiedliche Logistikaufgaben und Logistikinteressen ergeben, die selbstverständlich zu berücksichtigen sind. Der Zentrallogistik fallen dabei in verstärktem Maße Koordinierungsaufgaben zu.

Von großer Wichtigkeit ist, dass auf die Einhaltung der gemeinsamen Logistikziele und Logistikstrategien geachtet wird.

5.2.2.3 Logistik in der Matrixorganisation

Bei der Matrixorganisation handelt es sich um eine Kombination von funktionsorientierter und objektorientierter Organisation. Die Logistik lässt sich in diese Organisationsform effektiv einordnen. Zwei Grundmodelle wurden entwickelt:

- Installierung der Logistik als Zentralabteilung
- Installierung der Logistik als Matrixinstanz.

Wird die Logistik als **Zentralbereich** installiert, fungiert sie als gleichberechtigte Abteilung neben den übrigen Zentralabteilungen. Die Logistikprozesse werden in diesem Bereich konzentriert. Die Logistik übt Dienstleistungsfunktionen für alle übrigen Unternehmensbereiche aus einer starken Position aus.

Grafisch stellt sich die Einordnung der Logistik in die Matrixorganisation als Zentralbereich wie folgt dar:

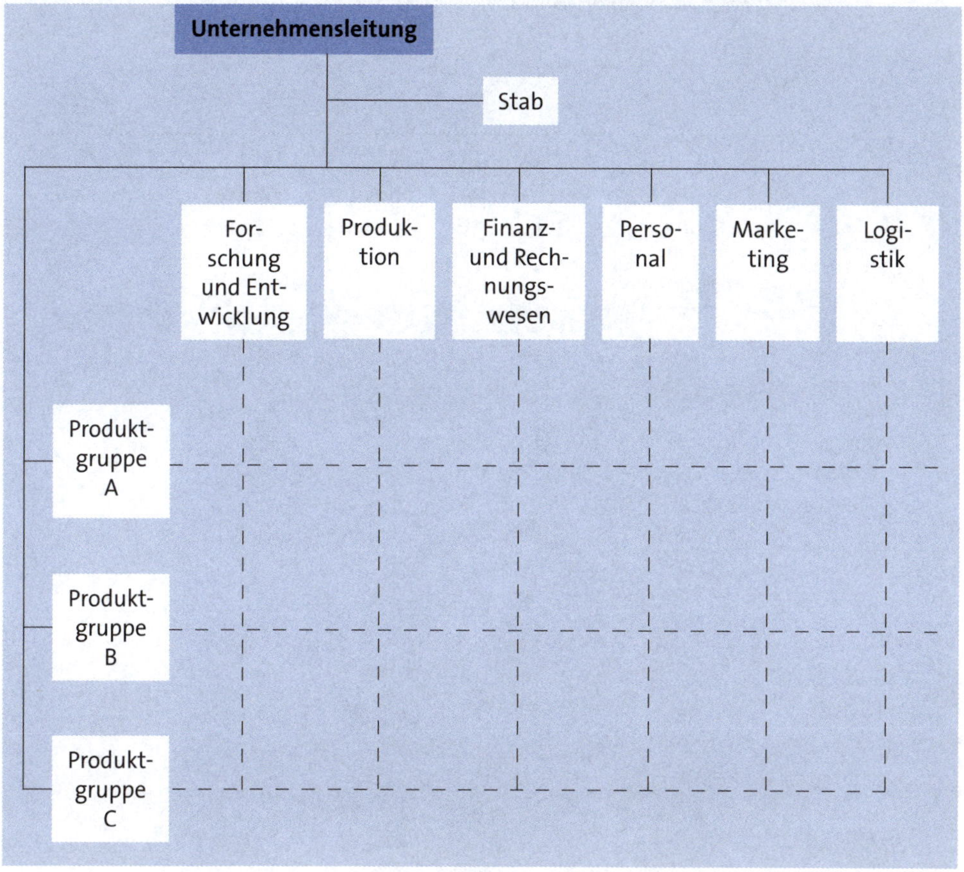

Die Logistik entwickelt Ziele, Strategien und Konzepte und schlägt Anwendungen vor. Die Produktgruppen rufen die Leistungen von der Logistik entsprechend dem „Hol-Prinzip“ ab.

Die Matrixinstanzen (Produktgruppen) sind entweder an die Anweisungen des Zentralbereichs Logistik gebunden oder fassen diese als Vorschläge auf, von denen innerhalb bestimmter Grenzen abgewichen werden kann.

Wird die Logistik als **Matrixinstanz**, d. h. als Querschnitts- oder Servicefunktion installiert, arbeitet sie nach dem „Bring-Prinzip“. Hierbei ist es unbedingt erforderlich, dass die Logistik mit ausreichenden Kompetenzen ausgestattet wird.

Die Organisationsform ergibt folgendes Bild:

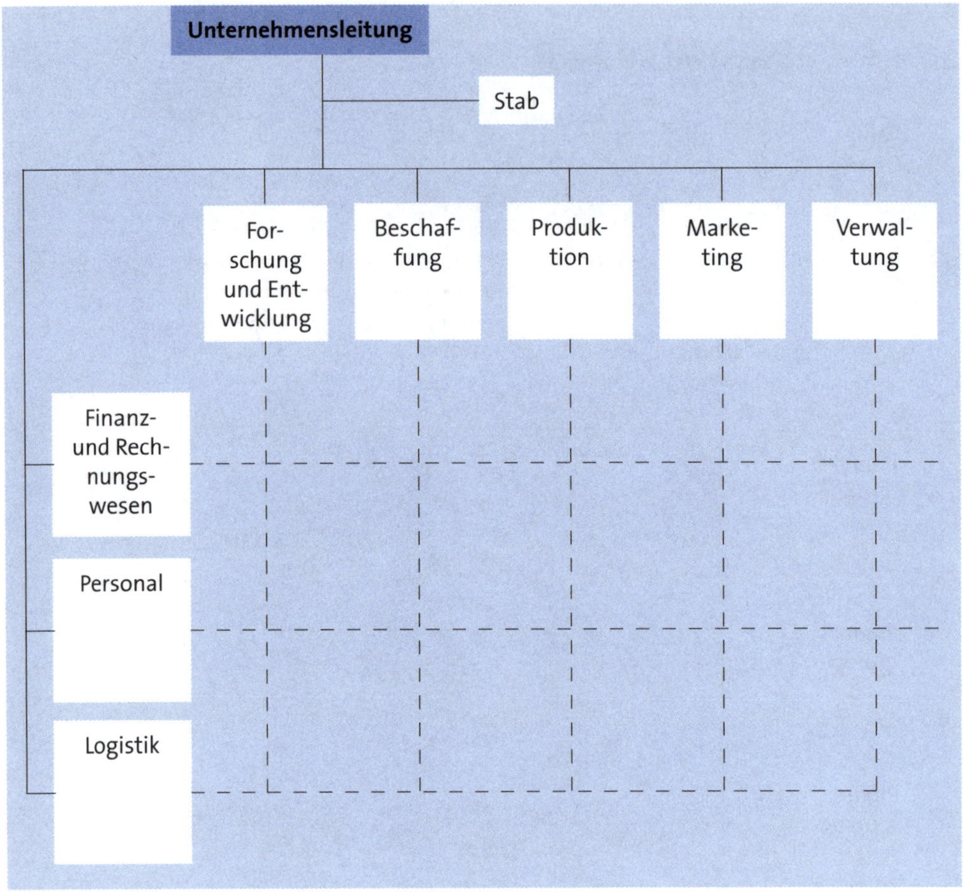

Die Installierung der Logistik ist zwar ein wichtiger Schritt zum Erfolg, bedeutet jedoch noch nicht die völlige Realisierung des Erfolges. Erst die Formulierung eindeutiger Logistikziele, eine genaue Logistikplanung, die Durchführung geeigneter Logistikmaßnahmen und wirksame Kontrollen führen zum Erreichen des angestrebten Erfolges.

Aufgabe 4 > Seite 269

6. Logistikziele

6.1 Generelles Logistikziel

Das generelle Logistikziel lautet **„Optimierung der Logistikleistung“** mit folgenden Komponenten:

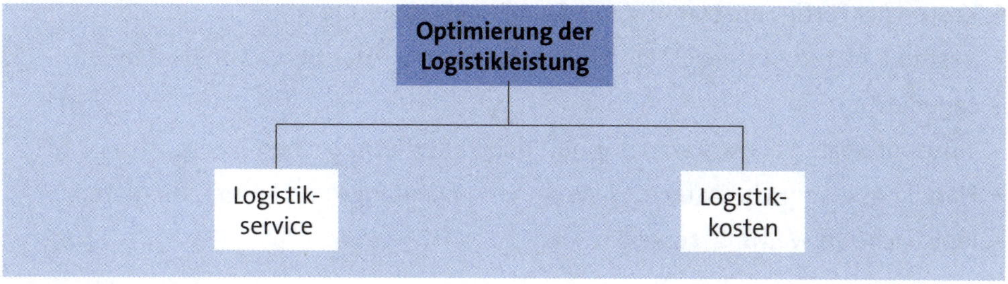

6.1.1 Logistikservice

Logistikservice ist die von den Kunden erkannte Logistikleistung, sie besteht aus mehreren Elementen (*La Londe/Zinser, Pfohl, Schulte*):

Lieferzeit	Sie ist die Zeit ab Erteilung des Auftrages bis zur Disposition der Ware durch den Käufer. Sie setzt sich aus der Auftragsbearbeitungszeit, der Produktionsdurchlaufzeit, der Zeit für Kommissionierung, Verpackung, Verladung und Transport zusammen.
Lieferzuverlässigkeit	Sie ist die Termintreue und damit die Voraussetzung für die erfolgreiche Zusammenarbeit zwischen Lieferanten und Kunden.
Lieferflexibilität	Sie bedeutet die Anpassungsfähigkeit des Lieferanten auf Kundenwünsche. Sie gewinnt ständig an Bedeutung und erstreckt sich in erster Linie auf ▸ die Absatzmengen ▸ die Abnahmezeitpunkte ▸ Fragen der Verpackung und des Versandes ▸ Reaktionen auf Störungen bei der Vertragserfüllung ▸ Fragen der laufenden Kooperation u. Ä.
Lieferbeschaffenheit	Sie erstreckt sich auf die exakte Erfüllung des Vertrages in Bezug auf ▸ die Art der gelieferten Ware ▸ die gelieferte Menge ▸ die Qualität der Ware ▸ den Zustand der Ware bei ihrem Eingang.

6.1.2 Logistikkosten

Die Logistikkosten lassen sich in folgende Kostenblöcke einteilen:

- Kosten der Gestaltung, Planung und Kontrolle des Materialflusses, auch Systemkosten genannt (*Schulte*)
- Kosten der Fertigungsplanung und Fertigungssteuerung
- Bestandskosten, verursacht durch das Halten und Finanzieren von Beständen
- Lagerkosten
- Transportkosten als Kosten des inner- und außerbetrieblichen Transportes
- Handlingskosten als Kosten des Verpackens, Handlings und Kommissionierens
- logistische Verwaltungskosten.

Um das Ziel der Logistikkosten-Minimierung zu erreichen, ist es erforderlich, die Kosten in ihre fixen und proportionalen Bestandteile aufzuspalten und soweit wie möglich, verursachungsgerecht einzelnen Prozessen zuzuordnen. Es wird empfohlen eine Logistikkostenrechnung aufzubauen.

6.2 Logistische Einzel- und Bereichsziele

Die generelle logistische Zielsetzung, die Optimierung der Logistikleistung, hat eine Reihe von Einzel- und Bereichszielen zur Folge.

Ebenso wie das generelle logistische Ziel mit den allgemeinen Unternehmenszielen in enger Verbindung steht, ist dies auch mit den Einzel- und Bereichszielen der Fall, sie werden aus den Unternehmenszielen abgeleitet. Zwischen beiden besteht eine wechselseitige Abhängigkeit, die Erfüllung der Unternehmensziele hängt wesentlich vom Zielerreichungsgrad der Logistik ab.

In einem **Zielsystem** sind die logistischen Ziele als materielle Ziele auszuweisen und ergeben sich in erster Linie aus den Beschaffungszielen, Produktionszielen, Absatzzielen und Organisationszielen immer mit Blickrichtung auf die übergeordneten Gewinnziele, Umsatzziele und Kostenziele.

6.3 Strategische und operative Logistikziele

Die **strategische Zielplanung** leitet Zielinhalte aus der unternehmerischen Grundsatzplanung ab, die operative Zielplanung konkretisiert anschließend die strategischen Ziele.

Bei *Weber* findet man einen Überblick über wichtige strategische und operative Logistikziele, die im Folgenden wiedergegeben werden:

Strategische Logistikziele sind:

- integrative Koppelung der Primär- und Sekundärkreisläufe
- Verminderung von Logistikbedarf durch Einflussnahme auf Produktgestaltung und Kunden
- bestandslose Fertigung für alle sicher zu planenden A-Teile
- Verlagerung der Lagerorte der Hauptlieferanten in die eigenen Fertigungsstätten
- Erhöhung der Flexibilität des Logistikbereichs auf Mengen-, Termin- und Objektänderung
- Reduzierung der Logistikkosten auf ein branchenübliches Maß.

Zu den **operativen Logistikzielen** zählen:

- Reduzierung des Leerfahrtenanteils im Bereich des internen Transports
- Erhöhung der Zahl durchgesetzter Behälter pro Mitarbeiter im Bereich der Warenannahme
- Reduzierung der Teilbereichsweiten in der Beschaffungslogistik
- Reduzierung der Auftragsdurchlaufzeiten
- Reduzierung der Lkw-Wartezeiten im Bereich der Versandabwicklung
- Senkung der Frachtkosten.

Aufgabe 5 > Seite 269

7. Gestaltung des Logistik-Informationsmanagements

Die wichtigste Aufgabe bei der Gestaltung des Logistik-Bereichs ist der Aufbau und die Pflege von Informationssystemen. Dazu zählt auch die Gestaltung der Informationsflüsse.

Unter **Informationssystem** versteht man die Menge von Informationselementen, die sämtliche führungsrelevanten Tatbestände, Merkmale und Ereignisse des Ausführungssystems betreffen. Die Aufgabe des Informationssystems besteht in der Beschaffung, Speicherung, Verarbeitung und Übermittlung der so eingegrenzten Informationen (*Weber/Kummer*).

Ein Informationssystem besteht aus mehreren **Subsystemen,** wobei man häufig folgende Einteilung vornimmt:

- auf wertmäßigen Daten basierende Systeme (betriebliches Rechnungswesen mit seinen Teilbereichen)

- auf Zeiten, Mengen und Qualitäten basierende Systeme (z. B. technische Informationsquellen wie Betriebsdatenerfassungssystem oder Elemente von CIM-Konzepten).

Hinzu kommen weitere Subsysteme wie Kennzahlensysteme oder Frühwarnsysteme.

Neben dem Aufbau von Informationssystemen ist für die Logistik die Gestaltung der **Informationsflüsse** von Bedeutung. Wie das Material müssen auch die Informationen im Unternehmen „zum Fließen" gebracht werden (*Huber*), um folgende Ziele zu erreichen:

- erhöhte Reaktionsfähigkeit mittels Beschleunigung der Informationsflüsse
- Verbesserung von Dienstleistungen durch umfassendere und schnellere Informationsversorgung der Abnehmer
- Ersetzen von Beständen durch Informationen
- Rationalisierung der Informationsverarbeitung.

Huber baut das logistische Informationsflusssystem aus folgenden Elementen auf:

Elemente des Informationsflusses	Art der Informationsverarbeitung
▸ Informationsquellen (-erzeuger) und Informationssenken (-verbraucher) im Kontakt mit betriebsexternen Stellen (Verkauf, Einkauf usw.)	▸ konventionell (Papier, Telefon usw.) ▸ Kommunikationsverbund mittels Computer
▸ Informationsquellen und -senken am Materialfluss (Beispiel Wareneingang, I-Punkte im Lager, Anleitungen für Maschinenbearbeitungen und Rückmeldungen usw.)	▸ konventionell (Papier, mündlich usw.) ▸ Rückmeldungen über Tastatureingaben oder Barcode ▸ Datenübermittlung an und Rückmeldung von automatischen Maschinen/Lager/Handlingsystemen
▸ Informationsverarbeitungsstellen innerhalb des Betriebes	▸ konventionell/manuell ▸ EDV-unterstützt ▸ automatisch
▸ Informationsübermittlung innerhalb des Betriebes	▸ je nach Art der vorhandenen Quellen/Senken und Verarbeitungsstellen konventionell (Papier, mündlich usw.) oder über EDV

Die Elemente werden zu logistischen **Informationsflussketten** zusammengefügt. Dabei werden die Fragen beantwortet:

- Welche Informationsquellen und -senken werden in welcher Form gebraucht?
- Welche Informationsquellen und -senken liegen in welcher Form vor?

- Welche Informationsverarbeitungen werden wo und in welcher Form durchgeführt?
- Zwischen welchen Stellen und in welcher Form müssen welche Informationen übermittelt werden?

Es kommt nicht darauf an, einzelne Informationsverarbeitungen zu betrachten und zu optimieren. Arbeitsteilige Aufgaben werden zusammengelegt und die Informationsverarbeitung gemäß dem Fließprinzip über alle beteiligten Stellen gestaltet (*Huber*).

Die folgenden Informationsflussketten (bzw. CIM-Ketten) entstehen (vgl. Kap. E.3.2.3):

- Absatzplanung-Produktionsprogrammplanung
- Kundenauftragsabwicklung – Produktionsprogrammplanung
- technische Auftragsabwicklung (Entwicklung – Konstruktion – Arbeitsplanung)
- dispositiver Logistik-Regelkreis
- Beschaffungsregelkreis
- operativer Logistik-Regelkreis (innerbetrieblich)
- operative Leit- und Steuerungssysteme
- materialflussbegleitende Informationen
- Distribution.

Wichtig für den reibungslosen und raschen Ablauf des Leistungserstellungsprozesses ist neben einem funktionierenden unternehmensinternen logistischen Informationsflusssystem die Erfassung und Verarbeitung aller Kommunikationsvorgänge entlang der gesamten Logistikkette.

Bei der Gestaltung von Informationssystemen ist es in den letzten Jahren nicht nur gelungen, interne Informationsflusssysteme zu installieren, sondern computergestützte Systeme so zu entwickeln, dass eine unternehmensübergreifende Prozessgestaltung möglich wird.

Der elektronische Austausch von Informationen ist in der Lage, eine Vielzahl von Partnern wie Kunden, Abnehmer oder Dienstleister miteinander zu verbinden.

Ein bekanntes System, das Informationsversorgung durch Datenaustausch praktiziert, ist **EDI** (Electronic Data Interchange).

„Hier geht es darum, logistische Kommunikationsvorgänge mithilfe von standardisierten Formaten so aufzubereiten, dass sie von den computergestützten Anwendungssystemen der beteiligten Wertschöpfungspartner „verstanden“ und richtig weiterverarbeitet werden können. EDI gewährleistet die hard- und softwareunabhängigen Möglichkeiten der Weiterverarbeitung empfangener Informationen im EDV-System des Empfängers“ (Isermann).

Die Infrastruktur für EDI stellen Kommunikationsrechner und Telekommunikationsnetze dar. Der Nachrichtenaustausch über EDI wird nach den Bereichen

- Austausch von Dokumenten
- Austausch von Produktdaten, insbesondere CAD-Daten
- Austausch von Handelsdaten

klassifiziert (*Vahrenkamp*).

In einigen Branchen wurden Lösungen geschaffen, die nicht nur die unmittelbare Kommunikation ermöglichen, sondern auch Möglichkeiten schaffen, etwa Daten so zu verknüpfen, dass beispielsweise auf dem Weg befindliche Transporteinheiten jederzeit identifiziert werden können und damit jederzeit festgestellt werden kann, an welcher Stelle der Transportkette sich bestimmte Waren befinden (vgl. Kap. F.6.2).

Für die EDI-Kommunikation wurde der ebenfalls bereits erwähnte europäische Standard **EDIFACT** (Electronic Data Interchange for Administration, Commerce and Transport) entwickelt. Damit entstand ein weltweiter Standard für den Austausch kommerzieller Daten. Gängige Geschäftsvorfälle wie Anfragen, Bestellungen, Lieferscheine, Rechnungen, Zahlungsaufträge, Bankauszüge u. Ä. können direkt von DV zu DV übertragen und weiterverarbeitet werden (vgl. *Ehrmann:* Unternehmensplanung).

Zahlreiche existierende Implementierungen betten EDI bzw. EDIFACT in HTML oder XML ein und machen sie so internettauglich (*Stolpmann*).

Eine Technologie, die immer mehr an Bedeutung gewinnt, jedoch nicht unumstritten ist, ist die **RFID-Technologie**. RFID ist die Abkürzung von **„Radio Frequency Identification“**, was in einer etwas freien Übersetzung „Identifikation über Radiowellen“ bedeutet. Es handelt sich dabei um ein Verfahren, in dem Daten mittels Radiowellen berührungslos und sichtungebunden übertragen werden können. Es wird zur kontaktlosen Identifizierung und Lokalisierung von Objekten eingesetzt. Diese können Gegenstände fast jeder Art und auch Lebewesen sein.

Die Entwicklung der RFID-Technik begann bereits im Zweiten Weltkrieg. Sie wurde zur Erkennung von Feinden, d. h. zur Unterscheidung fremder Objekte von eigenen verwendet. In den folgenden Jahren wurden Systeme entwickelt, die als Warensicherungssysteme, als Mautsysteme, bei Wegfahrsperren oder im bargeldlosen Zahlungsverkehr einsetzbar sind, um nur einige Anwendungsmöglichkeiten zu nennen. Gelegentlich wird RFID als eine Weiterentwicklung der Barcodes angesehen, obwohl sich die beiden Techniken wesentlich voneinander unterscheiden.

Ein RFID-System setzt sich zusammen aus

- einem Transponder
- einem Lese-Schreibgerät (Sende-Empfangsgerät), meist nur als Lesegerät bezeichnet

- den Funkfrequenzen
- in der Regel einem im Hintergrund wirkenden IT-System.

Kernstück des Systems ist der **Transponder**. Er besteht aus einem Chip (Minichip) und einer Antenne und wird auch als „Tag“ bezeichnet. Die Chips sind in der Lage, größere Datenmengen zu speichern, entscheidend dafür ist ihre Ausführung. Gespeichert wird ein Nummerncode, der Angaben wie Produktionsart und Produktionsort einer Ware, ihr Herstellungsdatum, ihre Haltbarkeit, das Datum des Verlassens der Produktion und des Lagers u. Ä. verkörpert. Die Chips sind lesbar und jederzeit beschreibbar.

Die Transponder sind in der Regel so klein, dass sie am Produkt oder in schmalen Etiketten angebracht werden können; auch ist eine Implantation in Lebewesen möglich.

Zu unterscheiden sind aktive und passive Transponder. **Aktive Transponder** beziehen ihre Energie aus Batterien, während **passive Transponder** die benötigte Energie aus dem elektromagnetischen Frequenzfeld des Lesegerätes erhalten. Aktive Transponder haben eine größere Reichweite als passive, sind jedoch teurer als diese.

Lesegeräte bzw. Lese-Schreibgeräte bestehen aus einer Antenne und einer Leseeinheit bzw. Lese-Schreibeinheit. Die Antenne des Transponders empfängt ein hochfrequentes Wechselfeld, das vom Lesegerät produziert wird. Der Chip wird durch Induktionsstrom, der in der Antenne entsteht, aktiviert. Liegt ein passiver Transponder vor, wird ein Kondensator, der den Chip permanent mit Strom versorgt, durch den induzierten Strom aufgeladen.

Der Transponder wird vom Lesegerät über eine bestimmte Frequenz „angefunkt“ und sendet die von ihm gespeicherten Daten zurück. Es wird sowohl im Niedrig- als auch im Hochfrequenzbereich sowie im Ultrahochfrequenzbereich operiert. Letzterer ermöglicht bei passiven Transpondern Reichweiten bis zu einigen Metern, bei aktiven Transpondern von mehreren hundert Metern. Die Daten des Transponders lassen sich mit einem IT-System vernetzen und je nach Bedarf auswerten.

Die **Anwendungsmöglichkeiten** von RFID-Systemen sind vielfältig. Sie reichen vom privaten Bereich bis zu anspruchsvollen logistischen Aufgaben.

Im **privaten Bereich** wird man täglich mit RFID-Anwendungen konfrontiert. Die neuen Reisepässe, Hausausweise, Schließsysteme, Wegfahrsperren, Eintrittskarten u. v. a. sind mit Transpondern ausgestattet. Auch beim täglichen Einkauf kann man mit RFID in Berührung kommen. Zahlreiche Handelsunternehmen versehen ihre Waren mit Chips, die es ermöglichen, im Einkaufswagen befindliche Gegenstände in diesem zu belassen, ein Herausnehmen wird überflüssig. Eine Kombination mit dem bargeldlosen Zahlungsverkehr wurde bereits realisiert.

In **Unternehmen** werden RFID-Systeme immer dann eingesetzt, wenn bestimmte Objekte (Produkte) identifiziert und lokalisiert werden sollen. Verlässt z. B. ein Produkt die Fertigung, ermöglicht ein am Produkt angebrachter Transponder, der die wichtigsten

Produktdaten enthält, einem Lesegerät die Registrierung des Ausgangs. Die zuständige Stelle im Unternehmen erhält Informationen über Art, Menge, Zeitpunkt der Fertigung sowie Zeitpunkt des Verlassens der Produktionsstätte. Weitere Lesegeräte können den Transport des Erzeugnisses innerhalb und außerhalb des Unternehmens und seinen Eingang beim Käufer (z. B. Großhändler) verfolgen. Dieser kann seinerseits die Ankunft der Ware feststellen und ihren weiteren Weg beispielsweise zum Einzelhändler verfolgen. Voraussetzung hierfür ist das Vorliegen eines offenen RFID-Systems. Ein **geschlossenes System** ist auf ganz bestimmte Zwecke ausgerichtet, und der gewonnene Nutzen erstreckt sich auch nur auf ein ganz bestimmtes System. Ein **offenes System** liegt vor, wenn für mehrere Anwender innerhalb eines Systems eine Kommunikation möglich ist. Bedingung hierfür ist, dass alle Beteiligten die Chips lesen können. Dies hat zur Entwicklung allgemeiner **Standards** geführt. Ein häufig benutzter ist **EPC** (Electronic Product Code), der Angaben zur Identifizierung der Produkte, zu deren Entstehung, ihren Zustand, ihren Weg u. Ä. umfasst.

Die „klassische" RFID-Anwendung lässt sich noch erweitern. Beispielsweise kann eine Kombination von Funkchips und Wärmekondensatoren vorgenommen werden. Dies ermöglicht eine Kontrolle der Temperatur während der Lagerung und des Transports und damit der Haltbarkeit von Waren wie Lebensmittel und Medikamente. Es wurden bereits erfolgreich Versuche durchgeführt, die Luftfeuchtigkeit und Stoßempfindlichkeit während des Transports festzustellen (*Bünder*).

Die Verbreitung von RFID-Systemen im Einzelhandel wurde bereits erwähnt. Ein weiterer Ausbau kann nach Meinung von Experten den Einzelhandel revolutionieren. Bereits heute wird folgende Vorgehensweise praktiziert:

Ein Lesegerät erfasst den Warenausgang aus dem Lager und ermöglicht direkte Nachbestellungen bei Lieferanten. Lesegeräte an den Regalen in den Verkaufsräumen erlauben die Feststellung, welche Waren von welchen Standorten entnommen wurden und gegebenenfalls in welchem Zustand sie sich befinden. An der Kasse befindet sich ein Lesegerät, das den Kundeneinkauf erfasst und von der Datenbank als Ausgang notiert wird. Da die einzelnen Waren mit Transpondern versehen sind, erfolgt ihre Erfassung bereits im Einkaufswagen. Das System kann so ausgestaltet werden, dass der Kunde während des Einkaufs stets über den jeweiligen Warenwert informiert wird und darüber hinaus bereits bei der Warenentnahme aus dem Regal Zusatzinformationen zu seinem Einkauf erhält (z. B. Hinweise auf Sonderangebote, Anwendungstipps, Gesundheitstipps u. Ä.).

Von den zahlreichen Anwendungsmöglichkeiten von RFID-Systemen seien zusammenfassend einige erwähnt:

- Identifizierung von Waren und Lebewesen
- Identifizierung von Transportbehältern, wobei die Pulkerfassung von Bedeutung ist
- Transportverfolgung
- Lagerführung

- Zutrittskontrolle
- Diebstahlsicherung
- Prüfung der Echtheit bestimmter Nachweise (Urkunden, Dokumente)
- bargeldloser Zahlungsverkehr
- Mautsysteme u. Ä.

Bei allen Vorzügen, die RFID zugeschrieben werden, dürfen Nachteile nicht außer Acht gelassen werden. Folgende **Hauptnachteile** lassen sich feststellen:

- die relativ geringe Reichweite
- die zurzeit noch hohen Kosten
- Störungen des Funkverkehrs
- Lesen der Informationen durch Dritte („Spionage")
- bewusste Beschädigung bzw Zerstörung des Systems durch Dritte
- Entsorgungsprobleme
- Befürchtungen im Hinblick auf Nichteinhaltung des Datenschutzes.

Trotz der genannten Nachteile werden RFID-Systeme weiter ausgebaut. Zahlreiche Forschungsprojekte, die zur Qualitätsverbesserung und Aufnahmefähigkeit der Chips und der Erweiterung der Anwendungsmöglichkeiten beitragen sollen, werden laufend durchgeführt. Bei einer weiteren Verbreitung lassen sich sicher auch die Kosten noch beträchtlich senken. Eine gewisse Skepsis gegenüber zu optimistischen Annahmen ist dennoch angebracht, nicht zu unterschätzende Gegner formieren sich bereits.

Aufgabe 6 > Seite 270

8. Logistikplanung

Ohne konkrete Planung lässt sich das Betriebsgeschehen nicht effizient und wirtschaftlich gestalten.

Unter Planung versteht man den Entwurf einer Ordnung, nach der sich das betriebliche Geschehen in der Zukunft vollziehen soll; sie ist das gedankliche, systematische Gestalten des zukünftigen Handelns.

8.1 Vorbereitung der Planung

Soll eine Planung erfolgreich sein, muss sie gründlich vorbereitet werden. Die Vorbereitung erstreckt sich sowohl auf den Aufbau als auch auf den Ablauf der Planung. Für diese beiden Bereiche sind verbindliche Regelungen zu treffen.

Die Regelungen, die sich auf den **Planungsaufbau** beziehen, erstrecken sich auf die Planungsträger, die Teilpläne und ihre Koordinierung. Die Regelungen des **Planungsablaufs** betreffen die Festlegung der Planungsrichtung, den inhaltlichen Planungsablauf, den zeitlichen Planungsablauf sowie die Planungstechniken.

Diese Regelungen sollen die Planung zwangsläufig, richtig, sachlich, vollständig und pünktlich gestalten; sie finden ihren Niederschlag in den **Planungsrichtlinien**, die zweckmäßigerweise in einem Planungshandbuch zusammengefasst werden (ausführlicher vgl. *Ehrmann*: Unternehmensplanung).

8.2 Strategische und operative Logistikplanung

Die wichtigsten Unterscheidungsmerkmale zwischen strategischer und operativer Planung lassen sich wie folgt darstellen:

Merkmale	Strategische Planung	Operative Planung
Planungsträger	Top-Management	Middle Management
Zeitliche Reichweite	Langfristige Planung	Mittel- bis kurzfristige Planung
Inhaltliche Reichweite	Gesamtheit der Unternehmensaktivitäten	Aktivitäten der Teilbereiche des Unternehmens
Konkretisierungsgrad der Aussagen	Globale Aussagen	Detaillierte Aussagen
Sicherheitsgrad	Relativ große Unsicherheit	Geringere Unsicherheiten
Zentralisierungsgrad	Zentrale Planung	Dezentrale Planung
Benötigte Informationen	Umwelt- und Unternehmensinformationen	Primäre Unternehmensinformationen

8.2.1 Strategische Logistikplanung

Die strategische Planung legt Strategien für das Unternehmen und seine einzelnen Bereiche für längere Zeiträume fest.

Strategien zu entwickeln bedeutet Grundsatzentscheidungen zu treffen, die sämtliche Unternehmensbereiche tangieren, es geht dabei darum, unternehmerische Absichten in die Realität umzusetzen.

Die strategische Planung befasst sich mit den Quellen und Tätigkeiten des Unternehmens, die seinen Erfolg bewirken, mit den sog. **Erfolgspotenzialen**. Sie zu erkennen, nutzbar zu machen und neue zu schaffen, sind die Kernaufgaben der strategischen Planung. Im Einzelnen legt die strategische Planung fest, was unternommen werden muss, um Chancen zu erkennen und zu nutzen, Risiken zu vermeiden, die nicht bewusst in Kauf genommen werden, Stärken zu behalten und auszubauen sowie Schwächen zu mindern bzw. zu beseitigen.

Die Erfolgspotenziale eines Unternehmens setzen sich aus den **Erfolgsfaktoren** zusammen. Diese befinden sich sowohl im Unternehmen selbst als auch in der Umwelt.

Der **strategische Planungsprozess** hat **folgenden Ablauf**:

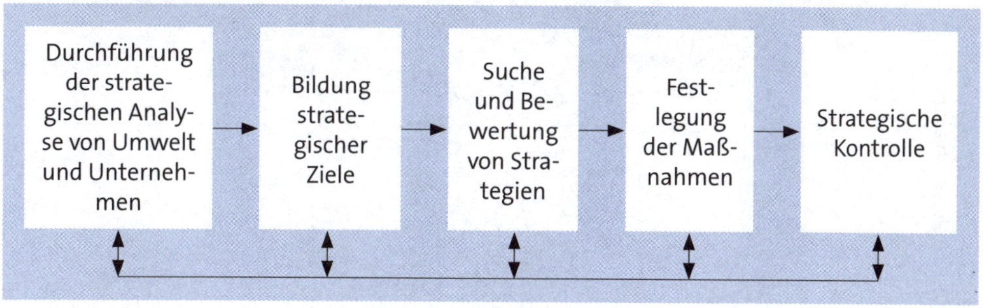

Die **strategische Umweltanalyse** erstreckt sich auf das politische Umfeld, die gesetzlichen Umweltbedingungen, die gesellschaftliche Entwicklung, die gesamtwirtschaftliche Entwicklung, die ökologische und technologische Umwelt.

Die **Unternehmensanalyse** umfasst alle wesentlichen Unternehmensbereiche. Sie operiert primär mit der Potenzialanalyse, der Stärken-Schwächen-Analyse, der Chancen-Risiken-Analyse, der Lückenanalyse, der Portfolio-Analyse und der Kennzahlenanalyse.

Wegen der besonderen Bedeutung für die Logistik sei im Folgenden kurz auf die Portfolio-Analyse und die Kennzahlenanalyse eingegangen.

Portfolio-Analyse

In der Literatur wird eine Vielzahl von Portfolio-Analysen wiedergegeben, die im Prinzip alle über die gleiche Zielsetzung verfügen, sich allerdings hinsichtlich der Bewertung der Einfluss- und Erfolgsfaktoren der Stratgien unterscheiden.

In der Portfolio-Analyse wird mit der Portfolio-Matrix gearbeitet. Auf den Achsen der Matrix erscheinen die Messkriterien, in die Felder trägt man die Strategischen Geschäftseinheiten (voneinander unabhängige Tätigkeitsfelder des Unternehmens) ein. Ihre Größe (oft als Kreise dargestellt) drückt ihre Bedeutung aus, z. B. das Marktvolumen.

Die Portfolio-Matrix verfügt über mehrere Felder, am stärksten verbreitet sind die **Vierfelder-Matrix** und die **Neunfelder-Matrix**.

Beispiel

An folgendem Beispiel sei der Einsatz der Portfolio-Analyse verdeutlicht:

Will man feststellen, ob die Logistik eine strategische Bedeutung für das Unternehmen hat und ob es angebracht ist, Logistikziele und Logistikstrategien zu entwickeln, kann man mit der **Fähigkeiten-Portfolio-Analyse** arbeiten. Das Portfolio besteht aus einer Neun-Felder-Matrix und hat in einer Darstellung nach *Weber* folgendes Aussehen:

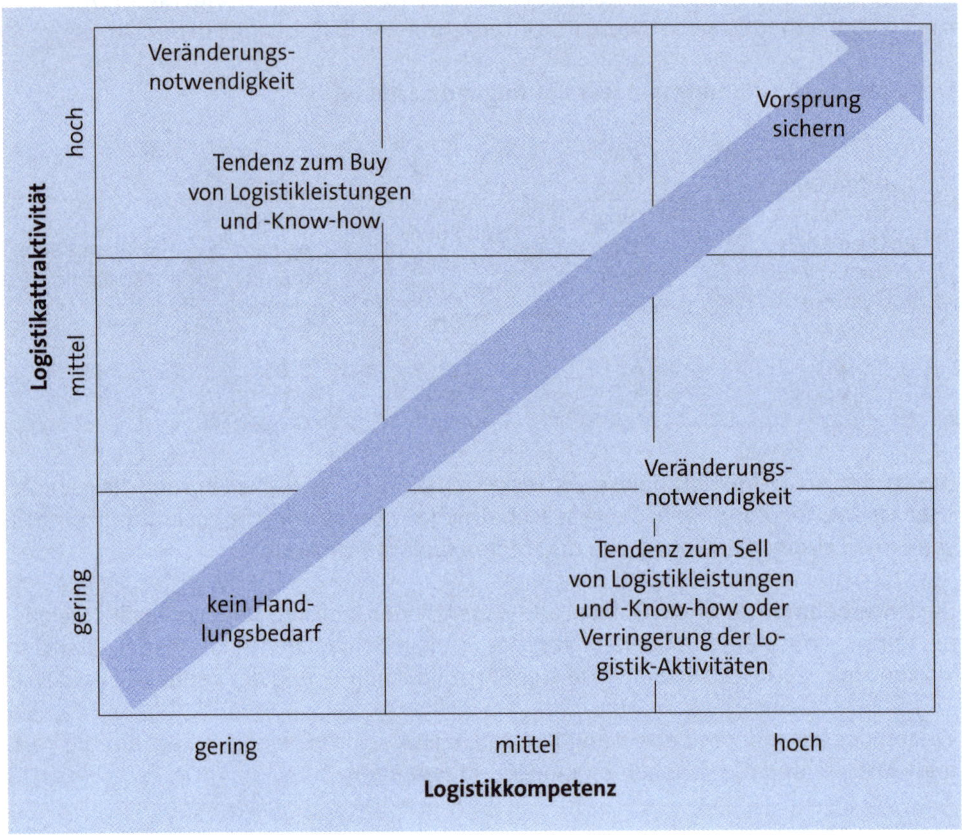

In der Logistik werden noch weitere Portfolio-Konzepte eingesetzt wie beispielsweise die Einkaufs-Portfolio-Analyse von *Kraljic*. Es wird auf die einschlägige Literatur hingewiesen.

Kennzahlenanalyse

Kennzahlen werden sowohl in der Analyse als auch in der Zielvorgabe und Kontrolle eingesetzt. Sie werden als Grundzahlen oder Verhältniszahlen ermittelt und entweder für das ganze Unternehmen oder für einzelne Bereiche errechnet.

Logistik-Kennzahlen beantworten die Fragen: Was leistet die Logistik? Was kostet die Logistik? Wie hoch ist das Kostensenkungspotenzial? Welches sind die Schwachstellen, und welche Optimierungsmöglichkeiten sind gegeben? (*Bichler/Schröter*)

Bildet man eine Gesamtheit von Kennzahlen, die zueinander in Beziehung stehen, wobei erst die Gesamtheit in der Lage ist, vollständig über Sachverhalte zu informieren, erhält man ein **Kennzahlensystem** (*Horvath*). Auf den Seiten 50/51 wird ein Kennzahlensysten von *Schulte* wiedergegeben.

Logistik-Kennzahlen-System (LKS)

	Beschaffung	Materialfluss und Transport
Struktur- und Rahmenkennzahlen	▸ Anzahl der Einkaufsteile ▸ Materialeinkaufsvolumen ▸ Bestellpositionen pro Monat ▸ Anzahl der Lieferanten ▸ Rahmenvertragsquote ▸ Bestellstruktur ▸ Lieferpositionen pro Lieferschein ▸ Anzahl der eintreffenden Warenlieferungen pro Periode ▸ Gewicht eingehender Warenlieferungen ▸ Anzahl und Gewicht der Auslieferungen ▸ Anteil der Barcode-Lieferscheine ▸ Anteil der mit der Bestellabwicklung beschäftigten Mitarbeiter ▸ Anzahl der MA in der Warenannahme ▸ Sachmittelkapazität ▸ Beschaffungskosten ▸ Gesamtkosten in der Warenannahme	▸ Mengenmäßiges Transportvolumen ▸ Transportaufträge pro Transport ▸ Zurückgelegte Transportstrecken ▸ Anzahl der Reparaturen ▸ Mechanisierungs-/ Automatisierungsgrad ▸ Flächenanteil der Verkehrswege ▸ Anzahl der Mitarbeiter in der Transportabteilung ▸ Anzahl Fördermittel ▸ Kapazität der Fahrzeuge ▸ Transportkosten
Produktivitätskennzahlen	▸ Anzahl abgewickelter Sendungen pro Personalstunde ▸ Warenannahmezeit pro eingehender Sendung ▸ Auslastungsgrad der Entladeeinrichtungen	▸ Transportzeit pro Transportauftrag ▸ Auslastungsgrad der Transportmittel ▸ Transportleistung ▸ Zurückgelegte Strecke pro Transportmittel ▸ Zurückgelegte Transportstrecke pro Fahrer ▸ Ø Reparaturzeit
Wirtschaftlichkeitskennzahlen	▸ Warenannahmekosten je eingehender Sendung ▸ Beschaffungskosten je Bestellung ▸ Beschaffungskosten in % des Einkaufsvolumens	▸ Transportkosten je Transportauftrag ▸ Ø Transportkosten je Gewichtseinheit ▸ Kosten je Tonnen-Kilometer ▸ Anteil der Förderkosten an den Fertigungs- oder Herstellkosten ▸ Ø Betriebskosten eines Fördermittels ▸ Ø Wartungs- und Instandhaltungskosten eines Fördermittels pro Zeiteinheit ▸ Kapitalbindung ruhender Bestände
Qualitätskennzahlen	▸ Ø Verweilzeit im Wareneingang ▸ Quote der Fehllieferungen ▸ Beanstandungsquote ▸ Zurückweisungsquote ▸ Lieferverzögerungsquote ▸ Ø Wiederbeschaffungszeit	▸ Servicegrad ▸ Termintreue ▸ Unfallhäufigkeit ▸ Schadenshäufigkeit

Lager und Kommissionierung	Produktionsplanung und -steuerung	Distribution
▸ Anzahl der bevorrateten Artikel ▸ Anzahl unterschiedlicher Verpackungseinheiten ▸ Ø Menge gelagerter Teile ▸ Anzahl der Ein- oder Auslagerungen ▸ Struktur des Auftragsaufkommens ▸ Flächenanteil der Läger ▸ Anzahl Kommissionierpositionen pro Auftrag ▸ Anzahl der Mitarbeiter im Lagerwesen ▸ Sachmittelkapazitäten ▸ Lagerkosten	▸ Anzahl der zu disponierenden Materialien bzw. Teile ▸ Gesamtzahl der Auftragspapiere ▸ Ø Anzahl von Positionen pro Bestellung ▸ Anteil der DV-erstellten Auftragspapiere ▸ Anzahl der Auftragseingänge ▸ Anzahl der listenmäßigen Positionen am Auftragseingang ▸ Anteil der Änderungen am Auftragseingang ▸ Ø Wert einer Auftragseingangsposition ▸ Fertigungstiefe ▸ Anzahl der Mitarbeiter in den einzelnen PPS-Funktionen ▸ Sachmittelkapazität ▸ Kosten der Produktionsplanung und -steuerung	▸ Anzahl der Kunden ▸ Ø Umsatz je Kunde ▸ Anzahl Auslieferungen pro Zeiteinheit ▸ Anzahl der Lagerstufen ▸ Anzahl der Lagerstandorte ▸ Ø Entfernung zwischen den Lagerstufen ▸ Ø Entfernung zwischen Lager und Kunde ▸ Auftragsgröße ▸ Anteil der Distributionsmitarbeiter ▸ Kosten der Kundenauftragsabwicklung ▸ Kosten des externen Transportes ▸ Fehlmengenkosten
▸ Flächennutzungsgrad ▸ Höhennutzungsgrad ▸ Raumnutzungsgrad ▸ Kapazitätsauslastung der Lagermittel ▸ Anzahl der Lagerbewegungen je Mitarbeiter ▸ Kommissionierzeit je Auftrag	▸ Mittlere Anzahl von Auftragseingangspositionen je Mitarbeiter ▸ Auftragsabwicklungszeit pro Auftrag ▸ Mittlere Anzahl der Bestandskonten pro Mitarbeiter ▸ Mittlere Anzahl der Dispositionsvorgänge je Mitarbeiter	▸ Produktivität der Versandabwicklung ▸ Produktivität der Auftragsabwicklung ▸ Transportzeit je Transportauftrag
▸ Ø Lagerplatzkosten ▸ Kosten pro Lagerbewegung ▸ Lagerkostensatz ▸ Lagerhaltungskostensatz ▸ Kommissionierkosten pro Auftrag	▸ Bearbeitungskosten einer Auftragseingangsposition ▸ Kosten je Dispositionsvorgang ▸ Bearbeitungskosten je Fertigungsauftrag ▸ Steuerungskosten je Auftrag	▸ Ø Kosten der Kundenauftragsabwicklung ▸ Anteil der Auftragsabwicklungskosten am Umsatz ▸ Distributionskosten je Auftrag ▸ Versandkostenquote ▸ Umschlagshäufigkeit Fertigwaren ▸ Transportkosten je Transportauftrag ▸ Verhältnis Eigentransportkosten zu Fremdtransportkosten
▸ Fehlerquote ▸ Ausfallgrad ▸ Termintreue ▸ Lager-/Servicegrad ▸ Ø Verweildauer in Kommissionierzone ▸ Lagerverlust je Periode ▸ Vorratsstruktur	▸ Vorratsintensität ▸ Ant. Vorratsver. an der Bilanzsumme ▸ Dispositionsbedingte Beanstandungs- bzw. Fehllieferungsquote ▸ Anteil dispo.bed. Produktionsstörungen ▸ Dispo.bed. Not- und Eilbestellungen ▸ Bestände ohne Bewegungen ▸ Dispo.bed. Fehlmengenkosten ▸ Ø Lagerbestand ▸ Bestandsreichweite ▸ Umschlagshäufigkeit ▸ Ø Verweildauer ▸ Kapitalbindung ▸ Altersstruktur der Bestände ▸ Anteil nicht mehr verwertbarer Bestände am Umsatz	▸ Ø Lieferzeit ▸ Lieferbereitschaft ▸ Fehllieferungsquote ▸ Liefertreue ▸ Verzugsquote ▸ Beanstandungsquote ▸ Anteil der Nachlieferungen

Die **strategischen Ziele** werden aus der Unternehmensvision und aus den Unternehmensgrundsätzen abgeleitet. Sie werden wesentlich von dem Ergebnis der Umwelt- und Unternehmensanalyse beeinflusst. Auf wichtige Logistikziele wurde bereits im Kapitel A.6 eingegangen.

Die **Suche und Bewertung** von Logistikstrategien ist ein schöpferischer Prozess. Betrachtet man die Fachliteratur, stellt man fest, dass eine Vielzahl von Strategien beschrieben wird, und nahezu täglich kommen neue Strategien hinzu. Auch die Praxis entwickelt immer neue Strategien. Ein geschlossenes System der Unternehmensstrategien wurde bis zum heutigen Tag nicht entwickelt. Dies trifft auch auf die Logistikstrategien zu.

Die Logistikstrategien müssen in das gesamte Strategiengefüge des Unternehmens eingeordnet und die Wechselbeziehungen erkannt und berücksichtigt werden.

Der Zusammenhang zwischen Logistikstrategien und anderen Unternehmensstrategien kann besonders deutlich am Beispiel von Marketingstrategien erkannt werden. Marketingstrategien bieten sich zur Erklärung an, da auch die Logistik primär auf den Kundennutzen ausgerichtet ist.

Das folgende Beispiel berücksichtigt die **Wettbewerbsstrategien**. Folgende Zusammenhänge lassen sich erkennen:

Wettbewerbsstrategien	**Merkmale**	**Konsequenzen für Logistikstrategien**
Strategie der umfassenden Kostenführerschaft	Verursachung niedrigerer Kosten als die Konkurrenz (stückzahl- und marktanteilsabhängig). Politik relativ niedriger Preise.	Schwerpunkt auf Reduzierung der Logistikkosten setzen. Halten des Servicegrades der Logistik auf einem akzeptablen Mindestniveau (*Weber/Kummer*).
Strategie der Differenzierung	Die Leistungen des Unternehmens werden als einzigartig für die ganze Branche gestaltet. Durch Differenzierung der Produkte/Leistungen werden Kundennutzen und Kundenzufriedenheit erhöht.	Verminderung von Reaktions- und Durchlaufzeiten, höhere Lieferflexibilität und Lieferbereitschaft, hohe Termintreue und Informationsbereitschaft (*Isermann*).
Konzentrationsstrategie	Der Erfolg ergibt sich aus der Konzentration auf bestimmte Leistungen und/oder Käufer. Auf maximale Erfolge wird u. U. verzichtet.	Spezielle Ausrichtung der Logistikleistung auf den Bedarf der Zielkunden. Erhöhung der Lieferflexibilität, Erhöhung des Servicegrades gegenüber der Konkurrenz.

Die Logistikstrategien erstrecken sich selbstverständlich nicht allein auf den Marketingbereich.

Berücksichtigt man beispielsweise die Beschaffung und Lagerung als eines der Haupteinsatzgebiete der Logistik, wird empfohlen, zunächst die einzelnen Teilbereiche zu analysieren und danach die Strategien dafür zu generieren.

Die **Festlegung der strategischen Maßnahmen** konkretisiert die Strategien. Sie dürfen nicht mit den Handlungen verwechselt werden, die im Zusammenhang mit der operativen Planung stehen. Führt man beispielsweise ein System der Datenfernübertragung von Auftragsdaten ein, handelt es sich um eine Maßnahme zur Durchsetzung und Erhöhung der Lieferflexibilität und der Lieferbereitschaft. Die Handhabung des Systems hingegen hat Handlungscharakter.

Die **strategische Kontrolle** hat die Aufgabe, die strategischen Pläne permanent auf ihre Durchsetzbarkeit zu überprüfen. Nach *Kreikebaum* sind drei Blöcke von Kontrollaktivitäten zu berücksichtigen, nämlich die strategische Überwachung, die strategische Kontrolle der Prämissen, die strategische Durchführungskontrolle.

8.2.2 Operative Logistikplanung

Die operative Logistikplanung setzt die Vorgaben der strategischen Planung in Vorgaben und Einzelmaßnahmen der Teilbereiche des Unternehmens um. Sie ist eine kurz- bis mittelfristige Planung und soll einen Zeitraum von maximal fünf Jahren nicht überschreiten.

Der Ablauf der operativen Logistikplanung stellt sich wie folgt dar:

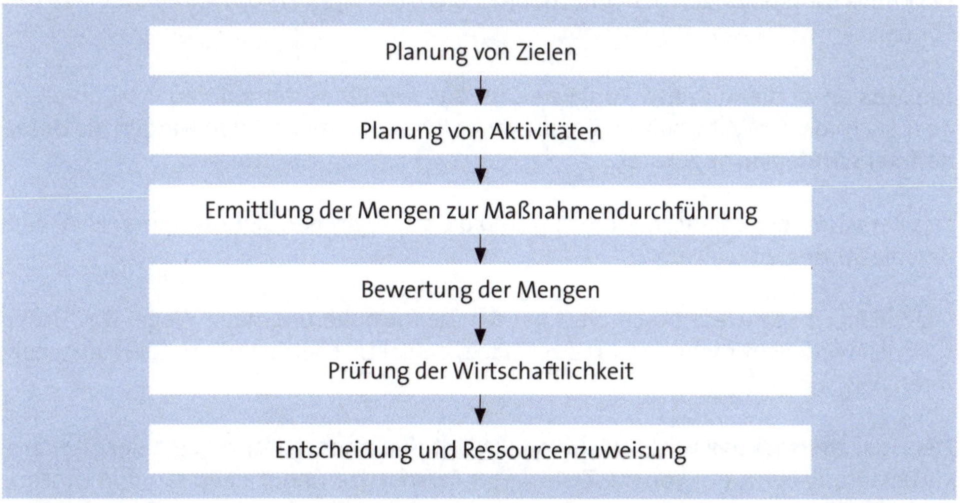

8.2.3 Balanced Scorecard und Logistik

Mit der Balanced Scorecard wurde ein System entwickelt, das es möglich macht, Strategien im Unternehmen durchzusetzen und die strategische Planung mit der operativen Planung zu verbinden.

Die Balanced Scorecard setzt sich aus **folgenden Elementen** zusammen, aus

- der Vision und Mission
- den Strategien
- den Zielen
- den Perspektiven
- den Messgrößen.

Kaplan/Norton, die „Väter" der Balanced Scorecard, charakterisieren ihr Konzept wie folgt:

„Die Balanced Scorecard übersetzt Mission und Strategie in Ziele und Kennzahlen und ist dabei in vier verschiedene Perspektiven unterteilt, die finanzwirtschaftliche Perspektive, die Kundenperspektive, die interne Prozessperspektive und die Lern- und Entwicklungsperspektive. Die Scorecard schafft einen Rahmen, eine Sprache, um Mission und Strategie über Erfolgsfaktoren für gegenwärtige und zukünftige Erfolge zu informieren. Durch genaue Artikulation der gewünschten Ergebnisse und der dahintersteckenden Leistungstreiber hoffen Manager die Energien, Potenziale und das Spezialwissen der Mitarbeiter der gesamten Organisation auf langfristige Ziele hin auszurichten."

Ausgangspunkt der Balanced Scorecard ist die **Vision**. Bei Visionen handelt es sich um die Wunschvorstellungen des Unternehmens, die obersten Ziele, die oft noch vage sein können.

Die **Mission** ist die Außenwirkung, sie sagt aus, wie ein Unternehmen von „draußen" aber auch von den Mitarbeitern gesehen werden will. Aus der Vision werden die **Unternehmensstrategien** abgeleitet.

Das Kernstück der Balanced Scorecard sind die **strategischen Ziele**. Mit ihrer Hilfe werden die Strategien realisiert.

Die Balanced Scorecard beschreitet bei der Zielformulierung neue Wege. Das Unternehmen wird nicht mehr nur aus der Finanzperspektive betrachtet, sondern aus mehreren Perspektiven.

Die **Finanzperspektive** verdeutlicht, ob die Unternehmensstrategie zu einer Ergebnisverbesserung beiträgt. Typische Ziele dieser Perspektive sind die Kapital- und Umsatzrentabilität oder der Cashflow. Kennzahlen, die diese Ziele ausdrücken, üben eine Doppelfunktion aus, zum einen definieren sie die von einer Strategie erwartete Leistung, zum anderen stellen sie das Endziel der übrigen Perspektiven dar.

Die **Kundenperspektive** ist durch Ziele wie Erhöhung der Kundenzufriedenheit, Steigerung des Rufs als Partner der Kunden, Steigerung des Bekanntheitsgrades oder Forcierung der Kundenbindung gekennzeichnet.

In der **Lern- und Entwicklungsperspektive** wird die Infrastruktur verdeutlicht, die erforderlich ist, Verbesserungen und langfristiges Wachstum zu sichern. Die Ziele dieser Perspektive sind folglich auf eine Infrastruktur gerichtet, die die Erreichung der Ziele der übrigen Perspektiven möglich macht.

Die Kennzahlen der Perspektive erstrecken sich auf das Potenzial der Mitarbeiter.

Die interne **Prozessperspektive** identifiziert nach *Kaplan/Norton* die kritischen Prozesse, in denen die „Organisation" ihre Verbesserungsvorschläge setzen muss. Die Ziele der Perspektive sollen erreichen, dass die berechtigten Wünsche der Kunden und Kapitalanleger erfüllt werden.

Diese vier von *Kaplan/Norton* vorgeschlagenen Perspektiven sind für die Unternehmen lediglich Anhaltspunkte, jedes Unternehmen wird nach seinen speziellen Gegebenheiten Perspektiven bilden.

Die für die einzelnen Perspektiven gebildeten Ziele werden nicht isoliert, sondern in ihrem **Ursache-Wirkungszusammenhang** gesehen. Die Betrachtungsweise ist darauf ausgerichtet, zu erkennen, wie die Erfüllung eines strategischen Ziels die Erfüllung eines anderen strategischen Ziels ermöglicht.

Erst durch die Verbindung der strategischen Ziele wird die Strategie richtig verdeutlicht. Die Ursache-Wirkungskette ergibt sich aus den bekannten „Wenn-Dann-Aussagen".

Zur konkreten Planung, zum Kommunizieren und zum Feststellen des Erreichens der Ziele werden **Messgrößen** (Maßgrößen, Kennzahlen) ermittelt.

Im Gegensatz zu herkömmlichen Systemen werden nicht nur finanzielle, sondern auch **nichtfinanzielle Größen** eingesetzt. Dadurch wird zum Ausdruck gebracht, dass neben finanziell messbaren Erfolgsfaktoren auch eine Anzahl nichtfinanzieller Erfolgsfaktoren zum Gesamterfolg beiträgt. Dazu zählen beispielsweise

- die Lieferantenbeziehungen
- die Kundenbeziehungen
- die schöpferische Fähigkeit des Managements und die innovativen Fähigkeiten der Mitarbeiter
- der Aufbau und die Beherrschung der Informationssysteme.

Charakteristisch für die Balanced Scorecard ist die Verwendung von Spätindikatoren und Frühindikatoren als Messgrößen.

Spätindikatoren sind Ergebniszahlen, sie reflektieren die Ziele von Strategien, sie sind Endpunkte. Der Cashflow, der Return on Investment, den Marktanteil oder die Kundenzufriedenheit messende Kennzahlen gehören dazu.

Frühindikatoren zielen auf den Beginn oder frühe Phasen eines Prozesses, sie werden auch als **Leistungstreiber** bezeichnet. Frühindikatoren erstrecken sich auf Vorgänge, die schon zum gegenwärtigen Zeitpunkt dazu beitragen sollen, zu späteren Zeitpunkten bestimmte Ergebnisse zu erreichen. Sie spiegeln die Besonderheiten einer Strategie wider.

Eine Balanced Scorecard muss einen ausgewogenen Mix aus Spät- und Frühindikatoren enthalten.

Ein wesentlicher Vorzug des Balanced Scorecard-Systems liegt in der Verknüpfung von Strategie und Operationen.

Die Budgetierung der zur Erfüllung der strategischen Ziele festgelegten Maßnahmen trägt dazu bei, eine Trennung zwischen strategischer und operativer Planung zu vermeiden.

Die folgende grafische Darstellung von *Horvath & Partnern* zeigt die Elemente der Balanced Scorecard und verdeutlicht die Übersetzung der Strategie in Aktivitäten.

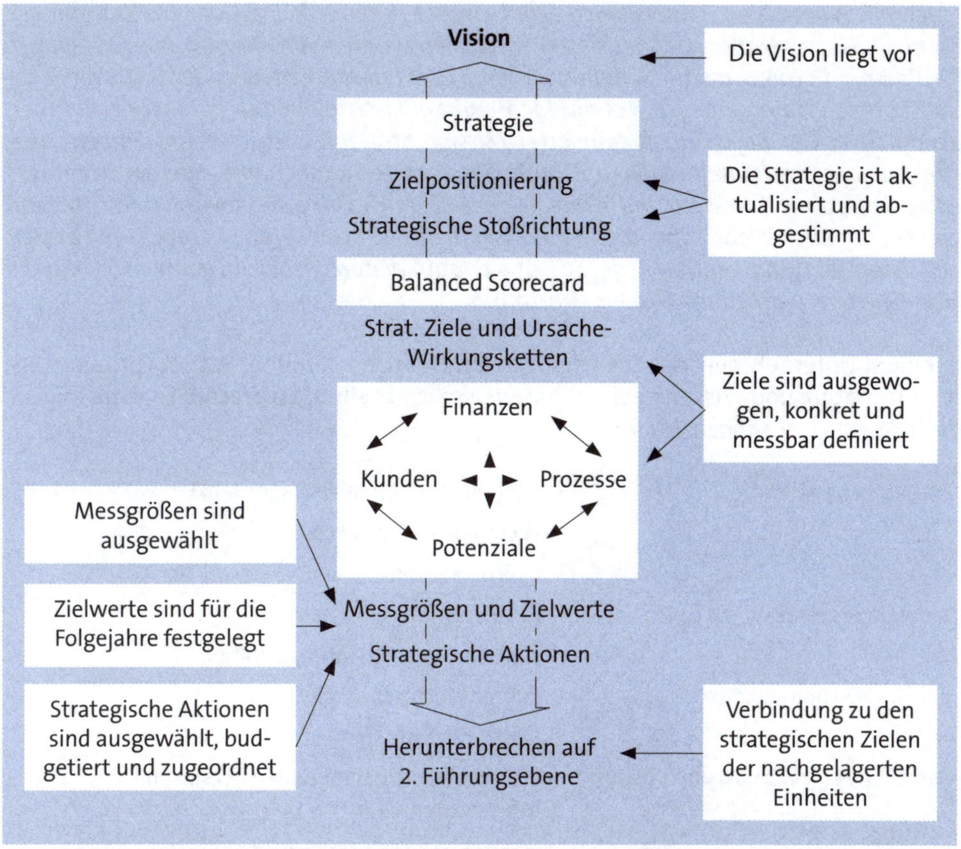

Ein **wesentliches Merkmal** der Balanced Scorecard ist die Einbeziehung der Mitarbeiter in den Entstehungs- und Umsetzungsprozess. Die Mitarbeiter werden an allen wichtigen Phasen des Realisierungsprozesses der Strategien beteiligt. Dies bedeutet für die meisten von ihnen die Einsicht in die Bedeutung von Zielen und Maßnahmen, ihre eigene Rolle dabei, was wiederum zu einer verstärkten Motivation und Bindung an das Unternehmen beiträgt.

Die Logistik wird im System der Balanced Scorecard angemessen berücksichtigt. In nahezu allen Perspektiven können wichtige Logistikziele berücksichtigt werden, etwa im Kundenbereich Bestell- und Lieferservice verbessern, im Prozessbereich Logistikprozesse optimieren, Fuhrpark und Lager effizienter gestalten, in der Lern- und Entwicklungsperspektive EDV-Vernetzung mit Kunden herstellen u. Ä. Viele logistische Ziele tragen dazu bei, wichtige Unternehmensstrategien zu realisieren.

Eine weitere Möglichkeit der Logistik Geltung zu verschaffen, besteht darin, eine eigene Bereichs-Scorecard Logistik zu erstellen.

Eine für das **ganze Unternehmen** konzipierte Balanced Scorecard lässt sich vertikal auf nachfolgende Hierarchiestufen ausdehnen. Der Fachausdruck dafür lautet „Herunterbrechen". *„Wenn eine Balanced Scorecard einmal für eine SGE (in diesem Zusammenhang ein Unternehmen, der Verfasser) entworfen wurde, wird sie zum Ausgangspunkt für Balanced Scorecards für Abteilungen und Funktionseinheiten in der SGE. Missions- und Strategiestatements für Abteilungen und Funktionseinheiten können im Rahmen der durch die Geschäftseinheit definierten Mission, Strategie und Scorecard definiert werden. Manager von Abteilungen und Funktionseinheiten können ihre eigenen Scorecards entwickeln, die mit Mission und Strategie der SGE im Einklang stehen und unterstützend wirken. Auf diese Weise führt die Geschäftseinheit-BSC stufenweise herab zu den einzelnen Verantwortungszentren in der SGE und erlaubt diesen wiederum gemeinsam auf die SGE-Ziele hin zu arbeiten"* (*Kaplan/Norton*).

In einem Unternehmen, das die Perspektiven Finanzen, Kunden, Betriebsprozesse sowie Innovation und Wissen gebildet hat, weist die **Abteilungsscorecard Logistik** folgende Ziele auf (*Eschenbach/Haddad*):

Finanzperspektive	▸ gebundenes Kapital im Lager senken ▸ Personalkosten senken ▸ Fuhrparkkosten senken
Kundenperspektive	▸ Bestellservice verbessern ▸ Lieferservice effizienter gestalten
Perspektive Betriebsprozesse	▸ Fuhrpark effizienter gestalten ▸ Lager effizienter gestalten
Perspektive Innovation und Wissen	▸ EDV-Vernetzung mit Kunden herstellen/ intensivieren ▸ elektronische Datenerfassung erweitern

Auf diese Wiedergabe der Messgrößen und Maßnahmen kann verzichtet werden, da nur ein beispielhafter Überblick vermittelt werden soll.

Für die Abteilungsscorecard Logistik ergeben sich folgende **Ursache-Wirkungsketten**:

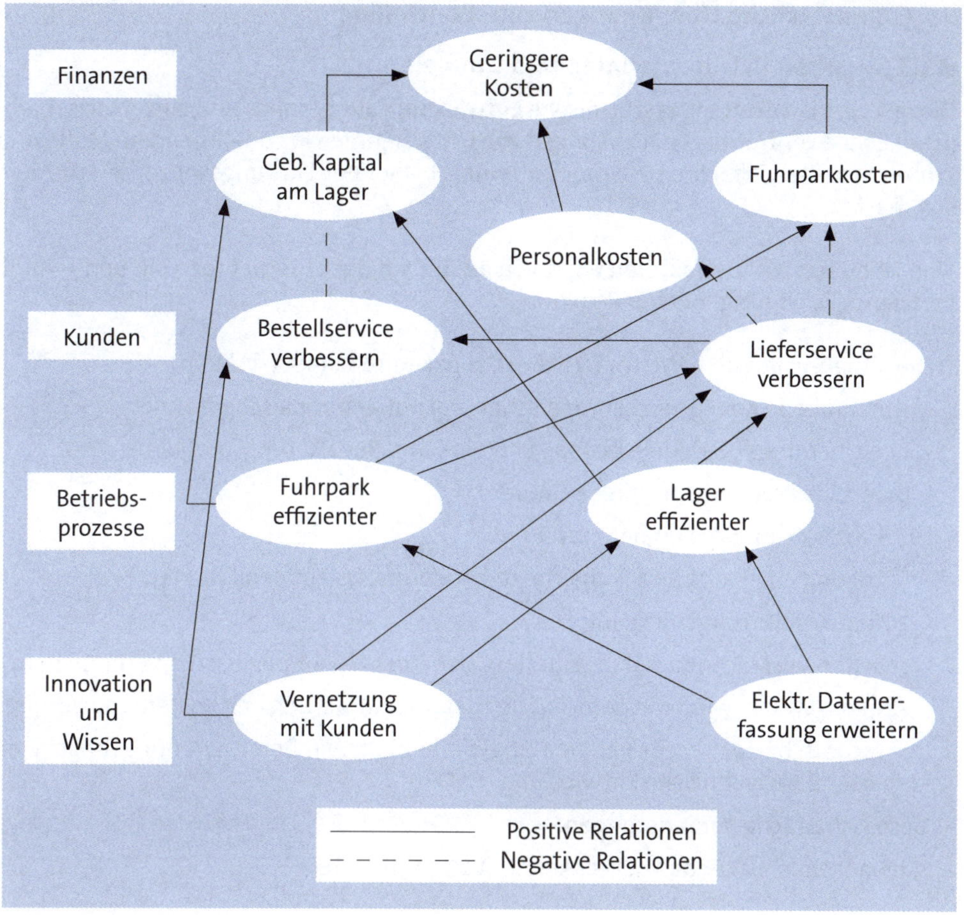

Quelle: *Eschenbach/Haddad*

Ausführliche Darstellungen siehe *Ehrmann:* Kompakt-Training Balanced Scorecard, Logistik.

Aufgabe 7 > Seite 270

9. Logistik-Controlling

9.1 Grundsätzliche Überlegungen zum Controlling

9.1.1 Situation in Unternehmen und Umwelt

Die rasche, bisweilen sogar stürmische Entwicklung auf gesamt- und einzelwirtschaftlicher Ebene konfrontiert die Leitungen von Unternehmen in zunehmendem Maße mit Problemen, die vielfach eine Umorientierung bisheriger Führungskonzepte erforderlich macht.

Eine Reihe von Einflussfaktoren wirkt von außen auf die Unternehmen ein und zwingt sie zu möglichst umgehender Reaktion.

- Die Situation auf dem Weltmarkt, die u. a. gekennzeichnet ist durch
  - zunehmende Konkurrenz europäischer und außereuropäischer Länder
  - Verschuldungs-, Zahlungsbilanz-, Energie-, und Bevölkerungsprobleme
  - politische Probleme in einigen Ländern.
- Die Situation auf dem Binnenmarkt mit
  - Sättigung einerseits und Steigerungen andererseits auf den Märkten
  - einem Bevölkerungsrückgang
  - selbstbewussten, qualitätsbewussten, sich ihrer Macht bewussten Verbrauchern
  - starkem Wettbewerb mit dem Zwang zur Rationalisierung und Kostenreduzierung.
- Der technische Fortschritt generell und die in manchen Bereichen nur sehr schwer vorhersehbare technische Entwicklung.
- Gesellschaftliche Veränderungen.
- Schwankende bis tendenziell sinkende Wachstumsraten.

Diese externen Faktoren zwingen ebenso wie die internen Rahmenbedingungen (*Bramsemann*) im Rahmen des Problemlösungsprozesses zu Anpassungen und Koordinationsmaßnahmen. Diese können mithilfe des Controlling optimal gesteuert werden (*Horvath*).

Auch bei mittlerweile erreichter Klarheit über die Hauptfunktionen des Controlling in Literatur und Praxis wird bisweilen beim Controlling-Anwender, der sich dazu entschlossen hat dieses Steuerungsinstrument einzusetzen, eine gewisse Unsicherheit hervorgerufen, wenn er mit der Fülle von Begriffen konfrontiert wird, die mit dem eigentlichen Controlling-Begriff im Zusammenhang stehen. Es scheint deshalb angebracht, auf die wichtigsten dieser Termini einzugehen.

9.1.2 Begriffe und Fakten

9.1.2.1 Controlling-Begriff

Der Controlling-Begriff wurde in der Vergangenheit häufig sehr unterschiedlich und vor allem zu Missverständnissen führend verwendet. In diesem Zusammenhang ist die irreführende Übersetzung als „Kontrollieren" besonders hervorzuheben.

Der im Lateinischen wurzelnde Begriff, der im Laufe der sprachlichen Entwicklung zum englischen „to control" wurde, ist am ehesten als „beherrschen, überwachen, steuern" zu deuten (*Messinger/Rüdenberg*). Der vielfältige Gebrauch des Wortes Controlling führte zwangsläufig dazu, dass ein einheitliches Controlling-Konzept bis zum heutigen Tage nicht entwickelt werden konnte. Erschwerend kommt hinzu, dass sich die Betriebswirtschaftslehre in Deutschland des Controlling erst relativ spät annahm und Praxissprachgebrauch und Theorie in einigen Bereichen auseinanderklafften.

Trotz der angesprochenen Entwicklungsschwierigkeiten und Auffassungsunterschiede dürfte heute Konsens darüber bestehen, dass Controlling weit mehr als Kontrolle bedeutet, vielmehr, sich mit dem Ausarbeiten von Planzielen, dem Entwickeln von Strategien, der Ermittlung und Analyse von Abweichungen und sich daraus ergebenden Korrekturhandlungen befasst (*Heigl*).

Controlling ist somit ein Führungsinstrument, ein Konzept der Unternehmenssteuerung mit den Hauptfunktionen

- Planung
- Information
- Analyse/Kontrolle
- Steuerung.

9.1.2.2 Controlling-Formen

Die Darstellung der Controllingformen stellt zum einen eine Erweiterung des Controlling-Begriffes dar, zum anderen lassen sich Schlüsse auf die wichtigsten Controlling-Aufgaben ziehen.

Controllingart	Inhalt und Aufgaben
Operatives Controlling	Kurzfristig wirkendes Instrument. Befindet sich am Anfang eines Controlling-Konzeptes. Steht im Dienste einer kurzfristigen Gewinnsteuerung.
Strategisches Controlling	Sprengt den Zeitrahmen des operativen Controlling. Ein Instrument, das die Basis für strategisches Handeln bildet. Es verwendet alle für die Zukunftsentwicklung und -sicherung entscheidenden Faktoren und Daten quantitativer und qualitativer Art. Das strategische Controlling erkennt Chancen und Risiken, die die Existenzsicherung betreffen.

Controllingart	Inhalt und Aufgaben
Controlling aus institutionaler Sicht	Verankerung des Controlling in die Unternehmensorganisation. Interne Strukturierung. Fixierung der Anforderungsprofile.
Controlling aus funktionaler Sicht	In erster Linie Arbeitsteilung des Controlling (Beschaffung, Produktion, Marketing, Finanzbereich u. Ä.).
Zentral-Controlling	Zentralisierung aller Controlling-Aufgaben in einem System.
Sub-Controlling	Differenzierung und Dezentralisierung der Controlling-Funktionen.
Objektbezogenes Controlling	Objekt-, projekt-, spartenbezogene Gestaltung des Controlling zur optimalen Zielerreichung.
Systembildende Controlling-Funktion	Abgrenzung, Entwicklung und Abstimmung von Planungs-, Kontroll- und Informationssystemen für die Unternehmensführung, nach *Kiener* systembildende Funktion.
Systeminterne Controlling-Funktion	Die laufende Abstimmung von Planung und Kontrolle sowie Sicherstellung der Informationsversorgung der Unternehmensführung im Rahmen des geschaffenen Systemzusammenhangs betrachtet (*Kiener*).

Becker grenzt die beiden wichtigen Controlling-Formen, operatives und strategisches Controlling wie folgt ab:

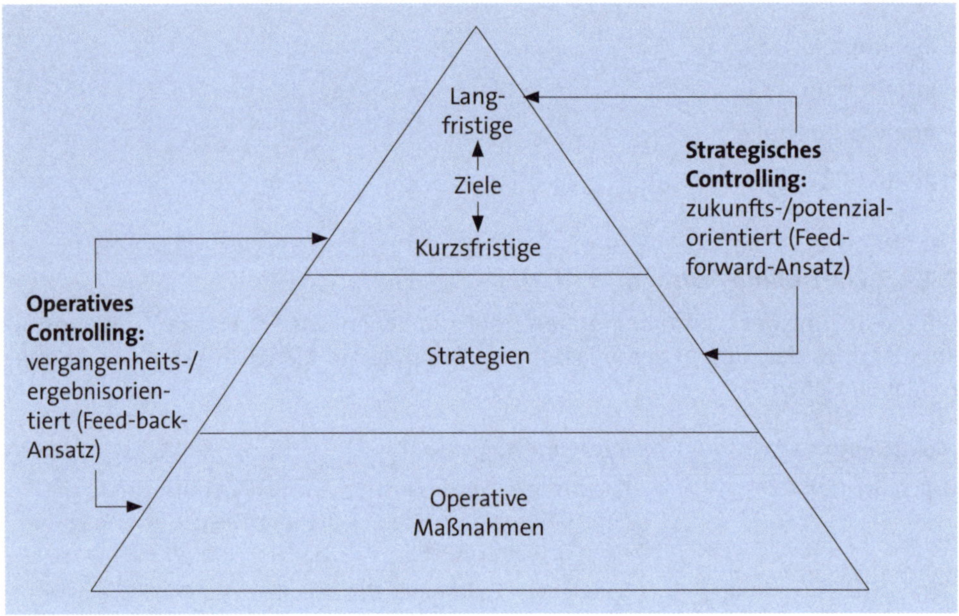

9.1.2.3 Controller-Eigenschaften

Ohne näher auf das Anforderungsprofil eines Controllers einzugehen, werden einige Anmerkungen über Eigenschaften, über die ein Controller verfügt bzw. verfügen sollte, gemacht.

Ein erfolgreicher Controller sollte auf jeden Fall über das für seine Stelle erforderliche Fachwissen verfügen. Darüber hinaus sollte er einerseits durchsetzungsfähig, andererseits auch kooperationsfähig und -bereit sein. Von Vorteil für seine Position wäre es, wenn er über eine gewisse Souveränität verfügte.

Es wird in diesem Zusammenhang auf eine interessante Stellenbeschreibung mit Anforderungsprofil von *Schröder* hingewiesen.

9.2 Aufgaben

Die Logistik ist ein sehr komplexer und auch komplizierter Bereich, der für das Logistik-Management nicht nur eine Aufgabenvielfalt, sondern auch eine Problemvielfalt bedeutet. Bei deren Bewältigung ist die Logistikleitung auf Mitarbeiter und Unterstützung wichtiger Funktionen und Instanzen des Unternehmens angewiesen. Eine wichtige Rolle fällt dabei dem Controlling zu.

Eine Reihe der im Kapitel A. dargestellten Aufgaben können unter Mitwirkung des Controlling erfüllt werden oder diesem z. T. übertragen werden, stellen sie doch **klassische Controllingaufgaben** dar.

- Planung
- Information
- Analyse
- Kontrolle
- Steuerung

sind nach einhelliger Auffassung Haupteinsatzgebiete von Controllern.

Ohne hier auf spezielle Fragen des Controlling wie Controlling-Formen, die Einordnung des Controlling in die Unternehmensorganisation u. Ä. einzugehen, sei kurz auf die Hauptaufgabenkomplexe von Controllern in der Logistik eingegangen.

9.3 Einsatzgebiete

Folgende Einsatzgebiete der **Logistik-Controller** sind zu erwähnen:

- Ermittlung, Dokumentation und Weiterleitung von Informationen, Aufbau von Informationssystemen
- Aufbau eines Berichtswesens
- Erarbeitung von Planungsrichtlinien und Planungsprämissen, Festlegung der Planungs-Methoden, Aufbau eines Planungsystems
- beratende Mitwirkung bei der Formulierung von Zielen
- Hilfe bei der Aufstellung von zielorientierten Plänen
- Koordinierung der Pläne
- Terminüberwachung bei der Planaufstellung
- Schaffung eines Kennzahlensystems
- Aufbau eines Kontrollsystems durch Festlegung von Toleranzgrenzen für Abweichungen, Installierung von Verfahren für die Abweichungsanalyse und die Möglichkeit zum Erkennen der Folgen der Abweichungen
- Durchführung bzw. Unterstützung von laufenden Kontrollaufgaben
- ständige Beobachtung der Planziele
- Einleitung von Gegensteuerungsmaßnahmen und Mitwirkung bei diesen Maßnahmen
- Beratung und Schulung von Mitarbeitern im Logistikbereich
- Auswertung von Statistiken
- Sonderaufgaben.

9.4 Wichtige Controlling-Instrumente

Dem Controller steht zur Bewältigung seiner Aufgaben eine Reihe von Instrumenten zur Verfügung. Einen Überblick darüber gibt das folgende Kapitel B.1 „Logistische Software". Auf einige besonders wichtige Instrumente wird im Folgenden eingegangen.

9.4.1 Kostenrechnung

Die Kostenrechnung ist ein wichtiges Planungs-, Kontroll- und Entscheidungsinstrument. Informationen über die gebräuchlichsten Kostenrechnungssysteme, deren Aufbau, Aussagen und Einsatzmöglichkeiten gibt folgende Übersicht:

KOR-System	**Aufbau**	**Aussage**	**Einsatzmöglichkeiten**
Istkostenrechnung auf Vollkostenbasis	Kostenartenrechnung (welche Kosten sind entstanden?) Kostenstellenrechnung (wo sind die Kosten entstanden?) Kostenträgerrechnung (wofür sind die Kosten entstanden?)	Gibt die tatsächlich entstandenen Kosten an	Kalkulation, Bewertung, Wirtschaftlichkeitskontrolle (eingeschränkt)
Flexible Plankostenrechnung	Ermittlung der Basisplankosten (für eine Planbezugsgröße ermittelte Vorgabekosten, fix und proportional) Ermittlung der Sollkosten (auf die jeweilige Istbeschäftigung umgerechneten Plankosten) Ermittlung der verrechneten Plankosten (auf die Kostenträger verrechneten Plankosten)	Die Kosten werden unter Berücksichtigung von Kosteneinflussgrößen, insbesondere der Beschäftigung, ausgewiesen. Ermittlung verschiedener Soll-/Istabweichungen	Kalkulation, Wirtschaftlichkeitskontrolle, als Teilkostenrechnung wichtiges Entscheidungsinstrument
Deckungsbeitragsrechnung	Aufspaltung der Kosten in ihre fixen und proportionalen Bestandteile, Ermittlung des Deckungsbeitrags (Erlöse minus proportionale Kosten)	Gibt an, in welchem Ausmaß die fixen Kosten gedeckt sind und welcher Betrag danach als Gewinn ausgewiesen wird	Entscheidungsinstrument (z. B. Produktwahl, Eigenfertigung/Fremdbezug) Wirtschaftlichkeitskontrolle Instrument in der Preispolitik
Prozesskostenrechnung	Zuordnung der Kosten auf die Kostenträger aufgrund der von ihnen beanspruchten Aktivitäten	Rechnet die Kosten präziser und verursachungsgerechter den Kostenträgern zu. Das Betriebsgeschehen wird als ein System von Prozessen und Aktivitäten gesehen, die kostenstellenübergreifend ablaufen	Exaktere Kalkulation, Wirtschaftlichkeitskontrolle, Optimierung von Ressourcenverbrauch, Aufdeckung von Rationalisierungspotenzialen

Das gewählte Instrument Kosten- und Leistungsrechnung muss in der Lage sein, folgende logistische Arbeitsbereiche zu bewältigen:

Kosten- und Leistungsrechnung

Wirtschaftlichkeits-Kontrolle	Kalkulation einzelner Logistikleistungen und ganzer Zeitabschnitte	Bereitstellung von Unterlagen für wichtige Entscheidungen wie
▸ Zeitvergleich ▸ Betriebsvergleich ▸ Soll-/Istvergleich		▸ Ermittlung optimaler Verfahren ▸ Auswahl geeigneter Betriebsmittel ▸ Eigenfertigung/ Fremdbezug ▸ Beurteilung von Verkaufsbezirken ▸ Beurteilung von Kunden

Hauptaufgaben des Controllers bzw. des mit der Kostenrechnung Betrauten sind demnach

- die Feststellung von logistischen Leistungs- bzw. Kostenverursachungsbereichen
- die Bildung von Logistik-Kostenstellen
- die Feststellung von Logistikkosten und deren Zuordnung auf die Kostenstellen
- die Zuordnung der Logistikkosten auf die Logistikleistungen
- die Auswertung der Kostenrechnung im Sinne einer Wirtschaftlichkeitsfeststellung und Entscheidungsvorbereitung bzw. Entscheidungsunterstützung.

Bereits die Zusammenstellung wichtiger Kostenrechnungssysteme auf S. 65 lässt erkennen, dass das Praktizieren einer Logistikkosten- und Leistungsrechnung nicht ganz einfach ist. Ein Problem ergibt sich aus der Überschneidung mit anderen Kosten (Nichtlogistikkosten) bzw. Kosten anderer Bereiche.

Stellt man bestimmte Kostenarten im Logistikbereich wie

- Lohn- und Gehaltskosten
- Treibstoffkosten
- Versicherungskosten
- Steuern
- Abschreibungen
- Wagniskosten
- Kosten von Fremdtransporten
- Reparatur- und Wartungskosten
- Kosten für Verpackungsmaterial
- Versandkosten
- Verwaltungskosten
- Leitungskosten

fest, sind darin mit Sicherheit Kosten anderer Bereiche enthalten. Abgrenzungsarbeiten machen in diesem Falle arbeitsintensive Recherchen erforderlich.

Auch die Kostenstellenbildung kann eine Logistikkosten- und Leistungsrechnung erschweren. Bildet man Kostenstellen wie

- Wareneingang
- Warenprüfung
- Eingangslager
- Produktionslager
- Kommissionierung
- Verpackung
- Versandlager,

bereitet die Verzahnung logistischer Aufgaben mit anderen Aufgaben Zurechnungsprobleme. Erschwerend ist es, wenn Mitarbeiter Arbeiten in mehreren Kostenstellen durchführen.

Arbeitet ein Unternehmen mit klassischen Kostenrechnungsverfahren, tritt das **Fixkostenproblem** auf, es werden praktisch fixe Kosten proportionalisiert, da im System keine Trennung in fixe und proportionale Kosten vorgenommen wird.

Auf der Suche nach geeigneten Kostenrechnungssystemen für den Logistikbereich wird häufig die **Prozesskostenrechnung** genannt. Sie wird zwar vielfach als ein neues Kostenverrechnungssystem bezeichnet, doch werden Elemente bereits von *Schmalenbach* erwähnt.

Die Prozesskostenrechnung betrachtet nicht die Kostenträgereinheit zentral, sondern die **Aktivitäten**, die die Produkte in Anspruch nehmen. Die Kosten werden den Kostenträgern aufgrund der von ihnen beanspruchten Aktivitäten zugerechnet. Die Aktivitäten bzw. deren Kosten hängen von den Eigenschaften der Produkte respektive des Produktionsprogramms ab, folglich sind die Kostenwirkungen der **Produkteigenschaften** zu quantifizieren.

Hauptobjekt der Prozesskostenrechnung sind die fertigungsunterstützenden Aktivitäten, die repetitiven Charakter haben, also durch vielfache **Wiederholungen** und Schematisierung gekennzeichnet sind. Beispiele dafür sind die Bereiche Materialprüfung, Lagervorgänge, das Bestellwesen, die Fakturierung und Ähnliches.

Die sich ständig wiederholenden Aktivitäten in diesen Bereichen sind die **Kostentreiber** (z. B. die Anzahl der Prüfvorgänge oder Bestellungen) als Hauptgegenstand der Prozesskostenrechnung.

Da die Prozesskostenrechnung mit **Begriffen** arbeitet, die in anderen Kostenrechnungssystemen nicht verwendet werden, werden einige Termini im Folgenden kurz erläutert:

Begriff	**Inhalt**
Aktivität	Tätigkeit in einer Kostenstelle, die mit einem Verzehr von Produktionsfaktoren verbunden ist. Es ist die kleinste in sich geschlossene und nicht mehr untergliederbare Tätigkeit (Handlungseinheit) innerhalb des Arbeitsablaufs in einem Unternehmen (*Olfert*).
Prozess	Sachlich zusammengehörende Aktivitäten
Teilprozesse	Sachlich zusammengehörende Aktivitäten innerhalb einer Kostenstelle. Sie sind Ketten homogener Aktivitäten, die Produktionsfaktoren verbrauchen und mit quantifizierbaren Ergebnissen abschließen.
Hauptprozess	In der Regel kostenstellenweise Zusammenfassung von Teilprozessen, die den gleichen Kosteneinflussfaktor haben.
Prozesskette	Kostenstellenweise ermittelte Teilprozesse werden entsprechend ihrer Vorgänger-Nachfolger-Beziehung zugeordnet (z. B. Bestand prüfen in der Lagerbuchhaltung, Stücklisten erstellen in der Fertigungsplanung).

Begriff	Inhalt
Kostentreiber (Cost-Driver, Maßgröße, Prozessgröße, Kosteneinflussfaktor)	Sie sind die Kosteneinflussgrößen. Sie geben an, welche Faktoren für die Kostenhöhe verantwortlich sind. Für die Prozessart „Angebote bearbeiten" beispielsweise besteht der Cost-Driver aus der Anzahl der Angebotspositionen, für die Prozessart „Nettolohnabrechnung" aus der Anzahl der abzurechnenden Arbeitsgänge.
Prozesskostensatz	Er ergibt sich aus der Division der Prozesskosten durch die tatsächlich angefallenen Prozessmengen.

Die Prozesskostenrechnung läuft im Wesentlichen in folgenden **Schritten** ab.

- Überprüfung der Notwendigkeit einer Prozesskostenrechnung.
- Festlegung der Bereiche, für die eine Prozesskostenrechnung eingeführt werden soll. Es wird empfohlen, die Prozesskostenrechnung für Bereiche mit relativ gleichförmigen Prozessen einzurichten, die den mit den Abläufen betrauten Personen keine großen Entscheidungsspielräume lassen.
- **Tätigkeitsanalyse**
  Während dieses sehr arbeitsaufwändigen Schrittes werden die Kostenstellen im Hinblick auf die anfallenden Tätigkeiten sowie die damit verbundenen Kapazitäten (in der Regel Zeiteinheiten) analysiert.
- **Zusammenfassung der Aktivitäten zu Teilprozessen**
  Aus sachlich zusammengehörenden Aktivitäten werden Teilprozesse gebildet, die jeweils ein bestimmtes Tätigkeitsfeld innerhalb einer Kostenstelle darstellen. Teilprozesse sind dabei Ketten homogener Aktivitäten, die Ressourcen verbrauchen und mit quantifizierbaren Ergebnissen abschließen.
- **Verdichtung der Teilprozesse zu Hauptprozessen**
  Sachlich zusammengehörende Teilprozesse werden zu Kostenstellen übergreifenden Hauptprozessen verdichtet. Damit können Kostenstellen übergreifende Abläufe beschrieben werden.

  Als Beispiel sei der Hauptprozess „Materialeinkauf" genannt. Er setzt sich aus den Teilprozessen „Angebote einholen" und „Bestellungen durchführen" in der Kostenstelle „Einkauf" und „die Lieferung in Empfang nehmen" in der Kostenstelle „Warenannahme" zusammen. Die Hauptprozesse bilden die Grundlage für die Kalkulation und das Kostenmanagement.
- **Ermittlung der Prozessmengen**
  Während dieses Vorgangs werden die Maßgrößen und die Prozessmengen ermittelt, wobei zwischen diesen beiden Größen ein proportionales Verhältnis bestehen sollte. Es ist festzustellen, ob sich die in den Kostenstellen festgestellten Prozesse leistungsmengeninduziert oder leistungsmengenneutral verhalten. Lediglich für die leistungsmengeninduzierten Prozesse ist nach geeigneten Maßgrößen zu suchen, die die Prozesse mengenmäßig quantifizieren. Betrachtet man den Prozess „Angebote einholen" könnte die Anzahl der Angebote eine geeignete Maßgröße sein.

- **Ermittlung der Prozesskosten**
  Dieser Arbeitsgang umfasst die Ermittlung der leistungsmengeninduzierten und leistungsmengenneutralen Prozesskosten. Es kann davon ausgegangen werden, dass die Prozesskosten in der Regel auf Planbasis ermittelt werden, also Planprozesskosten zum Ansatz kommen.
- **Bildung von Prozesskostensätzen**
  Die Bildung der Prozesskostensätze erfolgt in zwei Schritten. Zunächst errechnet man die Kostensätze für die leistungsmengeninduzierten Prozesse. Man erhält diese durch die Division der Planprozesskosten durch die entsprechenden Mengen. Sie drücken die Kosten für die Erstellung einer Einheit eines Prozesses aus.

  Die Kosten für die leistungsmengenneutralen Prozesse werden im Verhältnis zu den bei den einzelnen Positionen angefallenen Kosten umgelegt.
- **Kalkulation**
  Der Einsatz der Prozesskostenrechnung in der Kalkulation trägt zu einer verursachungsgerechteren Kostenzurechnung auf die Kostenträger bei. Damit kann nicht nur eine exaktere Selbstkostenermittlung vorgenommen werden, sondern durch die Feststellung, in welchem Ausmaß die einzelnen Kostenträger die Hauptprozesse beanspruchen, wird auch eine effektivere Wirtschaftlichkeitskontrolle möglich.

  Durch die Verwendung der Prozesskosten in der Kostenträgerstückrechnung kann ein grober Fehler der „klassischen" Kalkulation vermieden werden. Bei dieser wird die Inanspruchnahme der Ressourcen durch die Leistungserstellung nur sehr unvollkommen berücksichtigt. Eine prozentuale Verteilung der Gemeinkosten auf die Kostenträger behandelt diese im Gegensatz zur Prozesskostenkalkulation ungerecht.

9.4.2 Frühwarnsysteme

Frühwarnsysteme sind besondere Informationssysteme, die es ermöglichen, sich anbahnende Entwicklungen mit dem zeitlichen Vorlauf zu erkennen, der rechtzeitig Gegenmaßnahmen zur Minderung oder Abwehr der entstandenen Störungen initiiert (*Bramsemann*). Die Früherkennung erstreckt sich auf alle frühzeitig wahrnehmbaren Informationen, die den Unternehmensleitungen Hinweise auf Gefahren und Schwierigkeiten geben (*Olfert/Rahn*).

Die die Entwicklungen andeutenden Informationen werden als **Frühindikatoren** bezeichnet. Sie sollen möglichst zuverlässige Angaben über die Richtung und das Ausmaß sich abzeichnender Veränderungen liefern und möglichst früh strategische Überraschungen verhindern (*Rahn*). Die Informationen müssen folglich

- möglichst früh
- möglichst präzise
- möglichst nachvollziehbar

zur Verfügung stehen.

Die Bereiche, in denen mit Frühindikatoren gearbeitet wird, ausfindig zu machen und geeignete Indikatoren einzusetzen, sind wichtige Controller-Aufgaben.

Frühindikatoren treten in folgenden Formen auf:

Frühindikatoren	Bereich
Interne Indikatoren	Sie erstrecken sich auf das Unternehmen und sind entweder gesamtunternehmensbezogen oder bereichsbezogen.
Externe Indikatoren	Sie erfassen Ereignisse der Umwelt.
Globalindikatoren	Sie sind hochaggregierte Größen, die sich auf das Unternehmen als Ganzes erstrecken. Sie haben häufig die Form von Kennzahlen wie etwa Rentabilitäts-, Wirtschaftlichkeits- oder Cashflow-Kennzahlen. Globalindikatoren können interne und externe Indikatoren sein. Ein externer Indikator ist z. B. der Geschäftsklimaindex des Ifo-Instituts für den Auftragseingang von Investitionsgütern.
Einzelindikatoren	Diese Indikatorengruppe erstreckt sich auf spezielle Tatbestände und deren Auswirkungen auf einzelne Unternehmensbereiche. Im Gegensatz zu den Globalindikatoren, die dem Vorwurf begegnen, die Ursachen von Ereignissen und Ergebnissen nicht ausreichend zu berücksichtigen, haben Einzelindikatoren den Vorteil der Ursachenbezogenheit.

Betrachtet man die Frühindikatoren unter dem Gesichtspunkt ihrer Entwicklung, unterscheidet man drei Indikatorengruppen:

- **Indikatoren der ersten Generation** geben Schwellenwerte vor, deren Über- oder Unterschreiten Warnsignale auslösen sollen.
- **Indikatoren der zweiten Generation** werden in den Dienst von Prognosen gestellt.
- **Indikatoren der dritten Generation** verkörpern schwache Signale qualitativer Natur, die noch nicht deutlich wahrnehmbar und nicht eindeutig definierbar sind.

Die Frühwarnsysteme, in denen mit den genannten Indikatoren operiert wird, sind die

- Frühwarnsysteme der ersten Generation
- Frühwarnsysteme der zweiten Generation
- Frühwarnsysteme der dritten Generation.

In der folgenden Übersicht werden ihre Merkmale ausgewiesen, wobei die Systeme der beiden ersten Generationen zusammengefasst werden:

Frühwarnsysteme	Merkmale
Frühwarnsysteme der ersten und zweiten Generation	Ihre Grundlage sind im Voraus definierte Situationsmerkmale. Die entsprechenden Frühindikatoren sind Gegenstand eines Soll-/Istvergleichs, sie werden als **Problemindikatoren** bezeichnet. Sie sind sowohl interne als auch externe Indikatoren, Globalindikatoren und Einzelindikatoren.
Frühwarnsysteme der dritten Generation	Diese Systeme berücksichtigen Veränderungen, die sich nur mit sehr schwachen, noch schwer deutbaren Signalen ankündigen. Die Chancen und Risiken sind nicht eindeutig erkennbar. Gesellschaftliche Tendenzen z. B. kündigen sich nur zaghaft an. Plötzlich können Situationen auftreten, mit denen nicht zu rechnen war; z. B. erscheinen auf einem fernen Markt technische Neuerungen, oder unerwartete politische Geschehnisse ereignen sich. Für bestimmte Veränderungen, vor allem mit strategischer Bedeutung, bestehen keine bekannten Ursache-Wirkungsbeziehungen. Mithilfe des Controllers wird nach Feldern gesucht, die nach Neuem, noch nicht Erprobtem, Ungewöhnlichem abzutasten sind. Man spricht von „strategischem Radar“.

Frühwarnsysteme lassen sich nach unterschiedlichen Gesichtspunkten gestalten:

- in Abhängigkeit vom Einsatz im Planungs- und Kontrollprozess: strategische und operative Frühwarnsysteme
- nach dem Bezugsbereich: unternehmensbezogene und bereichsbezogene Frühwarnsysteme
- nach der Blickrichtung: Frühwarnsysteme aus unternehmensinterner und unternehmensexterner Sicht.

Im Logistikbereich wird mit mehreren Indikatorenarten gearbeitet, sowohl mit internen und externen Indikatoren als auch mit Global- und Einzelindikatoren. Schwache Signale werden in die Früherkennung ebenfalls einbezogen.

Die folgende Übersicht gibt einen Überblick über einige vom Logistik-Controller verwendete Frühindikatoren.

Unternehmensbereich	Ausgewählte Funktionen	Mögliche Frühindikatoren
Beschaffung und Lagerung	Materialbedarfsermittlung	Güteranzahl, Zahl der ABC-Güter
	Bestandsermittlung	Bestandskennzahlen
	Beschaffungsformen	Kapitalbindung, Zins- und Lagerkosten
	Beschaffungstermine	Wiederbeschaffungszeiten
	Beschaffungswege	Transport-, Lager- und Dispositionskosten
	Beschaffungsmenge	Beschaffungs-, Lager-, Finanzierungs-, Fehlmengenkosten
	Materialannahme	Eingangszahlen
	Materialprüfung	Prüfungshandlungen, Fehlerquoten
	Materialfluss	Materialabgänge, Durchlaufzeiten
	Lagerbestände	Lagerzeiten, Kapitalbindung, Zinskosten, Ausschussquote
Absatzbereich	Distributionskanäle	Belieferungsdauer und Belieferungskosten, Reklamationen
	Auftragsabwicklung	Zahl der Aufträge, Bearbeitungsdauer, Informationsdauer
	Transportmittel	Transportkosten, Transportzeiten

9.4.3 Benchmarking

Benchmarking hat bereits vor einiger Zeit auch in die Logistik Eingang gefunden. *„Beim Benchmarking handelt es sich um die gezielte und umfassende Suche nach Vergleichsgrößen und Richtwerten („Benchmarks"), die repräsentativ sind für die besten Verfahren und Methoden in einem Industriezweig, in einer Branche oder ggf. auch branchenübergreifend"* (*Becker*).

Benchmarking findet man in drei Ausprägungen, als

- internes Benchmarking zwischen einzelnen Zentren
- Wettbewerbsbenchmarking innerhalb der Branche
- branchenübergreifendes Funktions-/Prozess-Benchmarking.

Beim Benchmarking sind zu berücksichtigen:

- Betrachtungsobjekte
- Vergleichsmaßstäbe.

Betrachtungsobjekte sind neben Produkten und anderen Leistungen Methoden, Verfahren und Prozesse.

Vergleichsmaßstäbe sind Größen wie Qualität, Zeit, Zählgrößen, die Kundenzufriedenheit, Kosten.

Benchmarking-Untersuchungen laufen nicht nach einem festen Schema ab, sondern werden unternehmensindividuell vorgenommen. Folgende Ablaufschritte bieten sich an:

- Bildung eines qualifizierten Teams
- Festlegung von Kriterien für Erhebungsinstrumente
- Ermittlung der internen Daten
- Auswahl externer Vergleichsunternehmen
- Datenerhebung
- Auswertung und Analyse der Daten
- Umsetzung in konkrete Maßnahmen.

Im Logistikbereich sind nahezu sämtliche Logistikleistungen als **Betrachtungsobjekte** möglich. **Vergleichsmaßstäbe** sind wie in anderen Unternehmensbereichen die Qualität der Leistungen, die Zeit, Zählgrößen oder die Kundenzufriedenheit.

Wird eine Benchmarking-Untersuchung im Lagerbereich durchgeführt, bieten sich folgende Vergleichsgrößen an:

- die Lageranzahl
- die Lagerstandorte
- die Anzahl der gelagerten Artikel
- die Lagerdauer
- die Entnahmegeschwindigkeit
- die Anzahl der Kommissioniergänge je Zeiteinheit
- die technische Ausrüstung der Läger
- der Automatisierungsgrad der Läger
- die Kommunikation mit den Kunden/Lieferanten.

Immer mehr wird beim Benchmarking auch die **Kundenzufriedenheit**, die sich allerdings nicht immer ohne weiteres messen lässt, berücksichtigt. Zur Messung können subjektive und objektive Verfahren eingesetzt werden.

Als **objektive Messverfahren** sind die Erfassung von Daten wie Absatz, Umsatz, Marktanteile, Kundenloyalität, sachliche und rechtliche Mängel, Gewährleistungsansprüche, erforderliche Nachbesserungen und Reparaturen, die Analyse von Kundenäußerungen u. Ä. anzusehen.

Zu den **subjektiven Messverfahren** zählen die merkmalgestützten Verfahren, sie treten auf als

- indirekte Messung in Form der Erfassung von Beschwerden, die repräsentative Ermittlung von durch Kunden gemeldete Leistungsdefizite oder Problem-Panels.
- direkte Messung in Form der Erfassung enttäuschter Erwartungen, Messung mit einer Zufriedenheitsskala, Einsatz ereignisorientierter Verfahren.

Benchmarking kann ein aussagefähiges Instrument darstellen, wenn die eigenen Daten exakt ermittelt werden und die externen Daten einen hohen Zuverlässigkeitsgrad haben.

Näheres zum Controlling bzw. Logistik-Controlling siehe *Ehrmann*: Logistik und Marketing-Controlling oder *Ziegenbein:* Controlling.

10. Logistik und Risikomanagement

In jedem Unternehmen werden fast täglich Entscheidungen getroffen, die mit Chancen aber auch mit Risiken verbunden sind.

Unter einem Risiko werden *„die mit der Ungewissheit der Zukunft begründeten und durch Störungen verursachten Gefahren, geplante Ziele zu verfehlen“* (*Olfert/Rahn*), oder kurz: *„Aus einer Entscheidung resultierende Verlustgefahr“* (*Berschin*), verstanden.

Risiken können wie folgt charakterisiert werden:

- Sie sind mit Entscheidungen verbunden.
- Sie bedeuten eine Gefahr für das Unternehmen.
- Sie stehen in Verbindung mit der Unsicherheit bezüglich der Entscheidungsprämissen.

10.1 Risikoquellen und Risikoarten

Bevor in einem Unternehmen Konzepte entwickelt und Strategien entworfen werden, müssen sich die zuständigen Stellen Klarheit über Quellen und Arten von Risiken verschaffen. **Risikoquellen** treten als interne und externe Quellen auf.

- **Interne Quellen** bestehen aus der Qualität des Managements und der Mitarbeiter, aus den eingesetzten Verfahren, der Organisation, der Intensität der Investitionen, dem Aufwand für F & E, der Aus- und Fortbildung u. Ä.
- **Externe Quellen** sind das Geschehen auf den Märkten und die vom Staat und der Gesellschaft geschaffenen Bedingungen.

Risikoarten lassen sich nach mehreren Gesichtspunkten einteilen, etwa nach der Konkursgefahr, nach dem Entstehungsbereich, der Eintrittshäufigkeit, als Marktrisiken, Umweltrisiken, politische Risiken, rechtliche Risiken, betriebliche Risiken oder finanzwirtschaftliche Risiken.

10.2 Risikomanagement als Führungsaufgabe

Wegen der Kompliziertheit und Komplexität der zu bewältigenden Aufgaben und der möglichen Folgen für das Unternehmen ist „die Beschäftigung mit den Risiken" als Führungsaufgabe anzusehen.

Ein Hauptziel des Risikomanagements ist wie bei allen Management-Bereichen die Sicherung der Existenz und des Erfolges des Unternehmens; hinzu kommt als weiteres Hauptziel die Minimierung der Risikokosten.

Das Risikomanagement erstreckt sich sowohl auf die systematische Analyse als auch auf die koordinierte Führung aller betrieblicher Risiken (*Helten*).

„Ein Ziel des Risikomanagements ist die Abbildung des Gesamtrisikos eines Unternehmens als Zusammenspiel von Einzelrisiken. Risikomanagement orientiert sich immer an den Unternehmenszielen und der Unternehmensstrategie. Dazu werden auf allen Unternehmensebenen geeignete Abläufe implementiert" (*Beinert*).

„Der Risikomanagementprozess umfasst sämtliche Handlungen, die zum systematischen Umgang mit Risiken erforderlich sind. Er läuft nicht isoliert ab, sondern ist im Rahmen des gesamten Führungsprozesses zu sehen, ist also eingebettet in die übrigen Planungs-, Steuerungs- und Überwachungsprozesse. In diesem Rahmen werden die speziellen Risikoprozesse ablaufen" (*Hahn*).

Die Aufgaben des Risikomanagements laufen innerhalb eines strukturierten Prozesses ab, wobei die vorhandenen Organisationseinheiten angemessen zu beteiligen sind, die Koordinierung ist Aufgabe des Managements.

Der Risikomanagement-Prozess ist kein isoliert ablaufender Prozess, sondern im Zusammenhang mit dem gesamten Management-Prozess zu sehen; er ist in diesen eingebettet.

Der Ablauf des Risikomanagement-Prozesses wird in der Literatur unterschiedlich gesehen, was weniger den Inhalt als vielmehr die Zuordnung der einzelnen Phasen zu einem Ablaufschema betrifft.

Den weiteren Ausführungen wird das folgende Schema zu Grunde gelegt:

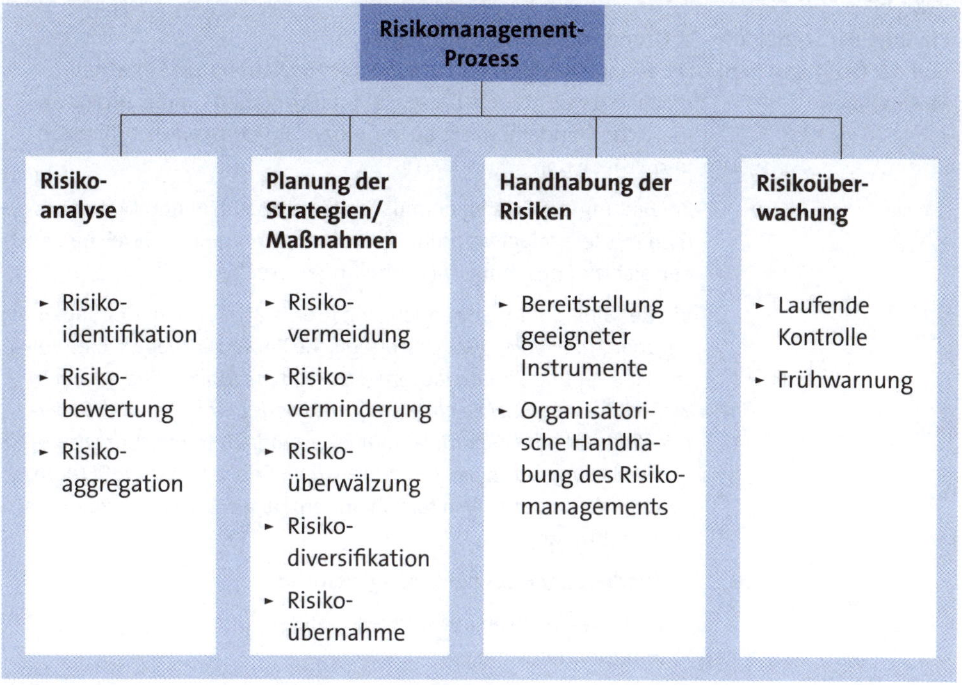

Phasen im Risikomanagement-Prozess	Hauptinhalte der einzelnen Phasen
Risikoanalyse ► Risikoidentifikation	Erfassung der gegenwärtigen und zukünftigen Risiken Feststellung aller maßgeblichen Umstände, die zu einer ungünstigen, bestandsgefährdenden Unternehmensentwicklung führen können (*Oepping*). Im Prinzip eine Inventur der Risiken.
► Risikobewertung	Analyse der Risiken hinsichtlich ihrer Bedeutung. Die Bewertung erfolgt hinsichtlich ihres Zeitbezuges, hinsichtlich der Eintrittswahrscheinlichkeit und hinsichtlich der möglichen Schadenhöhe.
► Risikoaggregation	Bestimmung der Gesamtrisikoposition eines Unternehmens. Die bewerteten Einzelrisiken werden zu einem Gesamtrisiko des Unternehmens zusammengefasst.

Phasen im Risikomanagement-Prozess	Hauptinhalte der einzelnen Phasen
Planung der Strategien und der (strategischen) Maßnahmen	**1. Grundsätzliche Überlegungen** Die Risikostrategien müssen in enger Beziehung zur Unternehmensstrategie stehen. Diese stellt die Vorgaben für das unternehmerische Handeln, somit auch für den Umgang mit den Chancen und Risiken dar. Bei Bildung der Strategien müssen die einzusetzenden Maßnahmen mit festgelegt werden. Bei Trennung der beiden Bereiche würden sich zwangsläufig Wiederholungen ergeben. Vor der Bildung der Strategien sind grundsätzliche Überlegungen darüber anzustellen, wann strategische Risiken vorliegen. Eine solche Überlegung könnte lauten: *„Strategische Risiken sind gegeben, wenn Erfolgspotenziale eines Unternehmens gefährdet sind. Die Erfolgsfaktoren sind die umwelt-, markt-, produkt- und personenspezifischen Voraussetzungen zur langfristigen Erfolgssicherung“* (*Thom/Zaugg*). Sie befinden sich sowohl innerhalb als auch außerhalb des Unternehmens. **2. Überlegungen bei der Strategiensuche** ▸ Strategien müssen auf Umweltanalysen und Unternehmensanalysen basieren. ▸ Strategien müssen problembezogen entwickelt werden. ▸ Die Elemente der Strategien müssen klar ersichtlich sein. ▸ Strategien müssen ihren Beitrag zur Zielerreichung verdeutlichen. ▸ Strategien müssen realistisch sein. ▸ Strategien müssen in sich konsistent sein. ▸ Strategien müssen präzise entwickelt werden. **3. Risikostrategien** Risiken können wie bereits erwähnt in allen Unternehmensbereichen auftreten. Die Strategien zu ihrer Bewältigung lassen sich zu folgenden fünf Klassen zusammenfassen: ▸ Vermeidung (z. B. von Investitionen, Kunden) Die Vermeidungsstrategie ist in der Regel mit Verzicht verbunden und sollte möglichst vermieden werden. ▸ Verminderung (z. B. durch Schutzanlagen) Die Strategie der Verminderung will das Schadenausmaß herabsetzen. ▸ Überwälzung (z. B. an Versicherungen) Vollständiger oder anteiliger Transfer von Risiken an Dritte durch Verträge und Geschäftsbedingungen, Derivate, Sondervereinbarungen neben Versicherungen.

Phasen im Risikomanagement-Prozess	Hauptinhalte der einzelnen Phasen
	▸ Diversifikation (z. B. Produktdiversifikation) Sie besteht in der systematischen Kombination mehrerer unabhängiger Einzelrisiken, um das Gesamtrisiko zu minimieren. Die Diversifikation ist in regionaler, objektbezogener oder personenbezogener Form möglich. ▸ Risikoübernahme (Risiken gehören zum Unternehmen) Risiken werden bewusst vom Unternehmen selbst getragen. Maßgeblich sind die Größe des Risikos, die Dringlichkeit oder der Kundenwunsch.
Handhabung der Risiken	Während dieser Phase werden die geplanten Strategien und (strategischen) Maßnahmen umgesetzt. Falls nicht bereits vorhanden, müssen geeignete Instrumente geschaffen werden: ▸ universell einsetzbare Instrumente (z. B. Frühwarnsysteme, Kennzahlensysteme, Richtlinien u. Ä.) ▸ bereichsweise einsetzbare Instrumente (z. B. moderne Kostenrechnungssysteme, Lieferanten- und Kundenbewertung, Lagerbuchführung u. Ä.). Die organisatorische Handhabung umfasst: ▸ organisatorische Einordnung des Risikomanagements ▸ Zuordnung der Aufgaben auf die Aufgabenträger ▸ Berücksichtigung von internen und externen Einflussgrößen auf die Risikoorganisation.
Risikoüberwachung	Die Risikoüberwachung enthält: ▸ die laufende Kontrolle ▸ die Frühwarnung. Die **laufende Kontrolle** ist hauptsächlich vergangenheitsbezogen; sie deckt Fehlentscheidungen und falsche Maßnahmen auf. Die **Frühwarnung** zielt auf alle frühzeitig verfügbaren Informationen, die dem Management Hinweise auf Gefahren und Schwierigkeiten geben. Neben der Überwachungsfunktion, ergibt sich noch eine pädagogische Funktion. Die frühzeitige Beschäftigung mit den Chancen und Risiken schärft bei den Mitarbeitern das Risikobewusstsein.

Aufgabe 8 > Seite 270
Aufgabe 9 > Seite 270

B. Logistik-Instrumente

Unter Logistik-Instrumenten versteht man die

- Verfahren
- Objekte
- Hilfsmittel,

die der Erfüllung logistischer Aufgaben dienen.

Befasst man sich ausführlicher mit der Logistik, empfiehlt es sich eine Systematisierung der eingesetzten Instrumente vorzunehmen.

Die Logistik-Instrumente lassen sich wie folgt unterscheiden:

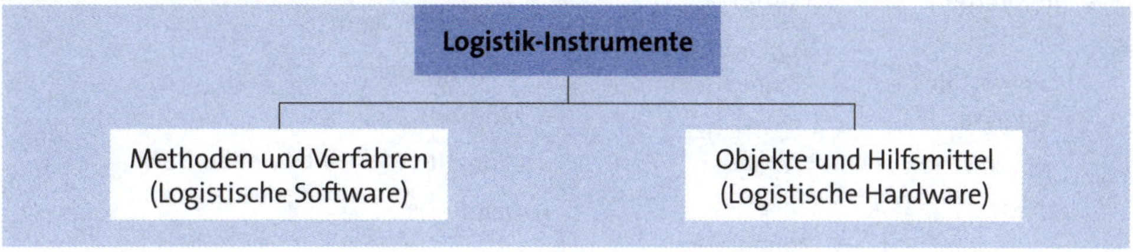

1. Methoden und Verfahren der Logistik (Logistische Software)

Die Logistik muss zur Erfüllung ihrer Aufgaben eine Vielzahl von Instrumenten einsetzen. Bei einigen besteht Wahlfreiheit, d. h. die Unternehmen können frei entscheiden, welcher Instrumente sie sich bedienen, bei anderen Instrumenten ist die Entscheidungsfreiheit weitestgehend eingeschränkt.

Zu den Instrumenten mit **großer Wahlfreiheit** zählt die **logistische Software**. Sie umfasst die Methoden und Verfahren, die der Unterstützung logistischer Aktivitäten dienen (*Fey*).

In der Literatur wird eine Vielzahl dieser Methoden und Verfahren beschrieben, und auch die Praxis setzt eine umfangreiche logistische Software ein. Im Wesentlichen handelt es sich um Methoden und Verfahren, die in der Betriebswirtschaftslehre schon seit längerer Zeit beschrieben, in den unterschiedlichsten Unternehmensbereichen eingesetzt werden und zum großen Teil als bekannt vorausgesetzt werden können. Aus diesem Grund wird hier nicht näher darauf eingegangen. Es wird vielmehr auf die Literatur hingewiesen. Eine ausführliche Schilderung ist bei *Ehrmann*: Logistik zu finden.

Im Folgenden wird zur Orientierung ein Überblick über die am häufigsten eingesetzte logistische Software gegeben:

Logistische Software

Analyseinstrumente

1. Global eingesetzte Instrumente
   - im externen Bereich
     - Marktanalyse
     - Branchenanalyse
     - Konkurrentenanalyse
   - im internen Bereich
     - Potenzialanalyse
     - Lückenanalyse
     - Portfolioanalyse
     - Kennzahlenanalyse
     - BEP-Analyse
     - Schwachstellenanalyse
2. Primär in Teilbereichen eingesetzte Instrumente
   - Schwachstellenanalyse
   - Kennzahlenanalyse
   - Verfahren zur Beurteilung von Massen
     - ABC-Analyse
     - XYZ-Analyse
     - weitere Verfahren
   - Materialflussanalyse etc.

Planungsinstrumente

1. Qualitative Planungstechniken
   - Entscheidungsbaumverfahren
   - Entscheidungstabellen
   - Delphi-Methode
   - Szenario-Technik
   - Kreativitätstechniken
2. Quantitative Planungstechniken
   - Zeitreihenanalysen
   - Regressionsanalyse
   - Mathematische Optimierungsverfahren
   - Experimentelle Verfahren des Operations Research
   - Spezielle Optimierungsverfahren
   - Nutzwertanalyse

Instrumente zur Ideengewinnung

1. Logisch-systematische Verfahren
   - Eigenschaftslisten
   - Erzwungene Beziehungen
   - Morphologische Methode
2. Intuitiv-kreative Verfahren (Kreativitätstechniken)
   - Brainstorming
   - Methode 635
   - Synektik
   - Delphi-Modelle
   - Szenario-Technik

Andere Instrumente

- Kostenrechnung, insb. DB-Rechnung
- Investitionsrechnung
- Losgrößenrechnung
- Bewertungsmethoden

Aufgabe 10 > Seite 271

2. Objekte und Hilfsmittel der Logistik (Logistische Hardware)

In diesem Kapitel werden folgende Bereiche behandelt:

Objekte und Hilfsmittel der Logistik (Logistische Hardware)	Überblick
	Transportsysteme ► außerbetriebliche Systeme ► innerbetriebliche Systeme
	Lagereinrichtungstechnik
	Informationstechnologie

2.1 Überblick

Die logistische Hardware ist sehr umfangreich und umfasst zahlreiche Bereiche. Eine Systematisierung kann nach mehreren Gesichtspunkten erfolgen. In diesem Buch wurde die Einteilung in

- Transportsysteme
- Lagereinrichtungstechnik (im weiteren Sinne)
- Informationstechnologie

gewählt.

Schwerpunktmäßig wird in den nächsten Kapiteln auf die Transportsysteme und die Lagereinrichtungstechnik eingegangen.

2.2 Transportsysteme

Transportsysteme haben die Aufgabe, räumliche Distanzen zu überwinden. Es handelt sich dabei um den Transport von Roh-, Hilfs- und Betriebsstoffen, unfertigen Erzeugnissen, Fertigerzeugnissen und Waren.

Folgende zwei Bereiche von Transportsystemen sind zu unterscheiden:

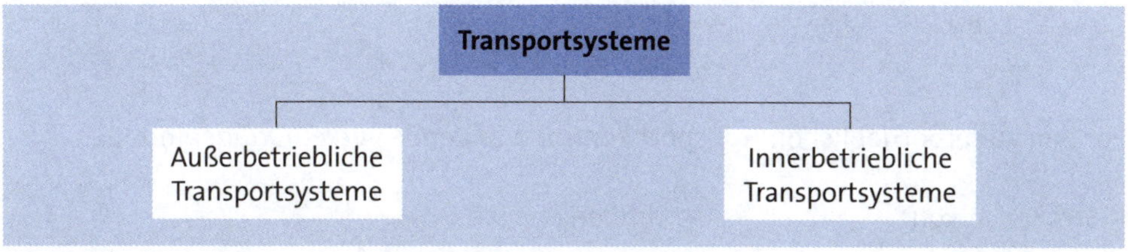

2.2.1 Außerbetriebliche Transportsysteme

Durch den außerbetrieblichen Transport werden Güter von Lieferanten zu anderen Unternehmen befördert, oder um einen anderen Ausdruck zu gebrauchen, transportiert.

Wählt man Transportsysteme aus, sind einige Beurteilungskriterien zu beachten, die nur zu einem Teil von Unternehmen beeinflussbar sind. Es handelt sich um folgende Kriterien:

Beurteilungskriterien für außerbetriebliche Transportsysteme

Rechtliche Kriterien

- Gesetze und Verordnungen zum Straßenverkehr
- Fahrverbote zu bestimmten Zeiten
- Umweltschutzgesetzgebung
- Vorschriften über Steuern und Abgaben
- Gefahrgutvorschriften
- Einspruchsmöglichkeiten von Anliegern
- Einfluss des Staates auf die Tarife u. Ä.

Infrastruktur

- Straßen- und Schienennetz
- Lage der Standorte
- Gewerbepolitik
- Klima
- Einstellung der Bevölkerung u. Ä.

Kostenkriterien

- Frachtkosten
- Transportnebenkosten wie
  - Straßenbenutzungsgebühren
  - Hafengebühren
  - Standgelder
  - Zölle
- Handlingskosten
- sonstige Logistikkosten
- Kostenauswirkungen außerhalb der Logistik*

Leistungskriterien

- Transportzeit
- Transportfrequenz
- technische Eignung der Transportart
- Vernetzungsfähigkeit
- Flexibilität
- Anfangs- und Endpunkte der Transportart
- Zuverlässigkeit
- Nebenleistungen*

* vgl. *Schulte*

Für den außerbetrieblichen Transport kommen folgende Verkehrsträger infrage:

- Straßenverkehr
- Schienenverkehr
- Schiffsverkehr
- Luftverkehr
- kombinierter Verkehr
- Rohrleitungsverkehr.

2.2.1.1 Straßengüterverkehr

Im Straßengüterverkehr werden zwei Verkehrsformen unterschieden:

Unter **Güterkraftverkehr** versteht man die geschäftsmäßige oder entgeltliche Beförderung von Gütern mit Kraftfahrzeugen, die einschließlich Anhänger ein höheres zulässiges Gesamtgewicht als 3,5 Tonnen haben.

Werkverkehr ist der Güterkraftverkehr für eigene Zwecke, wenn bestimmte Voraussetzungen erfüllt werden.

Beim Straßengüterverkehr sind

- der Ladungsverkehr
- der Sammelgutverkehr

zu unterscheiden.

Beim **Ladungsverkehr** wird ein ganzer Lkw beansprucht bzw. wesentliche Teile des Fahrzeugs werden in Anspruch genommen. Beim **Sammelgutverkehr** werden mehrere kleinere Sendungen zu einer Ladung zusammengefasst.

Im Straßengüterverkehr werden

- Kombiwagen
- Lieferkraftwagen
- Lastkraftwagen als Solofahrzeuge und Lastzüge

eingesetzt. Vom Transportvolumen her dominieren die Lastkraftwagen.

Die Höhe der **Transportkosten** hängt von

- der Beförderungsstrecke
- dem Gewicht der Ladung
- der Güterart
- den Handlingskosten

ab.

Die gesetzlichen Regelungen des Straßengüterverkehrs sind stark von der EU beeinflusst. Im Mittelpunkt der europäischen Regelungen stehen liberalisierende und vereinheitlichende Maßnahmen.

Am 01.07.1998 trat das Gesetz zur Neuregelung des Fracht-, Speditions- und Lagerrechts (Transportrechtreformgesetz) in Kraft, es findet seinen Niederschlag in den §§ 407 - 475h HGB. Es fasst verschiedene frachtrechtliche Regelungen zusammen, die bisher in verschiedenen Gesetzen ihren Niederschlag gefunden hatten. Damit existieren erstmals einheitliche gesetzliche Regelungen für sämtliche Verkehrsträger.

Die wichtigsten **Vorteile** und **Nachteile** des Straßengüterverkehrs werden im Folgenden dargestellt:

Vorteile des Straßengüterverkehrs	Nachteile des Straßengüterverkehrs
► Hohe Flexibilität hinsichtlich der Annahme-, Ablieferungs- und Transporttermine sowie der Umdisponierungsmöglichkeiten von Gütern und Transportmitteln ► Permanent möglicher Einsatz in der Haus-zu-Haus-Beförderung ► Flächendeckende Güterverteilung im 24-Stunden-Takt ► Relativ große Schnelligkeit ► Relativ niedrige Stillstands- und Wartezeiten ► Relativ geringes Transportrisiko ► Rationale Flächenbedienung ► Güter- und mengenangepasster Einsatz von Fahrzeugen (z. B. Kühltransporter, Silofahrzeuge, Tankfahrzeuge, Schwerlasttransporter)	► Relativ große Verkehrsstörungen ► Witterungseinflüsse ► Einschränkungen bei Gefahrgütern ► Eingeschränktes Transportvolumen ► Rechtliche Einschränkungen

Angestrebte **Effizienzsteigerungen** im Straßengüterverkehr sind möglich durch (*Aberle*):

- Verbesserung der Fahrzeugauslastung, vor allem durch Reduzierung des Leerfahrtenanteils mithilfe von Informationssystemen und Unternehmenskooperationen
- die Nutzung von Tourenplanungs- und Informationssystemen
- eine Reduzierung des auslastungsschwachen Werkverkehrs durch den gewerblichen Güterverkehr.

Behinderungen drohen durch

- Überlastung der Straßen
- Restriktionen im Transitverkehr
- ungleichmäßige Belastungen mit entsprechenden Engpässen
- mangelnde Kommunikation und Organisation zwischen den Trägern des Straßengüterverkehrs innerhalb Deutschlands und international
- hohe Treibstoffkosten.

Der Straßengüterverkehr wird in den nächsten Jahren eine Wandlung durch die moderne Informations- und Kommunikationstechnologie erfahren.

Themen wie Verkehrsmanagement, Flottenmanagement oder Tracking- und Tracing-Systeme beschäftigen permanent den Straßengüterverkehr.

Unter der Bezeichnung **Verkehrsmanagement** fasst man erd- und satellitengestützte Systeme der Kommunikation und Navigation zusammen. Durch das Verkehrsmanagement soll der Verkehr kollektiv und individuell beeinflusst werden (*Heiserich*).

Mittel der **kollektiven** Verkehrsbeeinflussung sind Telematik-Dienste (Verkehrssysteme) und Systeme zur Fahrerunterstützung. Die Verwendung von Induktionsschleifen, Infrarotsendern, Verkehrsleitrechnern u. Ä. soll den Verkehr so steuern, dass der Schadstoffausstoß reduziert und eine günstige zeitliche und räumliche Nutzung der Straßen möglich wird.

Bei der **individuellen** Verkehrsbeeinflussung findet ein interaktiver Informationsaustausch zwischen Fahrer und zentralen Leitsystemen statt, die individuelle Lösungen von Verkehrsaufgaben mit Navigationshilfen erlauben (*Heiserich*).

Zu den angebotenen Systemen gehören **Fahrerassistenzsysteme** in unterschiedlicher Ausstattung. Einrichtungen zur Sichtverbesserung, Hindernisfeststellung, Spur- und Abstandhaltung oder Einparkerleichterung finden sich ebenso wie Antriebsschlupfregelungen, automatische Zielführung mittels CD-ROM-gestützter Straßenkarten und Satellitenortung.

Verkehrsleitsysteme werten eine Vielzahl von Verkehrsinformationen aus, die es einem Navigationsrechner ermöglichen, einen Fahrer an sein Ziel zu führen. Die Information zwischen der Leitzentrale und dem Fahrzeug mit seinem Bordcomputer kann mit Funk- und Infrarotsignalen über Baken entlang der Fahrstrecke erfolgen.

Ein **Flottenmanagement** soll eine optimale Auslastung der Fahrzeuge und eine Reduzierung von Leerfahrten erreichen. Eine Optimierung des Fahrzeugeinsatzes und der Auftragsabwicklung durch Zusammenfassung von Fahrzeugleitvorgängen über Telematiksysteme und der Auftragsabwicklung über eine Fuhrparkleitzentrale zu einer Gesamtfunktion ist das Ziel des Managements.

Tracking- und Tracing-Systeme dienen der Statusmeldung und Sendungsverfolgung. Informationen auf der ganzen logistischen Kette der Auftragsabwicklung ermöglichen die Vorbereitung, Steuerung und Durchführung der physischen Prozesse des Transportwesens, Umschlagens und Lagerns in allen Teilsystemen. *„Die Dienste der Mobilkommunikation erlauben es, die Logistikkette kommunikations- und informationstechnisch-automatisch oder halbautomatisch bis auf Packstückebene zu durchdringen – hieraus ergeben sich für das versendende Unternehmen die Möglichkeit einer Statusverfolgung und für das empfangende Unternehmen durch vorauseilende Informationen größere Dispositionsspielräume und eine Verbesserung der logistischen Abläufe"* (Heiserich).

Der Einsatz der Elektronik im Bereich des Straßengüterverkehrs wird zunehmend forciert. In einem von der Europäischen Kommission geförderten Projekt wird von mehreren Unternehmen ein autonomes Fahrerassistenzsystem entwickelt. In dem System werden mehrere Lkw aneinander gekoppelt und nur das erste Fahrzeug wird auf herkömmliche Weise gelenkt, die nächsten Fahrzeuge werden „ferngesteuert". Das Führungsfahrzeug sendet Infrarotlichtsignale aus, die von den Folgefahrzeugen erfasst werden. Auf der Basis dieser Impulse werden Abstand und Geschwindigkeit gesteuert. Das Motormanagement, die Getriebe-, Brems- und Lenkungssysteme werden vom Computer beeinflusst.

Das Endziel des Projektes ist ein vollautomatisches System, bei dem auch das Leitfahrzeug fahrerlos bleibt.

Weitere ähnliche Systeme befinden sich in der Erprobung.

Aufgabe 11 > Seite 271

2.2.1.2 Schienengüterverkehr

Träger des Schienengüterverkehrs ist in erster Linie die Deutsche Bahn AG mit ihren Geschäftsbereichen und Tochterunternehmen. Private Bahnen führen nur unerhebliche Transporte durch.

Die **Deutsche Bahn AG** ist das zweitgrößte Transportunternehmen der Welt und das größte Eisenbahnunternehmen Europas. Das Unternehmen tritt als Konzern mit mehr als 500 Konzernunternehmen auf. Der Unternehmenssitz ist in Berlin.

Der DB-Konzern hat eine neue Strategie vorgegeben. Sie lautet: *„Wir bringen Ökonomie, Soziales und Ökologie in Einklang"*. Mit ihrer Hilfe soll der Umsatz auf 70 Mrd. € gesteigert werden. Im Mittelpunkt des Erfolgsrezeptes des Konzerns zählen zufriedene Kunden, eine exzellente Qualität, qualifizierte und hochmotivierte Mitarbeiter sowie umweltschonende Produkte.

Die vielfältigen Aktivitäten der DB werden in mehreren **Geschäftsfeldern** durchgeführt. Die aktuellen Geschäftsfelder sind:

- DB Bahn Fernverkehr
- DB Arriva
- DB Schenker Rail
- DB Bahn Regio
- DB Schenker Logistics
- DB Netze Fahrweg
- DB Netze Personalbahnhöfe
- DB Dienstleistungen
- DB Netze Energie.

Für die Bahn ergibt sich wie für andere Verkehrsunternehmen die Notwendigkeit, ihre Rolle in der Logistikkette zu überdenken und sich in logistischen Konzeptionen sowohl in der physischen Leistung wie auch von der kommunikativen DV-Seite her zu integrieren (*Aberle*).

Die Deutsche Bahn AG hat ihren Aufgabenbereich wesentlich erweitert und ist zu einem modernen Transport- und Logistikunternehmen geworden. Nach der Übernahme der Stinnes AG ist sie das erste einschlägige Unternehmen der Welt, das über ein weltweites Vertriebsnetz und die damit verbundene hohe Logistik-Kompetenz verfügt und in der Lage ist, ihren Kunden eine komplette Palette logistischer Dienstleistungen mit allen Verkehrsträgern anzubieten.

Die entscheidende Rolle im Güterverkehr im engeren und weiteren Sinne spielt bei der Deutschen Bahn DB Schenker. DB Schenker umfasst die beiden Geschäftsfelder Rail und Logistics.

Im Geschäftsfeld DB Schenker Rail findet man die europaweiten Aktivitäten im Schienengüterverkehr. DB Schenker Rail verfügt als einzige Gütereisenbahn Europas über eine europaweite Präsenz. Starke eigene Gesellschafter, Kooperationen und Joint Ventures mit Partnerbahnen ermöglichen diese Spitzenstellung.

DB Schenker Rail ist bemüht mit rd. 109.000 Güterwagen, rd. 3.590 Lokomotiven und mithilfe von rd. 32.500 Mitarbeitern den europaweiten Transport effizient, kundenorientiert und umweltfreundlich durchzuführen.

Das Geschäftsfeld **Schenker Rail** umfasst die Einheiten:

- East
- Deutschland/Central
- West.

Die Region **East** umfasst DB Schenker Rail Polska, DB Schenker Rail Romania, DB Schenker Rail Bulgaria, DB Schenker Rail Hungaria.

Die Region **Deutschland/Central** setzt sich aus elf Produktionsgesellschaften zusammen, darunter DB Schenker Rail Deutschland AG, DB Schenker Rail/Nederland, DB Schenker Rail Scandinavia, DB Schenker Rail Italia/Nordcargo, DB Schenker Rail Schweiz, RBH-Logistics, die Mitteldeutsche Eisenbahn sowie die Zehlendorfer Eisenbahn- und Hafen-Komplettladungsverkehre.

Dazu kommen in der größten und leistungsfähigsten Region weitere auf spezielle Märkte fokussierte Gesellschaften wie DB Schenker Rail Automotive, DB Schenker BTT, DB Schenker Nieten und DB intermodal Services.

Zu den Gesellschaften der Region **West** gehören die DB Schenker Rail UK, Euro Cargo Rail France (ECR) sowie Transfesa/ECR Spain.
(**http://www.deutschebahn.com**).

Schenker Logistics ist ein weltweit führendes Geschäftsfeld auf dem Gebiet von Speditions- und Logistikleistungen. Diese erstrecken sich auf den Landverkehr wie auch auf das Luft- und Seefrachtgeschäft sowie die Kontraktlogistik.

Die Leistungen enthalten integrierte Logistikleistungen für weltweite Warenströme und sämtliche damit verbundenen logistischen Dienstleistungen.

„Die Kunden erwarten von einem Logistikdienstleister eine modulare Angebotspalette sowie jederzeit bedarfsgerechte Kapazitäten – für Einzelprojekte ebenso wie für globale Beschaffungs- und Distributionskonzepte. Die Mitarbeiter von DB Schenker erarbeiten durchgängige Lösungen für die Anforderungen der Kunden und verknüpfen die Module des gesamten Dienstleistungsangebots zu komplexen Wertschöpfungsketten. So wird ein zuverlässiger Waren- und Informationsfluss gewährleistet."
(**www.deutschebahn.com**).

Damit verfügt die DB in ihrem Ressort Transport und Logistik über eine gewachsene Kompetenz für alle Verkehrsträger:

- *„Als Spezialist für Landverkehre in Europa verbinden wir die wesentlichen europäischen Wirtschaftsregionen mit einem dichten Netz von Linienverkehren nach Fahrplan. Mit rund 25.000 Mitarbeitern an mehr als 720 Standorten ist DB Schenker Logistics die Nummer 1 im europäischen Landverkehr.*
- *Mit den Marktpositionen Nummer 2 in der Luftfracht und Nummer 3 in der Seefracht zählen wir zu den führenden Anbietern weltweit. Das Angebot umfasst die gesamte Palette der Dienstleistungen in der globalen Luft- und Seefracht. Etwa 22.000 Mitarbeiter sind an 700 Standorten in der Luftfracht und 600 Standorten in der Seefracht in aller Welt aktiv.*

- *In der* ***Kontraktlogistik*** *bietet DB Schenker Logistics mit 16.300 Mitarbeitern auf allen Kontinenten an über 600 Standorten maßgeschneiderte Logistiklösungen für Industrie und Handel. DB rangiert in der Kontraktlogistik weltweit unter den Top 6.*
- *Unsere integrierten Logistikzentren an den Schnittstellen der globalen Güterströme schaffen dabei wirkungsvolle Verbindungen zwischen verschiedenen Verkehrsträgern und ermöglichen eine breite Palette an Value Added Services.“* (**http://www.deutschebahn.com**).

Die Deutsche Bahn AG unternimmt große Anstrengungen, die Verkehrswege zu ihren Kunden auszubauen. Wichtig dabei ist der elektronische Datenaustausch per **EDI** und **Internet**.

Zu erwähnen ist die gegenwärtig stattfindende Installierung einer digitalen Funktechnologie. Zurzeit entsteht eines der größten Mobilfunknetze für den Bahnbetrieb, das **Global System for Mobile Communication – Rail** (**GSM-R**). Es löst die acht verschiedenen analogen Systeme (z. B. Zug-, Rangier- und Betriebsfunk) ab.

Effizienzsteigerungen bei der Bahn lassen sich u. a. erreichen durch (*Aberle):*

- die weitere Umsetzung der rechnergestützten Zugsteuerung (Computer Integrated Railroading CIR)
- die Einführung eines ökonomischen Trassenmanagements zur optimalen wirtschaftlichen Nutzung von Engpasstrassen
- Verbesserung des Auslastungsgrades von Zügen und Waggons
- Entmischung von Personen- und Güterverkehr.

Ein reichhaltiges Programm auf dem Gebiet des Schienengüterverkehrs bietet auch die **Schweizer Bundesbahn.** Dieser Konzern besteht aus vier „Divisionen“:

- Personenverkehr
- Güterverkehr (SBB Cargo)
- Infrastruktur
- Immobilien.

Ergänzt werden diese Bereiche durch Steuerungs- und Dienstleistungsfunktionen wie Personal- und Finanzwesen.

Die folgenden Ausführungen basieren im Wesentlichen auf Informationen der Schweizer Bundesbahn, u. a. im Internet und erstrecken sich in erster Linie auf Fragen des Güterverkehrs in weiterem Sinne. Die SBB bietet in ihrem Programm sämtliche Transportleistungen, zahlreiche logistische Leistungen und weitere Leistungen eines modernen Unternehmens der Transport- und Logistikbranche an.

Einen Überblick über das Leistungsprogramm erhält man, wenn man das Angebot von SBB Cargo etwa in folgendem Auszug betrachtet:

Angebot

Branche

Agrarprodukte

Auto

Bau

Chemie & Mineralöl

Handel

Holz & Papier

Stahl (Siderurgie)

Übrige Branchen

Transport-Leistungen

Einzelwagen & Wagengruppen

Ganzzüge

Kombinierter Verkehr

Import & Export

International

Qualitätsservice Xrail

Bahnnahe Logistikleistungen

Services für Bahnunternehmen

Service Rollmaterial

Wagen & Waren

Wagentypen-Suche

NHM-Suche

Verlade- & Transportsicherheit

eServices

CIS-online

eRechnung

CIS Sendungsdaten

EDI-Services

Dokumente

AGB &

Vertragsanlagen

Prospekte

Formulare

Wagenbestellung

Medienmitteilungen

Medienkontakt

http://www.sbbcargo.com/de/meta/inhaltsverzeichnis.html

Die Transportleistungen von SBB Cargo gliedern sich wie folgt:

- **Cargo Rail** ist das Transportangebot für Einzelwagen und Wagengruppen. Das Angebot gilt für die Schweiz und zusammen mit den Partnerbahnen für den Import, Export und Transit.
- **Cargo Train** richtet sich an Kunden mit großen Transportmengen in jeweils einer Ladung. Die Ganzzüge fahren durchgehend von Punkt zu Punkt. Die Transportabläufe werden mit den Kunden von Mal zu Mal festgelegt.

- **Cargo Domino** ist ein „von Tür zu Tür"-Konzept auf Schiene und Straße. Bahnanschlüsse der Kunden sind nicht mehr erforderlich. Die neu angeschafften Tragewagen ermöglichen den Lastwagenumschlag auf der linken und rechten Seite des Tragewagens. Die ebenfalls neu angeschafften Kühlwagen ermöglichen den Transport auf der Schiene.
- Der **kombinierte Verkehr** vereinigt die Vorteile von Schiene und Straße. Große Ladeeinheiten können über längere Strecken zu mehreren Verkehrsträgern befördert werden.
- Zahlreiche **Zusatz- und Serviceleistungen** ergänzen die Transportleistungen. Dazu gehört etwa das Rangieren der kundeneigenen Güterwagen, das Flottenmanagement oder das Be- und Entladen von Güterwagen.
- Im Rahmen des **internationalen Angebots** seien der Haus-Haus-Verkehr und der kombinierte Verkehr erwähnt.

http://www.sbbcargo.com/de/angebot.html

Der Schienengüterverkehr spielt in **Österreich** eine wichtige Rolle. Über ein Drittel der Güter werden auf der Schiene transportiert. Die Pro-Kopf-Beförderung auf der Schiene ist damit wesentlich höher als der EU-Durchschnitt.

Das führende Transportunternehmen auf der Schiene ist **Rail Cargo Austria AG.** Es führt mit seinen Tochterunternehmen sämtliche Transport-, Logistik- sowie verwandte Aufgaben durch.

Das **Leitbild** von Cargo Austria lautet: *„Wir sind ein international agierendes Unternehmen und werden ausgehend von Österreich zu einem führenden Gesamtlogistik-Dienstleister in Mittel-, Südost- und Osteuropa."*

Rail Cargo Austria verfügt über Standorte und Anlagen in ganz Österreich; für den kombinierten Verkehr sind 16 Terminals verfügbar. Das Stückguttransportsystem Bahn-Express hat 14 Logistik-Center in ganz Österreich.

Die Hauptleistungen von Rail Cargo Austria lassen sich wie folgt skizzieren:

Leistung	Inhalt
Cargo & Logistik	Tägliche Beförderung von 183.000 Tonnen Gütern im Wagenladungsverkehr im Einzelwagen, im Ganzzug, untertags oder im Nachtsprung. Zusammen mit Partnern Transport in ganz Europa.
Immodale Logistik	Jeder vom Kunden beanspruchte Service wird vom reinen Schienenverkehr bis zum Haus-zu-Haus-Verkehr angeboten.
Kontraktlogistik	Im Stückgutbereich Haus-zu-Haus-Beförderung im Inland und europaweit. Im klassischen Transport vom Pakettransport bis zu branchenspezifischen Lösungen.
Lagerlogistik	Angebot eines umfangreichen Service wie z. B. Musterkonfektionierung, Etikettierung, Umrüstung, Mindesthaltbarkeitsdauer und Chargen-Verwaltung vom Lieferanten bis zum Empfänger.
Speditionslogistik	Mit dem Tochterunternehmen Express-Interfracht wird das ganze internationale Geschäft getätigt.
Anschlussbahnlogistik	Entwicklung der Basis für einen von Haus-zu-Haus-Verkehr durch Experten von Cargo Austria.

http://www.railcargo.at/de

Als weiteres Beispiel für logistische Tätigkeiten eines ursprünglichen „Schienenunternehmens" sei **ABX-Deutschland** genannt. Das Unternehmen mit Stammsitz in Brüssel und deutschem Hauptsitz in Duisburg realisiert umfassende Logistikleistungen auf Straße und Schiene, in der Lagerung, Beschaffung und Verteilung.

Wichtige Produkte der ABX-Logistics GmbH sind nach eigenen Angaben

- Bahntransporte
- Entsorgung
- Gefahrgut
- Kontraktlogistik
- Kurier-, Express- und Paketdienst
- Lagerhaltung
- Luftfracht
- Sammelgut
- Seefracht
- Teil- und Komplettladungen.

In der **Beschaffungslogistik** bietet das Unternehmen eine Bündelung der Einzelsendungen und konsolidierte und bedarfsgerechte Ablieferung bundes- und europaweit an. Eingeschlossen ist die Beschaffung der zugehörigen individuellen Daten. Die Übergabe der Daten erfolgt konsolidiert und vorauseilend per EDI unmittelbar in die Kunden-EDV.

Im Rahmen der **Distributionslogistik** wird nicht nur die Distribution der Produkte durchgeführt, sondern es wird auch die Feinkommissionierung, die Lagerhaltung, die Transportvorbereitung vorgenommen. Außerdem werden Merchandising-Aufgaben übernommen.

Die **Entsorgungslogistik** ist ein weiteres Aufgabengebiet. Unter Nutzung des Flächen deckenden Logistiknetzes wird intensiv Rückfuhrlogistik mit Dokumentation aller Leistungen betrieben.

Das **Optimus-Ganzzugsystem** ist ein umfangreiches Angebot der ABX-Logistics GmbH. Es lässt sich wie folgt charakterisieren:

- Es ist ein Logistiksystem für die Schiene.
- Es wird eine Vernetzung von Warenströmen verschiedener Unternehmen durch Zugsysteme vorgenommen.
- Es werden u. a. private Eisenbahnverkehrsunternehmen eingebunden (z. B. DB cargo, Ruhrkohle AG).
- Die Transportzeit erfolgt nach Kundenanforderungen.
- Es wird ein Logistikmanagement der gesamten Prozesskette von der Kommissionierung bis zur Filialauslieferung durchgeführt.

Der Forderung nach einer Verlagerung des Straßengüterverkehrs in größerem Umfang auf die Schiene stehen noch große Probleme im Wege; es handelt sich um Kapazitätsfragen, Qualitätsfragen, technische und organisatorische Fragen, aber auch um geografische und praktische Fragen.

Für den Schienengüterverkehr ergeben sich folgende **Vorteile** und **Nachteile:**

Vorteile	Nachteile
► Unabhängigkeit vom Straßenverkehr ► Unabhängigkeit von Fahrverboten auf der Straße ► Eignung für viele Güterarten einschließlich sperriger Güter und Massengüter ► Geringe Einschränkung beim Transport von Gefahrgütern ► Möglichkeit des Transports von Großsendungen mit hohem Wert ► Kostengünstiger Langstreckentransport ► Relativ sicherer Transport ► Relativ umweltfreundlicher Transport ► Möglichkeit, Industrieunternehmen auf eigenen Gleisanschlüssen anzufahren	► Bindung an Fahrpläne (nicht durchgängig) ► Monopolstellung des Hauptbetreibers ► Tendenz zu Tariferhöhungen ► Unterlegenheit gegenüber dem Straßengüterverkehr im Nah- und Flächenverkehr

2.2.1.3 Schiffsverkehr

Der Schifffahrtsgütertransport unterscheidet:

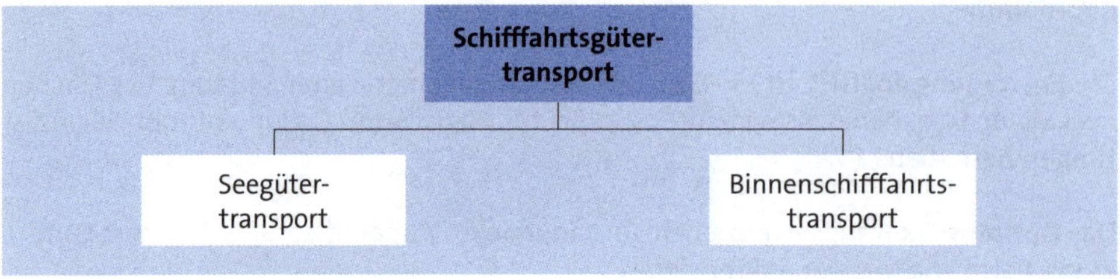

2.2.1.3.1 Seegütertransport

Der Seegütertransport spielt im interkontinentalen Handel auf langen Strecken wegen seiner Kostengünstigkeit gegenüber dem Lufttransport, seiner Eignung für den Massentransport sowie den Transport von schweren und sperrigen Gütern eine große Rolle. Im Seegütertransport sind zu unterscheiden:

- die Linienschifffahrt
- die Trampschifffahrt.

Das Kennzeichen der **Linienschifffahrt** ist der planmäßige Verkehr auf festgelegten Routen mit fixierten Frachtraten für eine bestimmte Zeit.

Die **Trampschifffahrt** befördert Massengüter im „Gelegenheitsverkehr". Für den Transport werden Charterverträge für einzelne oder sämtliche Laderäume normalerweise über Makler abgeschlossen. Die Preise regelt der Markt.

Eine besondere Bedeutung für den Seegütertransport haben die **Container**.

Laut ISO-Empfehlung 668 (DIN 30791) ist ein Container durch folgende Merkmale charakterisiert:

- von dauerhafter Beschaffenheit, genügend widerstandsfähig für den Wiederholungsgebrauch
- dafür gebaut, die Güter auf einem Transportmittel oder auf mehreren Transportmitteln ohne Umpackung der Ladung zu befördern
- für den mechanischen Umschlag geeignet
- leicht be- und entladbar
- Rauminhalt von mindestens 1 cbm.

Abweichende Definitionen anderer Institutionen sind zu finden.

Der Vorteil der Container liegt in ihrer **Normung.** Diese ermöglicht eine **Transportkette** (Container-Transportkette), die ein Umladen der Güter überflüssig macht, ein Umsetzen von einem Verkehrsträger auf einen anderen gestattet.

Es kann davon ausgegangen werden, dass im Handel mit Übersee die hochwertigen Güter in erster Linie per Container befördert werden.

Im Überseeverkehr wurde eine Reihe von Beförderungsmöglichkeiten entwickelt, auf die hier nur am Rande eingegangen werden kann. Es handelt sich hierbei um

- den An-/Ablieferungsstatus

  z. B. Haus-Haus-Transport, Haus-Pier-Verkehr, Pier-Haus-Verkehr, Beförderung von Stückgutsendungen in Reedereisammelcontainern u. Ä.
- Konferenzlinien/Kontaktbindung

  Konferenzlinien befördern regelmäßig in bestimmte Gebiete mit einer Reihe von Schifffahrtsdienstleistungen zu festen Tarifen
- Konferenzunabhängige Linie

  Outsider befördern zu günstigen Tarifen aber ohne breitgefächerte Dienstleistungen
- Non Vessel Operating Common Carrier (NVOCC)

  Container werden von einem Unternehmen zur Verfügung gestellt und mit diversen Verkehrsträgern transportiert.

Ausführlich siehe *Jahrmann, Jünnemann, Piontek.*

Der Erfolg des Container-Verkehrs ist u. a. auf **Container-Informations-** und **Kommunikationssysteme** zurückzuführen, wie **Seedos, Taldos, Condicos, Contradis, Ships** u. Ä.

2.2.1.3.2 Binnenschifffahrtstransport

Die Binnenschifffahrt wird in erster Linie für den Transport von Massengütern eingesetzt.

Die **Vorteile** liegen in

- der Kostengünstigkeit des Transports
- der Umweltfreundlichkeit
- der Massenleistungsfähigkeit.

Nachteile sind

- das geringe Streckennetz
- die Witterungsabhängigkeit
- die Kosten für Handling und Umschlag, die erheblich sind, wenn am Entladungsort geeignete Anlegestellen fehlen.

Eine Sonderrolle spielen die Transporte entlang der Küsten sowie auf Flüssen und Kanälen innerhalb Europas. Diese sog. **Short-Sea-Verkehre** entlasten das europäische Straßen- und Schienennetz.

Aufgabe 12 > Seite 271

2.2.1.4 Luftfrachttransport

Der Luftfrachttransport ist besonders für

- hochwertige Güter
- zeitkritische Güter

geeignet. Seine **Merkmale** sind

- kurze Beförderungszeiten
- Überbrückung großer Distanzen
- große Transporthäufigkeit
- große Zuverlässigkeit
- hohe Transportkosten
- relativ geringe Beförderungskapazität
- noch relativ wenige Standorte.

Von dem Luftfrachttransport wird gefordert, dass

- auf den Kunden „maßgeschneiderte" Leistungen zu akzeptablen Preisen angeboten werden
- ein weltweites Flugnetz existiert
- weltweite „door-to-door-Lösungen" zur Verfügung gestellt werden
- Komplettangebote möglichst aus einer Hand offeriert werden.

Beder geht von folgenden individuellen **Kundenanforderungen** an die Luftfrachtleistung aus:

- Differenzierung in Leistung und Preis für einzelne Produkte
- permanente Laufzeit und Wegkontrolle
- maßgeschneiderte Transportlösungen „door-to-door"
- Produkt- und Servicequalität
- kompetente und zuverlässige Partner im Transportbereich
- einheitliche und zentrale Kundenbetreuung
- ständige Auskunftsbereitschaft durch entsprechende Informationssysteme.

Die Fachleute sind sich einig, dass ein reines Transportmanagement nicht mehr zeitgemäß ist und ein Logistikmanagement dieses ersetzen muss. Der Versender legt großen Wert auf die ganzheitliche Lösung seines Transportproblems und hat die gesamte Transportkette vor Augen.

Die Luftfrachttransportkette entsteht folgendermaßen:

(1) Abholen der Waren durch den Spediteur (Consolidator) beim Versender

↓

(2) Bündelung nach Eilbedürftigkeit, Größe, Menge, Gewicht zu Sammelladungssendungen und eventuelle Zwischenlagerung

↓

(3) Verzollung der Ware im grenzüberschreitenden Verkehr

↓

(4) Transport per Linienmaschine oder Frachtflugzeug zum Bestimmungsflughafen

↓

(5) ggf. Zollabfertigung

↓

(6) ggf. Zwischenlagerung

↓

(7) Abholen der Ware durch einen Spediteur und Zustellung an den Empfänger mit Lkw

Die Waren befinden sich während des „door-to-door-Transportes" lediglich etwa zu 10 % - 20 % in der Luft, die restliche Zeit sind sie am Boden (Transport vom Versender zum Flughafen und vom Flughafen zum Empfänger, Umschlag, Lagerung, Zollabfertigung), was die Entscheidung für ein anderes Transportmittel erleichtern kann.

Der Transport selbst geschieht größtenteils durch Linienfluggesellschaften. Rund 75 % des gesamten Luftfrachtverkehrsaufkommens bezogen auf die verkauften Tonnenkilometer (Revenue Tons Kilometer, RTK) erfolgt im Linienverkehr. Der Luftfrachttransport wird in Passagiermaschinen, in Kombinationsflugzeugen und reinen Frachtflugzeugen durchgeführt.

Fluggesellschaften und andere Dienstleister kooperieren mit dem Ziel, auf globaler Basis EDV-Verarbeitungs- und Kommunikationssysteme zu entwickeln und mit einheitlichem internationalen Standard zu verbinden (z. B. UN Edifact-Standard). Das Resultat soll eine Steuerung und Kontrolle der gesamten Transportkette vom Versender bis zum Empfänger mit einem ungebrochenen Informationsfluss sein (*Beder*).

Seit Beginn der 80er-Jahre des 20. Jahrhunderts spielt der **Integrator** im Luftfrachttransport eine bedeutende Rolle. Der Integrator verfügt über eine eigene oder gemietete Luftflotte vom kleinen Transportflugzeug bis zum Großraumfrachtflugzeug und über Bodentransportmittel. Er bietet Expressleistungen und „door-to-door-Leistungen“ an, garantiert Laufzeiten und offeriert günstige Komplettpreise. Sein Auftreten hat dem Luftfrachtmarkt wichtige Impulse gegeben.

2.2.1.5 Kombinierter Transport

Die Verkehrsinfrastruktur und Wirtschaftlichkeitsgründe sind Veranlassung, die Güterbeförderung nicht nur mit einem Transportmittel durchzuführen, sondern mehrere Transportmittel zu einer Transportkette zu kombinieren. Die Vorteile des Straßen-, Schienen-, Wasser- und Luftverkehrs werden miteinander verbunden.

Die traditionell am meisten frequentierten Formen des kombinierten Verkehrs sind:

Kombinationsform	Charakteristika
Huckepackverkehr mit den folgenden Formen:	Kombination von Straßen- und Schienentransport. Der Transport zum Bahnhof des Versenders und vom Bahnhof des Empfängers erfolgt per Lkw.
Rollende Landstraße	Vollständige Last- oder Sattelzüge werden auf Spezialwaggons der Bahn befördert. Üblicherweise fährt der Lkw-Fahrer im Personenwaggon (Liegewagen) mit.
Transport von Sattelanhängern	Sattelanhänger werden mittels eines Kranes auf Spezialwaggons verladen. Die Zugmaschine wird nicht mitbefördert.
Transport von Wechselbehältern	Containerähnliche Behälter werden mit Kranen verladen und befördert.
Kombinierter Containerverkehr	Container werden mit mehreren Verkehrsmitteln befördert. Praktisch bieten sich alle Kombinationen zwischen Straße, Schiene, Luftfahrt und Seefahrt an.
Ro/Ro-Verkehr	Landfahrzeuge werden teilweise auf Schiffen befördert, man spricht auch von der „schwimmenden Landstraße“.
Lash-Verkehr (lighter aboard ship)	Kombination von Binnenschifffahrt und Seeschifffahrt. Per Kran werden schwimmende Leichter auf Seeschiffe verladen und mit diesen befördert.
Rail Ro Cargo	Haus-Haus-Verkehr unter Einbindung von Bahn, Lkw und Schiff.

Es werden ständig neue Kombinationsformen entwickelt.

2.2.1.6 Rohrleitungstransport

Flüssige und gasförmige Güter können durch Rohrleitungen transportiert werden.

Verkehrswege, Transportgefäß und Transportmittel sind identisch. Der Transport wird mithilfe festinstallierter Maschinen oder der Schwerkraft in Gang gesetzt.

Vorteile des Rohrleitungstransports ergeben sich aus

- seiner Umweltfreundlichkeit
- der hohen Zuverlässigkeit
- der Wetterfestigkeit
- der Unabhängigkeit von Verkehrswegen
- der relativen Diebstahlsicherheit.

Nachteile sind

- die hohen Errichtungs- und Revisionskosten
- die Gefahr des „Anzapfens" der Pipelines durch Unbefugte
- umständliche Genehmigungsverfahren.

2.2.1.7 Beurteilung außerbetrieblicher Transportsysteme

Vorteile und Nachteile der einzelnen Transportsysteme können der von *Schulte* entwickelten Tabelle entnommen werden, die im Folgenden wiedergegeben wird.

Transportart	Vorteile	Nachteile
Straßengütertransport	► Zeit- und Kostenersparnis im Nah- und Flächenverkehr ► U. U. Zeitersparnis im Fernverkehr ► Flexible Fahrplangestaltung ► Eignung für spezifische Ladegüter ► Anpassungsfähigkeit bei Annahmezeiten	► Keine zeitgenauen Fahrpläne ► Witterungsabhängigkeit ► Abhängigkeit von Verkehrsstörungen ► Begrenzte Ladefähigkeit ► Ausschluss gewisser Gefahrgüter
Schienenverkehr	► Größere Einzelladegewichte als beim Lkw ► Exakte Fahrpläne ► Weitgehend störungsfrei ► Gefahrgüter zulässig	► Privates Schienennetz/Gleisanschlüsse oder Einsatz sog. Straßenroller erforderlich ► Zusatzkosten bei Anmietung von Spezialwagen
Binnenschifffahrtsgütertransport	► Große Einzelladegewichte ► Große Laderäume ► Angebot von Spezialschiffen ► Günstige Beförderungskosten	► Eingeschränktes Streckennetz ► Ohne eigene Anlegestelle erhöhte Kosten durch sog. gebrochenen Verkehr ► Abhängigkeit vom Wasserstand sowie von Eisgang und Nebel

Transportart	Vorteile	Nachteile
Seeschifffahrts-gütertransport	► Große Einzelladegewichte ► Große Laderäume ► Angebot von Spezialschiffen	► Beschränkung auf Nordseehäfen und Ostseehäfen ► Abhängig von Sturm, Eisgang und Nebel ► Im Linienverkehr Abhängigkeit von festen Routen (anders bei Charterung von Schiffen)
Luftfrachttransport	► Hohe Transportgeschwindigkeit ► Wegfall seemäßiger Verpackung	► Hohe Transportkosten
Kombinierter Verkehr	► Nutzung der spezifischen Vorzüge der in einer Transportkette beteiligten Verkehrsmittel	► Zeitverbrauch durch die Umschlagsvorgänge ► Bindung an Fahrpläne ► Wartezeiten an den Umschlagbahnhöfen
Rohrleitungs-transport	► Bei kontinuierlichem Bezug bzw. Absatz von Gasen, Flüssigkeiten und Feststoffen (als Aufschwemmungen) allen anderen Beförderungsmitteln kostenmäßig überlegen ► Hohe Zuverlässigkeit ► Umweltfreundlich	► Hohe Investitionen, daher nur rentabel bei langfristiger Absicherung des Absatzes bzw. des Bezuges
Paketverkehr	► Kostengünstige private Paketbeförderungsdienste neben der Post AG vorhanden	► Bei privaten Paketbeförderungsdiensten keine Kontraktverpflichtung, Beschränkung auf Hauptverkehrsgebiete
Privater Kurierdienst	► Kostengünstigere private Paketbeförderungsdienste neben der Post AG vorhanden	► Bei privaten Paketbeförderungsdiensten keine Kontraktverpflichtung, Beschränkung auf Hauptverkehrsgebiete

2.2.2 Innerbetriebliche Transportsysteme

2.2.2.1 Aufgaben

Innerbetriebliche Transportsysteme dienen der Überwindung von Räumen innerhalb des Unternehmens bzw. innerhalb von Betriebsstätten. Der Transport erfolgt innerhalb von Baulichkeiten oder zwischen Baulichkeiten. Die zum Transport eingesetzten Instrumente werden als **Fördermittel** bezeichnet.

2.2.2.2 Fördermittelarten

Für den innerbetrieblichen Transport ist eine Fülle von Fördermitteln entwickelt worden, eine zufriedenstellende Systematisierung ist nicht ohne Weiteres möglich.

Die Wahl der geeigneten Fördermittel hängt von mehreren Faktoren ab, hauptsächlich von:

- den zur Verfügung stehenden Mitteln
- der Unternehmensgröße
- den innerbetrieblichen Standorten
- den Förderstrecken
- der Art der Fertigungsverfahren
- der Förderungsgeschwindigkeit und -intensität
- der Art und dem Ausmaß der zu befördernden Güter
- dem Automatisierungsgrad des Betriebes
- der Elastizität des Betriebes u. Ä.

Eine Einteilungsmöglichkeit der Fördermittel bietet sich folgendermaßen an:

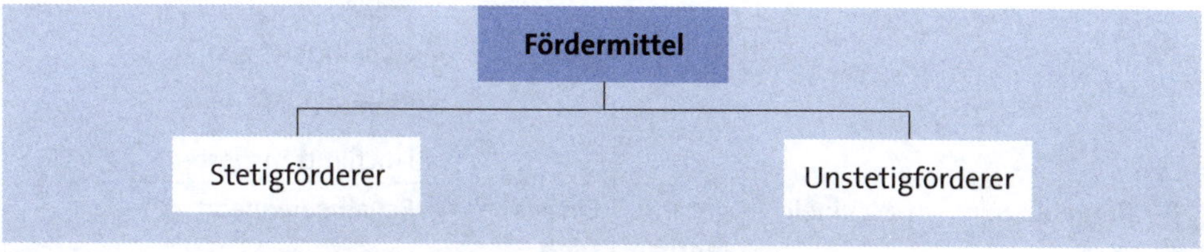

Es lassen sich noch weitere Einteilungskriterien berücksichtigen, etwa wie es *Jünemann* in der nachfolgenden Tabelle (s. S. 104/105) darstellt.

Er verwendet zusätzlich die Kriterien

- Flurbindung
- Automatisierungsgrad
- Beweglichkeit
- Antrieb.

	Flurbindung	Automatisierungsgrad	Beweglichkeit	Antrieb	Fördermittelarten
Stetigförderer	flurgebunden	maschinell	ortsfest	Zugmittel	► Unterflurschleppkettenförderer
	aufgeständert	maschinell	ortsfest	ohne Zugmittel	► Rollenbahn ► Schwingförderer
	aufgeständert	maschinell	ortsfest	Fördermedium	► Hydraulikförderer ► Pneumatikförderer
	aufgeständert	maschinell	ortsfest	Schwerkraft	► Rollenbahn ► Röllchenbahn ► Kugelbahn ► Rutsche ► Fallrohr
	flurfrei	maschinell	ortsfest	Zugmittel	► Kreisförderer ► Schleppkreisförderer
Unstetigförderer	flurgebunden	manuell	geführt fahrbar	Einzelantrieb	► Regalbediengerät
	flurgebunden	manuell	frei fahrbar	Einzelantrieb	► Schlepper ► Wagen ► Gabelhubwagen ► Stapler ► Luftfilmtransporter
	flurgebunden	maschinell	geführt fahrbar	Einzelantrieb	► Regalbediengerät ► Umsetzer ► Verschiebewagen ► Automatisches Flurförderzeug
	flurgebunden	maschinell	frei fahrbar	Einzelantrieb	► Automatisches Flurförderzeug
	aufgeständert	maschinell	ortsfest	Einzelantrieb	► Aufzug
	aufgeständert	maschinell	geführt fahrbar	Einzelantrieb	► Kanalfahrzeug ► Verteilfahrzeug
	flurfrei	manuell	geführt fahrbar	Muskelkraft	► Trolleybahn ► Rohrbahn

	Flurbindung	Automatisierungsgrad	Beweglichkeit	Antrieb	Fördermittelarten
Unstetigförderer	flurfrei	manuell	geführt fahrbar	Einzelantrieb	► Brückenkran ► Hängekran ► Stapelkran ► Konsolkran ► Drehkran ► Portalkran
	flurfrei	maschinell	geführt fahrbar	Einzelantrieb	► automatischer Kran ► Elektrohängebahn ► Kleinbehältertransportsystem

Quelle: *Jünemann, Weber/Kummer*

2.2.2.2.1 Stetigförderer

Stetigförderer werden bei festen Transportstrecken, die einen kontinuierlichen Materialfluss gewährleisten, eingesetzt. In erster Linie werden folgende Stetigförderer eingesetzt (*Wiendahl/Voigts*):

- Rollenbahnen
- Röllchenbahnen
- Scheibenrollbahnen
- Gurtförderer
- Stapelförderer
- Kreisförderer
- Unterflurförderanlagen
- Kettenförderer
- Rutschen
- Wendelrutschen
- Wendelförderer
- Becherwerke.

Diesen Fördermitteln kommt vor allem in der Massenfertigung Bedeutung zu. Sie befördern die Güter bis zur automatischen, mechanischen oder manuellen Entnahme.

Die **Vorteile** der Stetigförderer liegen in ihrer permanenten Einsatzbereitschaft, dem niedrigen Mitarbeiterbedarf und den relativ niedrigen Betriebskosten.

Nachteilig wirken sich die hohen Investitionskosten, die mangelnde Möglichkeit eines anderweitigen Einsatzes und das Eintreten der Wirtschaftlichkeit erst bei größerer Auslastung aus.

2.2.2.2.2 Unstetigförderer

Unstetigförderer können ihre Transportrichtung weitestgehend selbst bestimmen und gestatten während ihrer Transportwege Unterbrechungen.

Unstetigförderer können wie folgt eingeteilt werden:

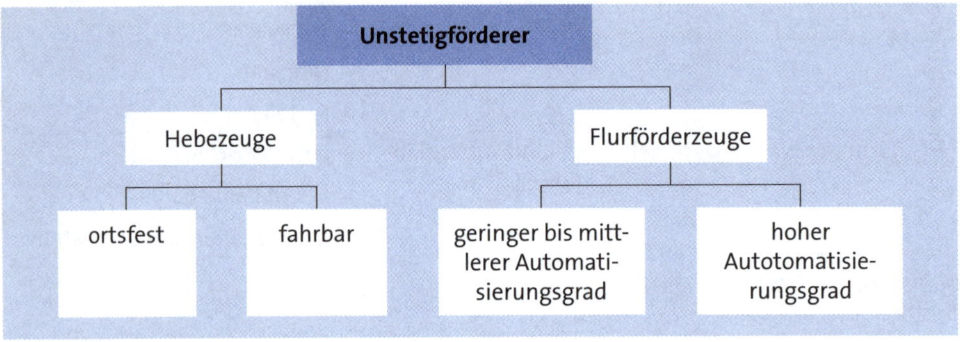

- **Hebezeuge** sind entweder ortsfest oder fahrbar.

  Bei den **ortsfesten Hebezeugen** handelt es sich um
  - Aufzüge
  - spezielle Hebebühnen.

  Sie dienen der Beförderung von Personen und Gütern in vertikaler Richtung. **Fahrbare Hebezeuge** sind entweder frei fahrbar oder geführt fahrbar. Zu ihnen zählen:
  - Brückenkrane
  - Hängekrane
  - Drehkrane
  - Stapelkrane
  - Portalkrane
  - Laufkrane
  - Fahrzeugkrane.

  Die Krane blockieren keine Bodenflächen als Transportwege, sondern nutzen die Raumdecken aus, sie können große Flächen und die ganze Höhe des Lagers bedienen. Fahrbare Hebezeuge können Güter aufnehmen, in mehrere Richtungen transportieren, stapeln und ablegen.

- **Flurförderzeuge** benötigen Flure (Wege), auf denen sie sich zwischen den gelagerten Gütern bewegen. Diese müssen ausreichend dimensioniert sein.

  Die Flurförderzeuge werden manuell (selten) oder maschinell betrieben, sie sind entweder frei fahrbar oder geführt fahrbar und verfügen über einen geringen bis mittleren oder einen hohen Automatisierungsgrad.

  Bei den **Flurförderzeugen mit geringem bis mittleren Automatisierungsgrad** dominieren von der Menge her die **Stapler**. Bei ihnen geschieht der „Lastangriff" außerhalb der Radbasis.

Wählt man Stapler aus, sind nach *Bichler/Schröter*

- die Antriebsart
- der konstruktive Aufbau
- die benötigte Arbeitsfläche
- die Tragkraft
- der Einsatzbereich innen/außen zu beachten.

Von den vielen im Einsatz befindlichen Staplern mit verschiedenen Gabelsystemen kann hier nur eine Auswahl gebräuchlicher Fahrzeuge getroffen werden:

- **Frontstapler**
  mit der zu befördernden Last freitragend vor den Vorderrädern. Der Fahrer sitzt in Richtung des Fördergutes. Diese Stapler werden innen wie außen eingesetzt und zeichnen sich durch die Möglichkeit hoher Traglasten und großer Geschwindigkeiten aus.
- **Schubmaststapler**
  werden in erster Linie zur Lagerung von Paletten in Gebäuden eingesetzt. Der Fahrer sitzt quer zur Fahrtrichtung. Um die Lasten aufzunehmen und abzugeben, muss der Mast bis an die Vorderräder geschoben werden, während des Transportes wird er wieder in die Ausgangslage gebracht. Diese Form der Stapler kann für große Gewichte nicht eingesetzt werden und eignet sich schlecht für Transporte außerhalb der Gebäude.
- **Gabelhubwagen**
  können handbetrieben oder elektroangetrieben werden. Mit ihnen werden Paletten bewegt und bis zu ca. 4 m angehoben (Gabelhochhubwagen).
- **Seitenstapler**
  transportieren Langgut, deshalb befindet sich ihr Schiebemast quer zur Fahrtrichtung.
- **Schmalgangstapler**
  gibt es mit Schwenkhub- oder Teleskopgabel mit und ohne hebbaren Bedienkorb und mit starrer Gabel. Sie zeichnen sich durch große Arbeitsgeschwindigkeiten aus, haben seitliche Schienenführung im Arbeitsgang, haben die Eigenschaft der Diagonalfahrt und können sehr schnell am Einsatzort positioniert werden. (Ausführlicher siehe *Bichler/Schröter, Jünemann*).

Zu den **Flurförderzeugen mit hohem Automatisierungsgrad** zählen

- die Regalbediengeräte
- die fahrerlosen Transportsysteme (FTS).

Regalbediengeräte bedienen rechnergesteuerte Lagerplätze, sie fahren diese an und sind in der Lage, automatisch ein- und auszustapeln. Wegen ihrer Arbeitsgeschwindigkeit, der guten Steuerbarkeit und des geringen Raumbedarfs können sie als besonders wirtschaftlich angesehen werden.

Fahrerlose Transportsysteme verfügen über keine festen mechanischen Führungen; ihren Weg zeichnet man durch am Boden optisch, magnetisch oder induktiv verlegte Leitlinien oder mithilfe von rechnergespeicherten Umweltmodellen (Bildverarbeitung, Ultraschall) vor (*Weber/Kummer*). Fahrerlose Transportsysteme haben eine **physische Ebene** (Fahrzeug, Fahrkurs, Lastübergabe) und eine **informatorische Ebene**

(die Fahrzeug- und Anlagensteuerung.) Die Fahrzeugsteuerung bewirkt die Zielsteuerung, die Anlagensteuerung soll Kollisionen unmöglich machen.

Als **Beispiel** für fahrbare Hebezeuge seien die **Hängekrane** erwähnt. Sie werden an der Hallendecke befestigt und beanspruchen deshalb wenig Platz. Die Hallenfläche lässt sich nach Fertigungsgesichtspunkten nutzen. Benachbarte Hängekrane und Hängebahnen können über eine Verbindungseinrichtung miteinander gekoppelt werden. Lasten können dadurch ohne abgesetzt zu werden jeden Bestimmungsort im Bereich der verbundenen Kran- oder Bahnsysteme erreichen.

Ausmaße und Leistungsfähigkeiten einiger angebotener Hängekrane können der folgenden Übersicht entnommen werden.

Tragfähigkeit t	Spannweite	Art	FEM	Hubwerk Hakenweg	Arbeitsgeschwindigkeit		Katzfahrt	Kranfahrt
					Haupthub	Feinhub		
0,5	bis 28[1]	Kettenzug oder Hubwerk	1 Am bis 4 m	auf Wunsch (serienmäßig bis 40)	bis 15 m/min	Kettenzug: 1:4 möglich Hubwerk: 1:4; 1:6, 1:10 möglich	8/31,5 m/min andere Geschwindigkeiten möglich	10/40 m/min andere Geschwindigkeiten möglich
0,63					bis 10 m/min			
0,8								
1,0					bis 8 m/min			
1,6					bis 16 m/min			
2,0								
2,5								
3,2		Hubwerk						
4,0								
5,0								
6,3					bis 12,5 m/min			
8,0								
10,0					bis 10 m/min			
12,5			1 Bm		bis 8 m/min			

Quelle: *DEMAG*

Aufgabe 13 > Seite 272

[1] Größere Spannweiten können durch Mehrfachaufhängung überbrückt werden. Größere Traglasten auf Anfrage.

2.2.3 Förderhilfsmittel

Förderhilfsmittel sind auch der Logistikhardware zuzurechnen. Sie bilden **Ladeeinheiten,** d. h. sie kombinieren mehrere einzelne Güter zu Transporteinheiten. Sie werden auch als Transporthilfsmittel, Ladehilfsmittel, Lagerhilfsmittel oder Packmittel bezeichnet.

Förderhilfsmitteln fallen folgende **Aufgaben** zu:

- Schutz des Ladegutes (Transportgutes)
- Erleichterung der Ladetätigkeit
- rationale Transportgestaltung
- Herstellung einer guten Lagerfähigkeit
- Identifizierung der Ladegüterart.

Förderhilfsmittel können nach verschiedenen Gesichtspunkten eingeteilt werden. Eine Möglichkeit wird im Folgenden wiedergegeben:

Unterscheidungsmerkmal	**Zugehörige Förderhilfsmittel**	
Paletten	► Flachpaletten ► Rungenpaletten ► Behälterpaletten (Gitterboxpaletten, Vollwandboxpaletten, Tankpaletten, Silopaletten)	
Formstabile Behälter	► Kästen ► Kartons ► Styropor-Verpackungen	► Fässer ► Dosen, Kanister ► Flaschen u. Ä.
Forminstabile Behälter	► Säcke	► Beutel
Sonstige Förderhilfsmittel	► Rollen	► Gebinde u. Ä.
Tragende Förderhilfsmittel	► Flachpaletten	► Werkstückträger
Umschließende Förderhilfsmittel	► Gitterboxpaletten ► Paletten mit Aufsetzrahmen	► Kästen
Abschließende Förderhilfsmittel	► Großbehälter wie Container, Wechselpritschen für Lkw ► Kisten	► Fässer ► Kartons ► Kanister u. Ä.

2.3 Lagereinrichtungstechnik

Die Lagerung erfüllt die Funktion der Zeitüberbrückung zwischen der Warenverfügbarkeit und dem Bedarf (*Stadtler*). Es ist zwar Aufgabe der Logistik, eine Lagerhaltung so gering wie nur möglich zu halten (im Idealfall sogar überflüssig zu machen), dies liegt im Interesse des Flussprinzips, in der Praxis ist dies jedoch häufig nicht möglich. Die Logistik kann aber dazu beitragen, die **Lagerfunktionen** möglichst optimal zu gestalten. Es geht dabei um die

- Sicherungsfunktion
- Ausgleichsfunktion
- Spekulationsfunktion
- Sortierfunktion
- Kostensenkungsfunktion.

Diese Funktionen werden mithilfe bestimmter Einrichtungen, Techniken und organisatorischer Regelungen ausgeführt, die zu einem Gesamtsystem Lager zusammengefasst werden.

2.3.1 Lagerarten

Läger können nach mehreren Kriterien eingeteilt werden. Die Hauptunterscheidungsmerkmale gehen aus der folgenden Tabelle hervor.

Unterscheidungsmerkmal	Lagerart
Eigentümer	Eigenlager Fremdlager Kommissions- bzw. Konsignationslager
Marktbeziehung	Beschaffungslager Absatzlager
Zentralisierungsgrad	Zentrallager Dezentrale Läger
Bedeutung	Hauptlager Nebenlager
Wertschöpfungsprozess	Eingangslager Zwischenlager Absatzlager
Gelagerte Güter	Materiallager Fertigproduktlager Handelswarenlager Werkzeuglager Ersatzteillager Büromateriallager u. Ä.
Standort	Außenlager Internes Lager

Unterscheidungsmerkmal	Lagerart
Lagerbauweise	Offenes Lager Halboffenes Lager Festes Gebäude Flaches Gebäude Hohes Gebäude
Position des Lagergutes während der Lagerdauer	Statisches Lager Dynamisches Lager
Automatisierungsgrad	Manuell bedientes Lager Mechanisiertes Lager Automatisiertes Lager
Lagertechnik	Bodenlager ohne Lagerhilfsmittel Blocklager Zeilenlager Regallager
Lagereinrichtungen	Regallager Palettenlager Behälterlager Schranklager Vitrinenlager u. Ä.
Lagertransportmittel	Lager mit Stetigförderern Lager mit Unstetigförderern

2.3.2 Lagertechnik

Als Lagertechnik bezeichnet man die technischen Lagersysteme; sie können wie folgt eingeteilt werden:

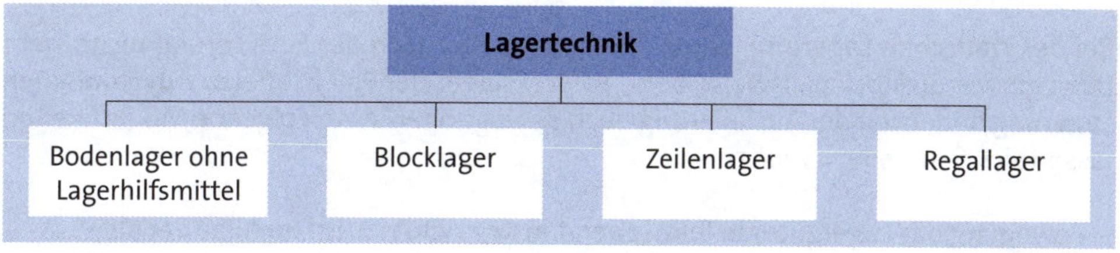

2.3.2.1 „Einfache" Läger

Die in der obigen Übersicht aufgeführten ersten drei Lagerarten können als einfache Läger bezeichnet werden. Ihre Charakteristika werden in der nachfolgenden Tabelle dargestellt.

Lagerart	Charakteristika
Bodenläger ohne Lagerhilfsmittel	Sie werden auch als Flachläger bezeichnet. Die Lagergüter werden verpackt oder unverpackt flach auf dem Boden positioniert. Flachläger eignen sich besonders für Massengüter. Eine Sonderform sind die Schüttläger für Güter wie Getreide. Der Zugriff ist unproblematisch, wenn günstige Lagerwege geschaffen werden.
Blockläger	Die Lagergüter werden in großen Blocks auf dem Boden oder bei entsprechender Verpackung gestapelt gelagert. Die Lagerung bietet sich bei einer geringen Artikelvielfalt und größeren Mengen der Lagergüter an. Man findet sie häufig in der Baustoffindustrie und im Baustoffhandel, in der Getränkeindustrie, in der Papierindustrie oder in der Lebensmittelindustrie.
Zeilenläger	Die Güter werden auf dem Lagerboden in Zeilen gelagert. Der Zugriff zu den Lagergütern wird erleichtert, der Raumbedarf ist größer.

Aufgabe 14 > Seite 272

2.3.2.2 Regallager

Bei dieser Lagerform erfolgt die Lagerung in mehreren Ebenen mithilfe eines Regalsystems. Auf die Lagergüter kann jederzeit direkt Zugriff genommen werden, die Raumausnutzung ist sehr günstig.

Die Regallagerung erfolgt

- statisch
- dynamisch.

Bei der **statischen Lagerung** werden die Lagergüter nach der Einlagerung nicht mehr bewegt, wie dies beispielsweise beim Palettenlager der Fall ist. Bei der **dynamischen Lagerung** finden vor der Auslagerung noch Bewegungen statt. Folgende Möglichkeiten lassen sich feststellen (*Venitz*):

- Bewegung der Lagergüter in feststehenden Regalen, z. B. in Durchlaufregalen
- Bewegung der Lagergüter mit den Regalen, z. B. bewegte Regale, feststehende Lagereinheiten wie Umlaufregale
- Bewegung der Lagergüter auf Fördermitteln mit Lagerfunktion, z. B. Rollbahnen oder Hängebahnen.

Von den zahlreichen Regallager-Formen werden im Folgenden einige wichtige dargestellt.

2.3.2.2.1 Fachboden-Regallager

Fachboden-Regalläger bestehen aus Ständern und Fachböden, die eingehängt oder eingeschraubt werden. Zubehörteile sind Schubladen, ausziehbare Fachböden, Trennbleche, Muldeneinsätze, Seitenwände, Rückenwände, Haken u. Ä.

Die Regalböden variieren, sie reichen von ca. 2 m bis zu 8 m und darüber.

2.3.2.2.2 Paletten-Regallager

In Paletten-Regallägern werden auf Paletten zusammengefasste Güter gelagert. Die Regale verfügen über Auflageträger. Folgende Hauptformen von Paletten-Regallägern lassen sich unterscheiden:

- **Einplatzregallager**
  Beim Einplatzregallager wird das Lagergut auf zwei Konsolen je Feldebene positioniert. Die Möglichkeit der Höhenverstellung der Konsolen gestattet Paletten unterschiedlicher Höhen zu lagern.
- **Mehrplatzregallager**
  Ein Mehrplatzregallager ermöglicht die Lagerung mehrerer Paletten nebeneinander. Dies wird möglich durch die Installierung von Längstraversen.
- **Paletten-Flachregallager**
  Paletten-Flachregalläger eignen sich für große Sortimente bei großen Mengen der Sortimentseinheiten.

  Die Ladevorgänge werden meistens mit
  - Gabelstaplern
  - Hochregalstaplern
  - Stapelkranen
  - Regalförderzeugen

  vorgenommen.
- **Paletten-Hochregallager**
  Paletten-Hochregallager können eine Höhe von 40 - 45 m und höher erreichen. Es ist zu unterscheiden, ob
- die Regale in der Höhe aufgestellt werden (Einbau-Hochregallager)
- die Regale gleichzeitig tragende Elemente für das Dach und die Wände sind (Gebäudetragende Silobauweise).

  Das Einbau-Hochregallager verursacht hohe Baukosten, sodass bei einer Neuerrichtung der Silobauweise der Vorzug zu geben ist.

  Paletten-Hochregalläger mit geringen Höhen von 8,5 - 10,5 m werden mit Schubmaststaplern, mit Höhen bis ca. 14 m mit Schmalgangstaplern und Läger bis 45 m Höhe mit schienengeförderten Regalförderzeugen bedient.

2.3.2.2.3 Kragarmregallager

Die Regale im Kragarmregallager setzen sich aus Ständern mit ein- und zweiseitig auskragbaren Armen zusammen. Auf den Armen wird primär Langgut wie Röhren, Ballen, Bretter, Stangen u. Ä. gelagert, wobei die Lagerung der Güter entweder einzeln oder in Bündelung bzw. Staplung und Behälter-Lagerung erfolgt. Die Bedienung geschieht mit geeigneten Staplern.

2.3.2.2.4 Wabenregallager (Langgutregal, Köcherregal)

Beim Wabenregal befinden sich die Regalebenen übereinander, jede Regalebene ist ihrerseits wieder horizontal unterteilt. Wenn man die Regale von der Stirnseite betrachtet, sieht man das Bild einer Wabe. Die Regaltiefe geht bis zu 6 m. Als Lagergut kommen Langgut-Paletten oder Langgut-Kassetten in Frage. Oft sind die Fächer mit Rollen versehen, um unhandliche oder schwere Güter besser ein- und auslagern zukönnen.

2.3.2.2.5 Durchlaufregallager

Durchlaufregallager sind ein **dynamisches** Lagersystem.

In einer Regalkonstruktion sind Regalkanäle nebeneinander und übereinander angeordnet. Die Ein- und Auslagerung erfolgt von verschiedenen Stellen aus, nämlich von den sich gegenüber befindlichen Kanalöffnungen.

Das Lagergut lagert hintereinander und wird mithilfe der Schwerkraft oder mittels Antriebsaggregaten von der Einlagerungs- zur Auslagerungsstelle bewegt. Die Beschickung behindert die Entnahme grundsätzlich nicht.

Die zu lagernden Güter müssen sachgerecht verpackt oder auf entsprechenden Ladehilfsmitteln positioniert sein.

Je nach Form, Größe, Gewicht u. Ä. werden in den Kanälen verschiedene **Fördersysteme** praktiziert:

- Tragrollen für schwere Lasten auf Paletten oder in Behältern mit glattem Boden; bei horizontaler Anordnung elektromotorischer Antrieb
- Röllchenbahnen, Röllchenschienen für leichte bis mittelschwere Lasten in Behältern mit glattem Boden oder Führungsprofilen
- L-Profile für leicht rutschende Lasten mit oder ohne Gleitkufen oder für mittelschwere bis schwere Lasten mit Rollvorrichtungen an der Behälterunterseite
- Fachböden für leicht rutschende Lasten oder für mittelschwere Lasten mit Roll- oder Gleitvorrichtungen (*Kettner*).

In der Regel kann ein Antrieb je Kanal eingesetzt werden. Bei dem Einsatz der Schwerkraft zur Fortbewegung der Ladegüter muss für einen geeigneten Neigungswinkel gesorgt und eine Bremsvorrichtung eingebaut werden.

2.3.2.2.6 Einschub-Regallager

Einschub-Regalläger zählen auch zu den dynamischen Lägern. Sie sind eine Sonderform der Durchlauf-Regalläger für Paletten, die eine gute Qualität aufweisen müssen.

Eine Palette wird auf die Rollbahn eines Kanals positioniert und durch die nächste Palette weiter geschoben.

2.3.2.2.7 Verschiebe-Regallager

Die ebenfalls zu den dynamischen Systemen zählenden Verschiebe-Regalläger eignen sich besonders gut, wenn auf allerengstem Raum eine Vielzahl von unterschiedlichen Teilen im Einzelzugriff zu halten ist. Da jedoch immer nur ein Gang im direkten Zugriff ist, liegt eine Einschränkung in der Zugriffsgeschwindigkeit vor. Für den nächsten Gang müssen die Regale verschoben werden (*Bichler/Schröter*).

Bei dieser Lagerform werden Paletten- oder Fachregale auf seitlich verfahrbare Fahrgestelle gesetzt. Diese Schlitten bewegen sich auf Lauf- und Führungsschienen mitsamt den Regalaufbauten. Der Antrieb kann manuell oder maschinell erfolgen.

2.3.2.2.8 Umlauf-Regallager

Die dynamischen Umlaufregalläger werden in einer

- horizontalen Form
- vertikalen Form

angetroffen.

In der Regel existieren zwei Lagerblöcke, die aus hintereinander errichteten Einzelregalen bestehen. Die Fachboden- oder Paletten-Regale werden auf Schienen geführt.

Wird ein Regal am ortsfesten Zugriffsort positioniert, müssen die Regale verfahren und umgesetzt werden. *„Hierbei sind bei Regalanlagen mit zwei Lagerblöcken alle Regale zu bewegen. Bei Umlauf-Regalen, die nach dem Vertikalprinzip arbeiten, sind an der Stirnseite Aufzüge zum Umsetzen zu installieren“* (*Schulte*).

2.3.2.2.9 Paternoster-Regallager

Beim Paternoster-Regal werden Lastaufnahmevorrichtungen (Fachböden) zwischen zwei parallele vertikal (auch z. T. horizontal) umlaufende Ketten eingehängt. Die Ketten werden in der Regel mit einem Elektromotor angetrieben (vor- oder rücklaufend).

Der Antrieb und die Steuerung bewirken den Transport der angeforderten Fachebene zur Entnahmeöffnung.

Aufgabe 15 > Seite 272

2.3.3 Automatisierungsgrad des Lagers

Nach dem Automatisierungsgrad des Lagers sind folgende Lagerformen zu unterscheiden:

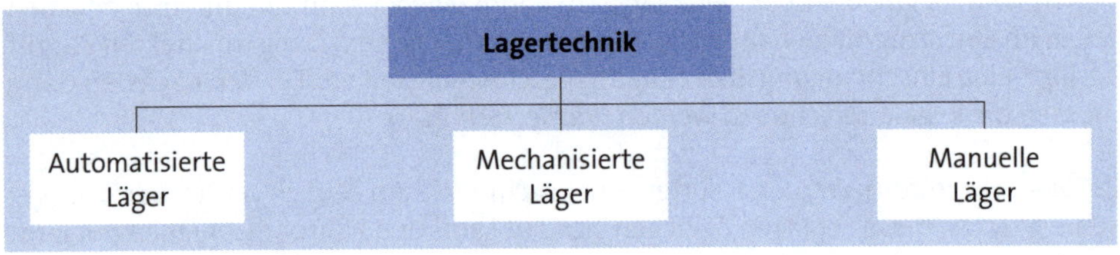

2.3.3.1 Manuelle Läger

Manuelle Läger stellen die Ausnahme dar und sind nur noch in wenigen Wirtschaftszweigen und bei kleinen Unternehmensgrößen anzutreffen. Im Handwerk und im Handel findet man sie noch am ehesten.

Die klassischen manuellen Läger sind durch die Ein- und Auslagerung der Lagergüter durch den Krafteinsatz der Mitarbeiter gekennzeichnet. Handbetriebene Geräte wie Handkarren, Leitern, Kommissionierkörbe u. Ä. sind lediglich Hilfsmittel.

2.3.3.2 Mechanisierte Läger

Ein mechanisiertes Lager liegt vor, wenn Lagereinrichtungen mit Energie wie Elektro- oder Kraftstoffenergie betrieben werden. Die Zunahme der Lagergüter, der Zwang immer schnelleren Zugriff zu den Gütern zu nehmen und die Beförderungsgeschwindigkeit zu erhöhen sowie die Zunahme der Lagerflächen und -höhen führten zur Schaffung vieler technischer Einrichtungen. Diese können schwere Lasten mit großer Sicherheit schnell und hoch transportieren. Vor allem die Flurfördermittel sind in diesem Zusammenhang zu erwähnen.

2.3.3.3 Automatisierte Läger

Von automatisierten Lägern spricht man, wenn die Bedienung des Lagers nicht mehr durch Menschen geschieht, sondern durch ferngesteuerte Maschinen erfolgt. Der Mensch führt lediglich Steuerungs- und Überwachungsaufgaben durch. Werden auch diese automatisch vorgenommen, liegt ein vollautomatisches Lager vor.

Die Automatisierung spielt vor allem in **Hochregallägern** eine wichtige Rolle. Die dort vorhandene Lagerkapazität kann nur dann effektiv genutzt werden, wenn man den Material- und Informationsprozess miteinander koppelt und dazu echte aktuelle Materialfluss- und Bestandsführungsinformationen, so genannte Materialfluss- und Bestandsführungs- bzw. Regalabbilder, eingesetzt werden (*Kopsidis*). Die damit verbundene Informationsverarbeitung lässt sich nur mithilfe der EDV vornehmen.

Der EDV-Einsatz kann sowohl indirekt als auch direkt erfolgen:

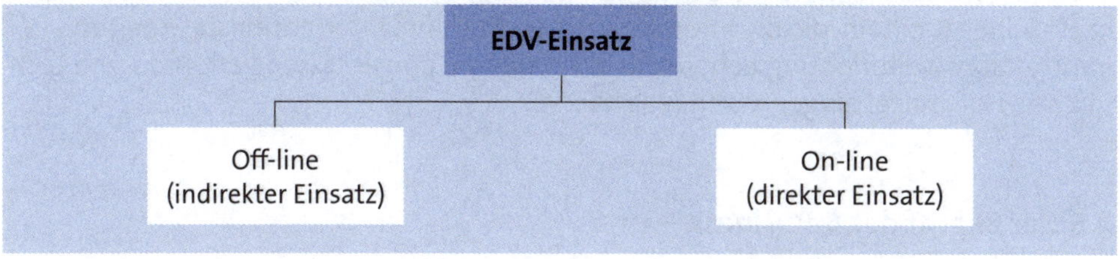

Die **Off-line-Vorgehensweise** bedeutet eine EDV-gestützte Lagersteuerung. Mittels Datenübertragungsgeräten schließt man das Lagerwesen an einen Prozessrechner außerhalb des Lagers an. Über ein Steuerpult wird die Verbindung zwischen dem Prozessrechner und den Förderzeugen aufrechtgehalten.

Erfolgt eine **On-line-Steuerung**, wird der Prozessrechner vollständig für das Lagerwesen eingesetzt.

Die für die automatische Steuerung benötigten Bestandsinformationen werden entweder im Batch-processing (Stapelbetrieb) oder im Real-time-processing (Echtzeitbetrieb) gewonnen.

Beim **Batch-processing** sammelt man die Materialbewegungs-Belege und verarbeitet sie zu festgelegten Zeiten. Dies beinhaltet den Nachteil, dass in den Zwischenzeiten das Informationsflussabbild und das Materialflussabbild nicht übereinstimmen, also die Buchbestände und die Istbestände nicht identisch sind. Erst nach der nächsten Belegverarbeitung können die frei gewordenen Lagerplätze als Leerplätze angezeigt werden; damit kann die Lagerkapazität nicht voll belegt werden.

Für **Real-time-processing** gilt: *„Eine echte Automation des Informationsflusses wird erst durch eine Real-time-Belegverarbeitung erreicht. In Kombination mit einer On-line-Steuerung der Förderzeuge erlaubt sie eine schnelle Koppelung des Material- und Informationsflusses mit echten, aktuellen Materialfluss- und Bestandsführungsabbildern. Ein ähn-*

liches Ergebnis kann auch bei einer Off-line-Steuerung mit vielen Terminals im Lager und einer Real-time-Bestandsführung erzielt werden" (*Kopsidis*).

Aufgabe 16 > Seite 272

2.4 Informationstechnologie

Als Informationstechnologie gelten die Hilfsmittel, die der Informationsweiterleitung und Informationsverarbeitung dienen (*Fey*). Sie lässt sich auch der logistischen Hardware, teilweise der Software zurechnen.

Der Rahmen dieses Buches würde bei weitem gesprengt werden, ginge man ausführlich auf die immer weiter entwickelte Informationstechnologie in einem umfangreichen Kapitel ein. Vielmehr wird nach einer einen Überblick vermittelnden Darstellung in einzelnen Kapiteln, die die Informationsbeschaffung, Informationsbearbeitung und Informationsweiterleitung behandeln, auch auf die eingesetzten Verfahren und technischen Hilfsmittel eingegangen (vgl. Kap. A.7, A.9, F.3).

2.5 Der Begriff des E-Business

Die Verbesserung der Computertechnik als auch die weltweite Vernetzung von Geräten der Informations- und Kommunikationstechnik über das Internet haben die Zusammenarbeit zwischen Geschäftspartnern auf eine neue Basis gestellt. Das Electronic-Business (E-Business) hat sich entwickelt und schöpft das Potenzial der Informations- und Kommunikationstechnologien voll aus. Die Unternehmen setzen die elektronischen Mittel ein, um die Prozesse zu verbessern und durch den Aufbau neuer Kommunikationskanäle mit Zulieferern und Abnehmern den Kundenerwartungen besser entgegenzukommen (*Ebel*).

Das BMWi gibt eine treffende Beschreibung des E-Business, indem es ausführt: *„E-Business umfasst alle Arten von Geschäftsprozessen, die auf elektronischem Wege abgewickelt werden. Dies betrifft viele unternehmerische Geschäftsfelder z. B. von Geschäftsanbahnung und -abwicklung, Werbung, Onlinebanking bis hin zum Kundenservice.*" E-Business umfasst demnach alle Formen der elektronischen Geschäftsabwicklung.

Die Kommunikation bedient sich drahtgebundener und drahtlos arbeitender Netze. Eingesetzt werden neben dem Internet noch weitere Netze wie z. B. Intranet und Extranet.

Eine umfassende, treffende Begriffsbestimmung und damit auch das Verständnis für das E-Business werden, verschwert durch eine Unzahl von Begriffen, denen der Buchstabe „E" vorgeschaltet wurde. E-Market (Markt), E-Payment (Zahlungsverkehr), E-Procurement, E-Book (papierlose Bücher), E-Publishing (Veröffentlichung) oder E-Submission sind nur einige Begriffe die zur Verwirrung beitragen können. Einige dieser

Bezeichnungen rufen den Eindruck hervor, Geschäftsprozesse würden elektronisch vollzogen.

Es empfiehlt sich deshalb, zwischen E-Business und „Pseudo-E-Business" zu unterscheiden.

„Einsatzmöglichkeiten für E-Business-Lösungen ergeben sich entlang der gesamten Wertschöpfungskette sowohl in den primären, wertsteigernden Prozessen als auch in den unterstützenden Prozessen. Strategische Zielsetzung ist die Identifikation wettbewerbsstrategischer Potenziale und die Verbesserung der Wettbewerbsposition" (*Ebel*).

Die Ebenen, auf denen E-Business stattfindet, sind:

- Unternehmen mit Konsumenten (Business-to-Consumer)
- Unternehmen untereinander (Business-to-Business)
- Unternehmen mit Behörden u. Ä.

Von E-Commerce ist die Rede, wenn der Handel von Waren und Leistungen gemeint ist.

E-Business ist kein abstrakter Bereich und darf nicht losgelöst von der bestehenden Organisation gesehen werden, sondern ist in diese einzubauen, wobei bestimmte Voraussetzungen zu erfüllen sind.

Beabsichtigt man E-Business einzusetzen, sind vorher folgende Fragen zu beantworten:

- Welche Partner sollen einbezogen werden?
- Welche Voraussetzungen müssen sie erfüllen?
- Welche Ziele will man erreichen?
- Über welche Qualifikation müssen die Mitarbeiter verfügen?
- Welche organisatorischen Maßnahmen sind erforderlich?
- Ist zusätzliche Hardware und Software erforderlich?
- Entstehen zusätzliche Kosten?
- Ist mit Einsparungen zu rechnen?
- Treten Imagegewinne auf?

Sowohl Business-to-Consumer als auch Business-to-Business erfreuen sich immer größerer Beliebtheit und nehmen stark an Verbreitung zu.

Als Hauptvorteile werden genannt:

- Beschleunigung von Vorgängen
- Intensivierung der Kontakte mit den Partnern
- Einsparungen
- gute Dialogfähigkeit
- ständige Verfügbarkeit
- globale Erreichbarkeit.

Wie bereits erwähnt, soll in diesem Kapitel lediglich ein Überblick über Möglichkeiten und praktische Anwendungen des E-Business vermittelt werden. Dazu zählen u. a. die Bereiche Logistik, Materialwirtschaft und Produktionswirtschaft. Der Einsatz von E-Business-Methoden trägt hierbei wesentlich zum angestrebten Erfolg bei (*Ebel*).

Es sind zu nennen:

- Marktforschung im Beschaffungsmarkt
- Bedarfsauskunft
- Online-Bestellungen auf elektronischen Marktplätzen und Online Shops
- automatisierte Bestellsysteme
- Lagerbestandsabfragen bei Lieferanten
- Integration von Einkauf, Lagerbestandsplanung und Prognosesystemen mit Zulieferern
- Auftragsfertigung und Komponentenzulieferung
- Abfrage von Produktionsplanungsdaten
- dezentrale Produktionsplanung und –steuerung
- Abfrage Auftrags- und Lieferstatus
- Versandverfolgung
- elektronische Rechnungsstellung, Zahlungsaufforderung, Mahnung, Inkasso
- automatisierte, kundenspezifische Vertragswerke
- Integration mit den Prognosesystemen der Kunden.

Je weiter man den Business-Begriff fasst, umso leichter fällt es, Unternehmensprozesse dem E-Bereich zuzuordnen.

In diesem Zusammenhang sei die häufig verwendete Aussage von *Herden/Marx Gomez/Rautenstrauch/Zwanziger* erwähnt: *„E-Business ist die integrierte Ausführung aller automatisierbarer Geschäftsprozesse eines Unternehmens mithilfe von Informations- und Kommunikationstechnologie."*

2.6 E-Logistik

Bei Betrachtung der Entwicklung der Logistik der letzten Jahre, kann man feststellen, dass die physischen Abläufe nicht mehr den Mittelpunkt bilden, sondern ganzheitliche Konzepte in den Vordergrund gerückt sind.

Experten, wie z. B. *Ebel* heben hervor, dass sich die E-Logistik nicht nur auf den (erweiterten) Transport von Gütern beschränkt, sondern auch den durchgängigen Einsatz von Informations- und Kommunikationssystemen entlang der Wertschöpfungskette berücksichtigt. Ihr Vorteil besteht darin, dass sie neben der strategischen Planung und Entwicklung alle für die elektronische Geschäftsabwicklung erforderlichen Logistiksysteme und -prozesse sowie deren administrative und operative Ausgestaltung für die physische Abwicklung umfasst.

Unter Beachtung der Trends Kundenintegration, globale Netzwerke und IT-Einsatz ergeben sich als mögliche Erfolgsstrategien u. a.:

- Prozessorientierung
- Fusionen und Kooperationen
- Nutzen von Methoden des Wissensmanagements
- Einsatz spezialisierter Dienstleister
- angepasste Nutzung der IT-Techniken (so auch *Ebel*).

Vielfach wird von den **vier** Grundbausteinen der Logistik gesprochen:

- die Planung (die durch das E-Business veränderte Planung)
- Fullfilment (Auftragsabwicklung)
- Monitoring (Fokussierte Untersuchung zur Erlangung zusätzlicher Informationen, Schaffung von Transparenz)
- Systemgestaltung (Beschreibung des Logistiknetzwerks).

Besondere Bedeutung für die Praxis hat das E-Fullfilment. Es erstreckt sich auf die gesamte Auftragsabwicklung, beginnend bei der Bestellung per Internet über den Transport, die Lagerung, die Bezahlung bis zum After-Sales-Service und der Entsorgungsleistung.

Im Folgenden wird beispielhaft das **Angebot** eines namhaften Transport- und Logistikunternehmens auf E-Logistik-Basis beschrieben.

Das Unternehmen geht davon aus, dass E-Business entsteht, wenn das Internet intelligent mit dem physischen Warenverkehr verknüpft wird.

Beispiel

Angebot

shipmentpointer Die Sofortauskunft für Sendungen	Sendungsauskunftssysteme
shipmentcontrol Alle Sendungen immer auf einen Blick	Lückenloses Verfolgen der Sendungen online
transportorder Geklickt – geschickt	Ermöglicht das Erteilen von Speditions- und Abholaufträgen über das Internet
freightquotation Frachtkosten im Visier	Ermittlung von Frachtpreisen
warehousecontrol Das Fenster im Warehouse	Möglichkeit des Verfolgens des Prozessablaufs in den Distributionszentren bis ins Detail vom Kommissionierstatus bis zur Chargenverfolgung
productpilot Für eine optimale Produktauswahl	Erleichterung der richtigen Produktauswahl
ordermonitor Alle Bestellungen im Griff	Umfassende Überwachung der Bestellungen bei Lieferanten
invoicecenter Rechnungsverwaltung online	Neben der einzigen Summenrechnung wird der Zugriff auf die versendungsspezifischen Daten eingeräumt
palletpoolaccount Das digitale Palettenkonto	Verwaltung verfolgungspflichtiger Verpackungen

http://www.dachser.com/de

Aufgabe 17 > Seite 272

C. Beschaffungslogistik

Die Beschaffungslogistik steht von der Richtung her am Anfang der logistischen Kette und spielt bei dem Ziel der optimalen Kundenversorgung eine besonders wichtige Rolle.

„Die Beschaffungslogistik umfasst die komplexe Planung, Steuerung und physische Behandlung des Material- und Kaufteilflusses von den Lieferanten bis zur Bereitstellung für die Produktion einschließlich des dazu erforderlichen Informationsflusses zur zielgerechten Versorgung der Produktion“ (Sommerer).

Die Beschaffungslogistik startet nicht erst mit der Material- bzw. Warenannahme, wie gelegentlich zu hören ist, sondern beginnt bereits mit der Bedarfsermittlung und Lieferantenauswahl.

In dem Kapitel C. werden schwerpunktmäßig folgende Gebiete behandelt:

Beschaffungslogistik	Beschaffungsstrategien
	Gestaltung der Beschaffungslogistik
	Bedarfs- und Bestandsermittlung
	Lieferanten
	Beschaffungsformen
	Beschaffungsmengen und -termine
	Beschaffungswege
	Materialeingang

1. Beschaffungsstrategien

Strategien stellen **Grundsatzentscheidungen** dar, die sämtliche Unternehmensbereiche tangieren.

Beschaffungsstrategien betreffen

- die Organisation des Beschaffungsbereichs
- die Einkaufsorganisation
- die Lieferantenauswahl
- die Beschaffungsdurchführung
- die Materialbeurteilung u. Ä.

Auf einzelne Strategien wird im Laufe des Kapitels C. bei der Behandlung der Gestaltung der Beschaffungslogistik noch eingegangen.

2. Gestaltung der Beschaffungslogistik

Die Beschaffungslogistik trägt dazu bei, dass alle Bereiche, die der optimalen Kundenversorgung dienen, ihrerseits optimal mit Materialien und Informationen versorgt werden. In den folgenden Abschnitten wird auf die Gestaltungs- und Entscheidungsfelder eingegangen, die beschaffungslogistische Relevanz haben.

2.1 Bedarfsermittlung

Der Ermittlung des Materialbedarfs eines Unternehmens muss größte Sorgfalt gewidmet werden. Wird ein zu hoher Bedarf ermittelt, ist dies mit erhöhten Kosten verbunden, wird der Bedarf zu niedrig angesetzt, ergeben sich Absatzstockungen, mangelnde Kapazitätsauslastungen und Gefährdung von Arbeitsplätzen.

Um den Materialbedarf möglichst genau ermitteln zu können ist es erforderlich, die Bedarfsarten und die Verfahren der Bedarfsermittlung zu kennen.

Die **Bedarfsarten** werden in den folgenden Übersichten dargestellt:

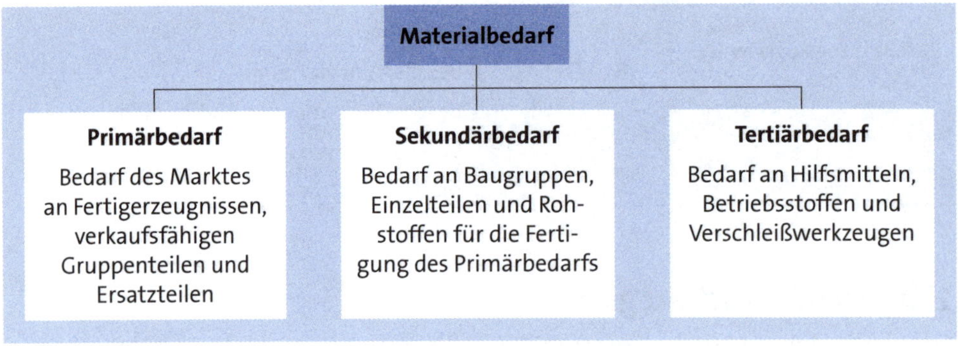

Eine andere Einteilung des Materialbedarfs geht vom Brutto- und Nettobedarf aus:

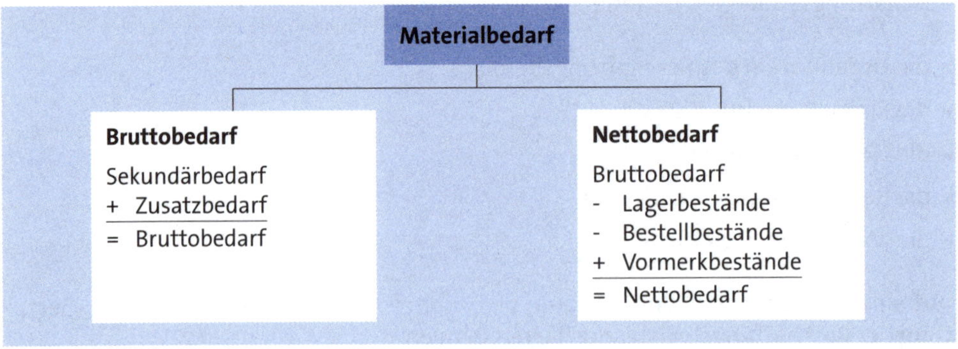

Zusatzbedarf ist der Mehrbedarf für Reparaturen und Wartungen. Der Nettobedarf kann als der eigentliche Beschaffungsbedarf angesehen werden.

Als **Verfahren der Bedarfsermittlung** sind zu nennen:

Verfahren	Zu beschaffende Güter
Programmorientierte Bedarfsermittlung (deterministisch)	In der Regel Güter des Sekundärbedarfs (außer Ersatzteile) als A-Güter B-Güter (Rohstoffe, Einzelteile, Baugruppen)
Verbrauchsorientierte Bedarfsermittlung (stochastisch)	In der Regel Güter des Tertiärbedarfs als C-Güter (Hilfsstoffe, Betriebsstoffe, Verschleißwerkzeuge) Ersatzteile
Schätzung des Materialbedarfs	Bei geringwertigen Gütern

Aufgabe 18 > Seite 273

2.1.1 Programmorientierte Bedarfsermittlung

Basis der programmorientierten Materialbedarfsermittlung ist die Fertigungsplanung mit ihren Grundlagen

- Fertigungsprogramm
- Produkt.

2.1.1.1 Fertigungsprogramm

Das Fertigungsprogramm legt

- die Reihenfolge der Fertigung der einzelnen Produkte
- die zu produzierende Menge
- die Fertigung als Kundenaufträge oder Lageraufträge

fest.

Die **Reihenfolge der Fertigung** ergibt sich aus den bereits vorhandenen und den noch zu erwartenden Bestellungen. Es ist in einer Reihenfolge zu fertigen, die möglichst niedrige Sortenwechselkosten gewährleistet.

Die **Produktionsmengenfestlegung** resultiert aus absatz-, produktions- und finanzpolitischen Überlegungen.

Eng verbunden mit der Festlegung der Produktionsmengen ist die **Kapazitätsplanung**. Die verfügbaren Kapazitäten werden den erforderlichen Kapazitäten gegenübergestellt, woraus sich in der Regel Anpassungsmaßnahmen ergeben.

Die Kapazitätsplanung hängt sowohl von den zu produzierenden Mengen als auch von den Terminierungen ab, weshalb sie vielfach im Rahmen der Fristenplanung durchgeführt wird.

Bei der Festlegung der Produktionsmenge ist die Losgröße von Bedeutung. Es handelt sich dabei um die Fertigungsmenge einer Produktart, die ohne Sorten- oder Serienwechsel hintereinander auf einer Anlage gefertigt werden kann.

Fertigungswirtschaftlich betrachtet sind große Lose vorzuziehen, die keine oder nur geringe Umstellungskosten verursachen. Bedenken muss man dabei jedoch, dass große Lose eine Ausweitung der Lagerbestände bedeuten können, die hohe Lager- und Kapitalkosten verursachen.

Das Problem der **optimalen Losgröße** spielt seit einigen Jahren keine entscheidende Rolle mehr, da sich die Unternehmen häufig nicht am angestrebten Kostenoptimum orientieren können. Zahlreiche Kunden wollen immer öfter und immer schneller mit schwankenden, vor allem aber mit kleineren Auftragsgrößen beliefert werden, was bedeutet, dass die Hersteller bei der Festlegung der Lose große Flexibilität beweisen müssen.

Die Frage, ob **Kunden- oder Lageraufträge** gefertigt werden sollen, hängt von mehreren Faktoren ab, u. a.

- vom Lagerrisiko
- von der Kapitalbindung
- vom Absatzrisiko
- von der Kostendegression.

Kundenaufträge sind naturgemäß mit kleinen Lägern verbunden, verursachen keine hohe Kapitalbindung und kaum ein Absatzrisiko, dafür besteht aber in der Regel nicht die Möglichkeit Kostendegression so zu bewirken, wie das bei Lageraufträgen möglich ist.

Von besonderer Wichtigkeit ist, dass mit dem Kunden eine Lieferzeit vereinbart wird, die länger ist als

- die Zeit für die Beschaffung der benötigten Materialien
- die Produktionszeit.

Lageraufträge werden für einen anonymen Markt ausgeführt. Sie verursachen Lagerkosten, binden Kapital und haben ein Absatzrisiko, ermöglichen jedoch die Kostendegression.

Die betriebliche Praxis schließt in der Regel einen Kompromiss und führt sowohl Kunden- als auch Lageraufträge aus.

Produkte mit hohen Produktionskosten und/oder einem größerem Absatzrisiko werden auf Bestellung gefertigt, alle übrigen Erzeugnisse werden auf Lager produziert.

2.1.1.2 Produkt

Die zweite Grundlage der Materialbedarfsermittlung ist das Produkt. Seine Zusammensetzung und damit sein Materialbedarf geht aus Stücklisten und Verwendungsnachweisen hervor.

Diese haben folgenden Inhalt:

Produkt

Stückliste

- Analytische Gliederung
- Angaben über Art, Ausmaße, Qualität und Bezeichnung der Inhalte eines Produktes
- Informationen über Gewichte, Mengen, Zeitpunkt des Bedarfs, Lagerorte u. Ä.

Verwendungsnachweis

- Synthetische Gliederung
- Angaben, in welchen Produkten die einzelnen verwendeten Bestandteile enthalten sind

Stücklisten gibt es in verschiedenen Ausgestaltungen. Folgende Stücklisten lassen sich unterscheiden:

Gesamtstückliste	Zusammenstellung aller Bestandteile eines Erzeugnisses ohne Ordnung nach bestimmten Merkmalen.
Konstruktionsstückliste	Nach Konstruktionsgesichtspunkten erstellte Stückliste mit den relevanten technischen Daten. In der Regel eine Baukastenstückliste oder Strukturstückliste.
Dispositionsstückliste	Unterscheidung der Bestandteile nach Eigenfertigung und Fremdbezug. Es handelt sich um eine Mengenstückliste.
Einkaufsstückliste	Aus der Dispositionsliste abgeleitete Stückliste für die fremd zu beschaffenden Teile. Häufig enthält sie Angaben über Lieferanten, Preise und Liefertermine.
Bereitstellungsstückliste	Sie ist für die Wartung und Reparatur der Erzeugnisse bestimmt, ferner für die Bestellung von Ersatzteilen.
Ersatzteilstückliste	Ihr Aufbau hängt von den angewandten Kalkulationsverfahren ab und enthält Daten der Kalkulation wie Verrechnungswerte und Durchschnittspreise.
Kalkulationsstückliste	Ihr Aufbau hängt von den angewandten Kalkulationsverfahren ab und enthält Daten der Kalkulation wie Verrechnungswerte und Durchschnittspreise.

Stücklisten sind von ihrem Aufbau her unterschiedlich, d. h. die Struktur eines Erzeugnisses wird in verschiedenen Formen wiedergegeben. Danach lassen sich die folgenden Stücklisten unterscheiden:

- **Mengenstücklisten**: Sie sind eine Zusammenstellung sämtlicher Bestandteile eines Produktes in unstrukturierter Form. Sie sind nur für die quantitative Dokumentation bestimmt.
- **Strukturstücklisten**: Ihre Gliederung weist die fertigungstechnischen Strukturmerkmale aus. Bei der mehrstufigen Fertigung werden sie zur Information über den Bedarf an Einzelteilen und Baugruppen in den einzelnen Fertigungsstufen verwendet.
- **Baukastenstücklisten**: Sie enthalten die Zusammenbauten einer Fertigungsstufe.
- **Variantenstücklisten**: Sie beschreiben mehrere sich nur geringfügig unterscheidende Erzeugnisse listenmäßig auf wirtschaftliche Weise.

Sowohl die **Stücklisten** als auch die **Verwendungsnachweise** enthalten in der Regel folgende Daten (*Oeldorf/Olfert*):

- **Basisdaten:**
  - Sachnummer des Materials
  - Benennung des Materials
  - Maßeinheit des Materials

  - Charakterschlüssel des Materials
  - Beschaffungsschlüssel des Materials
  - Statusschlüssel des Materials
- **Technische Daten:**
  - Teileklassifikation des Materials
  - Gewicht je Einheit des Materials
  - Konstruktionsabteilung
  - Konstrukteur
- **Daten der Materialwirtschaft:**
  - Lagerort des Materials
  - ABC-Schlüssel des Materials
  - Preiseinheit des Materials
  - Lieferant des Materials
- **Daten des Rechnungswesens:**
  - Verrechnungswert des Materials
  - Materialkonto
  - Kalkulationsschlüssel des Materials
  - Kostenträger
  - Durchschnittspreis des Materials

Aufgabe 19 > Seite 273

2.1.1.3 Ablauf der programmorientierten Bedarfsermittlung

Der Ablauf der programmorientierten Bedarfsermittlung sieht wie folgt aus:

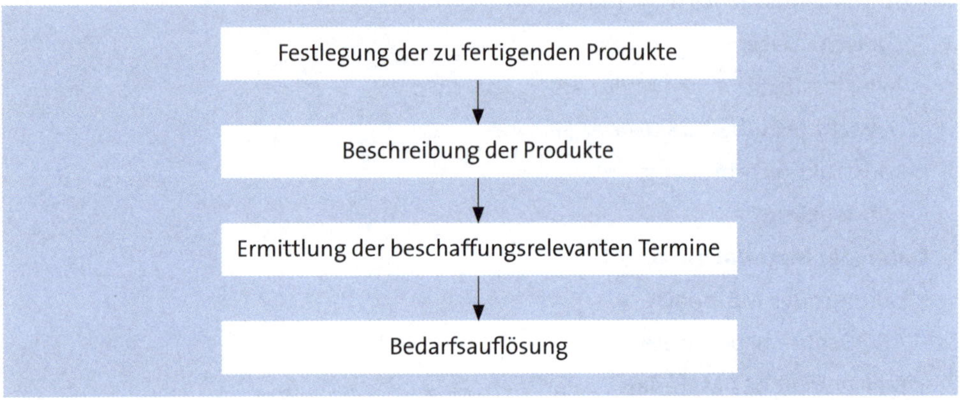

- Die **zu fertigenden Produkte** werden dem Erzeugnisplan als Teil der Produktionsplanung entnommen (vgl. *Ehrmann*: Unternehmensplanung). Der Erzeugnisplan gibt die Zusammensetzung des Produktionsprogramms an und basiert auf Marketingüberlegungen.
- Die **Beschreibung der Produkte** erfolgt durch
  - die Zeichnung
  - die Stückliste
  - die Nummerung (einheitliches Ordnungsprinzip sachlich zusammengehörender Gegenstände).
- Die **Ermittlung der beschaffungsrelevanten Zeiten** erstreckt sich auf die Feststellung der Beschaffungszeit und der Durchlaufzeit.

  Die **Beschaffungszeit** wird durch
  - die Einkaufsorganisation
  - die Wiederbeschaffungszeiten
  - das Lieferantenverhalten
  - den innerbetrieblichen Transport

  beeinflusst.

  Die **Durchlaufzeit** ist die Zeit, die ein Produkt von der Bereitstellung über die einzelnen Bearbeitungsstellen bis zum letzten Arbeitsgang benötigt.
- Die Durchlaufterminierung lässt sich folgendermaßen vornehmen:
  - Vorwärtsterminierung
  - Rückwärtsterminierung
  - kombinierte Terminierung.

- Die **Bedarfsauflösung** lässt sich mit folgenden deterministischen Verfahren durchführen:
  - analytische Bedarfsauflösung
  - synthetische Bedarfsauflösung
  - Stücklistenprozessor.

  Ausführlich siehe *Ehrmann*: Logistik.

2.1.2 Verbrauchsorientierte Materialbedarfsermittlung

Die verbrauchsorientierte Materialbedarfsermittlung kommt dann zum Zuge, wenn der Bedarf verbrauchsorientierten Schwankungen unterworfen ist, aber möglichst genau vorhergesagt werden soll. Die Bedarfsermittlung geht von Vergangenheitswerten aus, Erfahrungen und entsprechende Unterlagen müssen also vorhanden sein.

Die Verfahren der verbrauchsorientierten Materialbedarfsermittlung sind angebracht

- bei als C-Gütern angesehenen Hilfs- und Betriebsstoffen sowie Verschleißwerkzeugen
- wenn deterministische Verfahren nicht infrage kommen (bei Ersatzteilbedarf, bei ungeplanten Entnahmen, hohem Ausschuss bei neuen Produkten und Techniken)
- wenn deterministische Verfahren unwirtschaftlich sind.

Welche Methoden eingesetzt werden, hängt u. a. ab

- von dem Prognosezeitraum (je länger der Zeitraum ist, umso schwerer lassen sich exakte Prognosen treffen)
- von der Prognosehäufigkeit, die sich am jeweiligen Informationsstand orientiert
- vom Bedarfsverlauf.

Folgende Methoden der verbrauchsorientierten Materialbedarfsermittlung werden eingesetzt:

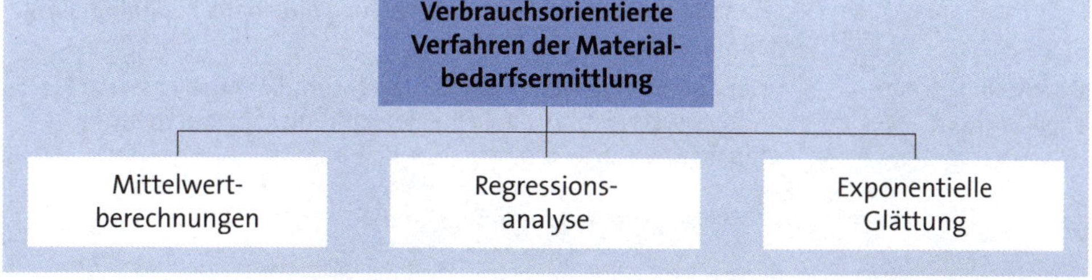

Auf die Darstellung von Beispielen wird verzichtet, da angenommen wird, dass diese einfachen mathematischen Verfahren bekannt sind. Zum Nachschlagen wird auf die umfangreiche Literatur hingewiesen.

2.2 Materialbestandsermittlung

Eine Materialbedarfsermittlung ist nur sinnvoll, wenn der Materialbestand bekannt ist, weil sonst die Gefahr der Beschaffung oder Lagerung zu großer oder zu geringer Materialmengen besteht.

In den Unternehmen sind folgende **Bestandsarten** festzustellen:

Inventurbestand	Der Inventurbestand ist der tatsächliche Bestand, er wird ermittelt durch ► Stichtagsinventur ► vom Bilanzstichtag abweichende Inventur ► permanente Inventur ► Stichprobeninventur (*Bussiek/Ehrmann*).
Lagerbestand	Der Lagerbestand kann identisch mit dem Inventurbestand sein oder als Buchbestand infolge von Diebstahl, Schwund, Verderb, Erfassungsfehler von ihm abweichen.
Verfügbarer Bestand	Der verfügbare Bestand ist ein Teil des Lagerbestandes, er wird ermittelt: Lagerbestand + disponierter Bestand - Reservierungen für Kunden- oder Fertigungsaufträge - Rückstände = **verfügbarer Bestand**
Reservierter Bestand	Ein Bestand wird für Kunden-/Fertigungsaufträge reserviert, die bereits vorliegen oder erst geplant sind. Pauschal-Reservierungen sind zu vermeiden.
Disponierter Bestand	Unter dem disponierten Bestand wird entweder der reservierte Bestand verstanden oder es handelt sich um bestellte Artikel und Teile, die sich noch nicht im Lager befinden.
Höchstbestand	Der Höchstbestand ist der Bestand, der maximal im Lager vorhanden sein darf, um hohe Kosten und eine hohe Kapitalbindung zu verhindern.
Durchschnittlicher Lagerbestand	Der durchschnittliche Lagerbestand wird für Vergleichs- und Planungszwecke ermittelt. Seine Berechnung kann auf mehrere Arten erfolgen, z. B. (Anfangsbestand + Endbestand) : 2 (Anfangsbestand + 12 Monatsendbestände) : 13 (Sollbestellmenge : 2) + Sicherheitsbestand

Sperrbestand	Der Sperrbestand ist der im Lager vorhandene Bestand, der nicht entnommen werden darf (z. B. wegen einer noch erforderlichen Überprüfung).
Meldebestand	Der Meldebestand muss so hoch sein, dass er in der Lage ist, den Beschaffungszeitraum zu überbrücken. Er kann ermittelt werden: $B_M = V_t \cdot t_B + R_e$ B_M = Meldebestand; t_B = Beschaffungszeit V_t = Verbrauch/Zeiteinheit; R_e = Sicherheitsbestand
Sicherheitsbestand	Der Sicherheitsbestand stellt die „eiserne Reserve", den Mindestbestand dar, er soll möglichst nicht unterschritten werden, da er der Aufrechterhaltung der Leistungsbereitschaft des Unternehmens dient.

Aufgabe 20 > Seite 273

2.3 Der Lieferant als Bestandteil der Logistikkette

Wenn man sich die logistische Kette vergegenwärtigt, stellt man fest, dass der Lieferant materialflussbezogen am Anfang der logistischen Kette steht. Die Art der Kontakte zu Lieferanten beeinflusst die gesamte Logistik, die Gestaltung der Lieferantenbeziehungen ist eine zentrale logistische Aufgabe.

In diesem Kapitel werden folgende Bereiche dargestellt:

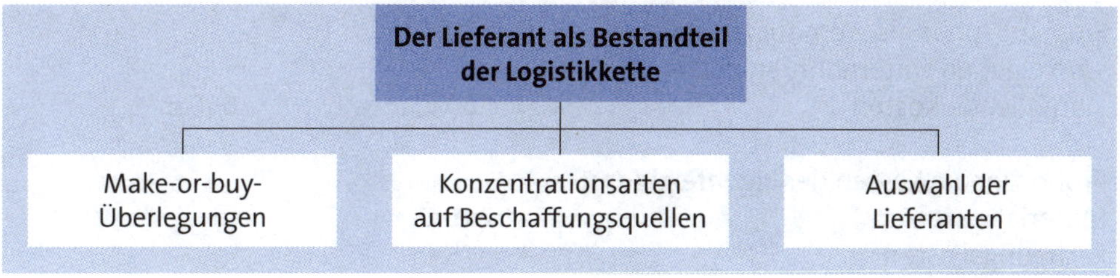

2.3.1 Make-or-buy-Überlegungen

Make-or-buy-Überlegungen sind in zweierlei Hinsicht anzustellen:

- Make-or-buy von Fertigprodukten und Teilen
- Ausführung von Logistikleistungen durch das eigene Unternehmen oder durch fremde Unternehmen.

Dieses Kapitel befasst sich mit der Eigenfertigung oder dem Fremdbezug von Fertigprodukten und Teilen.

Wird ein Fremdbezug ins Auge gefasst, muss das Unternehmen normalerweise erwarten, dass der Lieferant

- Produkte in gleicher Qualität bestellt wie die selbst gefertigten
- pünktlich liefert
- kostengünstig liefert.

2.3.1.1 Kostenüberlegungen

Stellt man bei der Frage Eigenfertigung/Fremdbezug Kostenüberlegungen an, muss man zwischen

- kurzfristigen Entscheidungen
- langfristigen Entscheidungen

unterscheiden.

Bei **kurzfristigen Entscheidungen** muss berücksichtigt werden, ob eine Situation der Unterbeschäftigung oder des Engpasses vorliegt.

Liegt **Unterbeschäftigung** vor, muss lediglich der Einstandspreis zuzüglich der im eigenen Unternehmen noch anfallenden Kosten mit den eigenen proportionalen Stückkosten verglichen werden.

Beispiel

Einstandspreis als Fremdbezugskosten	600 €	
+ im eigenen Unternehmen noch anfallende Kosten	60 €	660 €
Proportionale Kosten der Eigenfertigung:		
Materialkosten	248 €	
Fertigungskosten	375 €	
Anteilige Verwaltungskosten	17 €	640 €
Vorteil der Eigenfertigung		**20 €**

Etwas komplizierter wird die Rechnung in der **Engpasssituation,** weil noch die Kapazitätsbelastung als Entscheidungskriterium herangezogen werden muss.

Beispiel

In einem Unternehmen werden die Produkte A - F auf mehreren Anlagen hergestellt; eine Maschine wird von sämtlichen Produkten beansprucht, sie stellt den Engpass dar. Folgende Angaben liegen vor:

Produkt	Absetzbare Stückzahl	Proportionale Kosten bei Eigenfertigung je Stück	Einstandspreis bei Fremdbezug je Stück
A	500	112,50	125,00
B	540	68,75	87,50
C	480	143,75	150,00
D	510	62,50	100,00
E	350	147,50	137,50
F	300	127,50	112,50

Produkt	Bearbeitungszeit in Zeiteinheiten je Stück	Bearbeitungszeit je Produktart
A	33	16.500
B	35	18.900
C	30	14.400
D	40	20.400
E	25	8.750
F	36	10.800
Erforderliche Kapazität		89.750 ZE
Vorhandene Kapazität		60.000 ZE
(ZE = Zeiteinheiten)		

Lösung:

Produkt	Kostenvorteil (p - kp) in €	Bearbeitungszeit je Stück in ZE	Engpassbezogener Eigenfertigungsvorteil $\frac{p - kp}{t}$	Rang
A	12,50	33	0,3788	3
B	18,75	35	0,5357	2
C	6,25	30	0,2083	4
D	37,50	40	0,9375	1
E	- 10,00	25	-	
F	- 15,00	36	-	
p = Preis/Stück; kp = proportionale Kosten/Stück; t = Engpasseinheit				

Der Tabelle kann entnommen werden, dass die Erzeugnisse E und F fremdzubeziehen sind, da ihre Einstandspreise unter den proportionalen Stückkosten liegen. Die letzte Spalte zeigt die Rangfolge für die Eigenfertigung.

Der Kapazitätsverbrauch für die Fertigung der vier Produkte ergibt sich aus der nächsten Tabelle, die auch die Basis für die Ermittlung der Fremdbezugsmengen darstellt.

Produkt	Eigenfertigung in Stück	Verbrauchte Kapazität in ZE	Verbleibende Kapazität in ZE
D	510	20.400	39.600
B	540	18.900	20.700
A	500	16.500	4.200
C	140	4.200	
		60.000	

Die Berechnungen ergeben folgende Eigenfertigungs- und Fremdbezugsmengen:

Produkt	Gesamte Produktmenge in Stück	Eigenfertigung in Stück	Fremdbezug in Stück
A	500	500	-
B	540	540	-
C	480	480	340
D	510	510	-
E	350		350
F	300		300
	2.680	1.690	990

Quelle: *Ehrmann*: Unternehmensplanung

Liegen mehrere Engpässe vor, muss mit der Methode der linearen Optimierung gearbeitet werden.

Langfristige **Make-or-buy-Entscheidungen** sind in der Regel mit Investitionsentscheidungen verknüpft. Es muss festgestellt werden, ob man auf Fremdbezug abstellen soll, oder ob es lohnend ist, Investitionen vorzunehmen und selbst zu produzieren.

2.3.1.2 Andere Kriterien

Make-or-buy-Entscheidungen werden kaum allein unter Kostenaspekten getroffen. Die anstehenden Überlegungen sind vielfältiger Art und erstrecken sich sowohl auf das eigene Unternehmen als auch auf potenzielle Lieferanten, wie die folgende Übersicht zeigt:

Eigenes Unternehmen	Potenzielle Lieferanten
► Ist das erforderliche Know-how vorhanden?	► Wie ist die wirtschaftliche Lage des Lieferanten?
► Ist geeignetes Personal vorhanden?	► Wie verhält sich die Lieferzeit im Vergleich zur Fertigungsdurchlaufzeit?

Eigenes Unternehmen	Potenzielle Lieferanten
► Stehen alle benötigten Fertigungseinrichtungen zur Verfügung? ► Wie wirkt sich ein Fremdbezug auf die vorhandenen Kapazitäten aus (Leerkosten)? ► Wie ändern sich die Kalkulationssätze, wenn von Eigenfertigung auf Fremdbezug umgestellt wird? ► Welche Auswirkungen hat ein Fremdbezug auf das eigene Image?	► Wie ist die Liefertreue einzuschätzen? ► Wie ist die Qualität der zu liefernden Produkte? ► Wie groß ist die Flexibilität des Lieferanten bei Änderungswünschen?

Zusätzliche Überlegungen erstrecken sich auf die Fragen, ob

- durch einen Fremdbezug Betriebsgeheimnisse gefährdet sind?
- durch die Einschaltung Fremdfertiger für Konkurrenten günstigere Bedingungen entstehen?
- eine Abhängigkeit von der Modellpolitik des Fremdfertigers entstehen kann?
- die Entwicklung der eigenen Technologie leidet?

Aufgabe 21 > Seite 274

2.3.2 Konzentration auf Beschaffungsquellen

Die Beschaffungsstruktur wird wesentlich durch die Art der Konzentration auf die Beschaffungsquellen geprägt. Es geht in diesem Zusammenhang um den strategischen Aspekt der Lieferantenbeziehungen.

Drei Konzentrationsarten sind im Folgenden darzustellen:

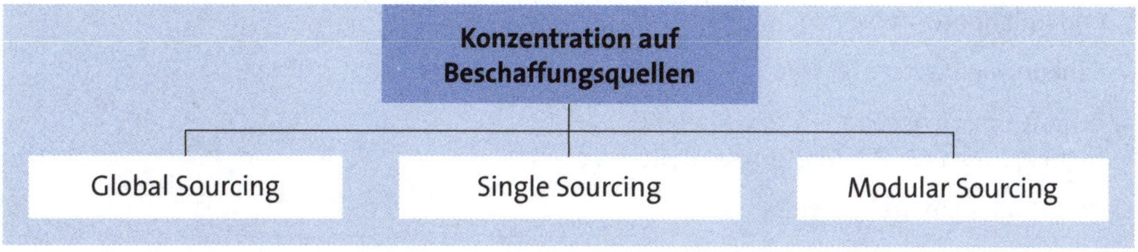

2.3.2.1 Global Sourcing

Global Sourcing wird in der Literatur und in der Praxis nicht einheitlich gesehen. In diesem Buch wird Global Sourcing als die internationale Marktbearbeitung in Form der systematischen Ausdehnung der Beschaffungspolitik auf internationale Beschaffungsquellen mit strategischer Ausrichtung aufgefasst (*Weber/Kummer*).

Um Global Sourcing praktizieren zu können, müssen einige Voraussetzungen erfüllt werden, von denen die Folgenden die Wichtigsten sind:

- politische Stabilität im Land der Zulieferer
- Handels- und Rechtssicherheit im Land der Zulieferer
- gute Kenntnis der Partnerländer
- intensive Marktforschung
- Bereitschaft zu internationaler Zusammenarbeit
- hohe Qualität der Mitarbeiter
- breite Management-Erfahrung
- international einsatzfähige Einkaufsorganisation
- spezifische logistische und datentechnische Infrastruktur (Fähigkeit zur Nutzung der globalen Datenfernübertragung, diverser Transportmittel u. Ä. (vgl. Supply Chain Management, Kap. A.4.2)).

Die **Vor- und Nachteile** des Global Sourcing stellen sich wie folgt dar:

Vorteile	Nachteile
► Versorgung mit Gütern, die im Inland knapp oder gar nicht vorhanden sind ► Erlangung von Transparenz über global angebotene Leistungen ► Ausnutzung von Konjunktur-, Wachstums- und Inflationsunterschieden ► Senkung der Materialkosten ► Schaffung von Absatzmärkten durch Kontakte im Rahmen der Beschaffungsaktivitäten ► Druck auf inländische Lieferanten ► Verminderung der Abhängigkeit von inländischen Lieferanten ► Erweiterung der Beschaffungsmarktforschung zur Technologieforschung ► Erschließung bisher nicht zugängiger Märkte (Länder) durch Kompensationsgeschäfte	► Transportrisiken ► Qualitätsrisiken ► Kommunikationsprobleme ► politische und wirtschaftliche Risiken

2.3.2.2 Single Sourcing

Beim Single Sourcing findet die Konzentration auf eine einzige Bezugsquelle einer Materialart statt.

Merkmale des Single Sourcing sind:

- intensive Beziehungen zwischen den Vertragspartnern
- aufeinander abgestimmte Organisationen
- gegenseitige Abhängigkeiten
- gegenseitige Vorteile
- gemeinsame Investitionen
- gemeinsame Mitarbeiterteams
- Übernahme von technischem Know-how durch den Zulieferer.

Single Sourcing lässt sich nur bei höchster Kooperationsbereitschaft praktizieren. Die Vor- und Nachteile des Single Sourcing lauten:

Vorteile	Nachteile
► Senkung der Beschaffungskosten, resultierend aus einer Kostendegression beim Zulieferer ► Senkung der Logistikkosten ► Sicherstellung einer gleichmäßigen Qualität ► Wegfall der Materialeingangskontrolle ► Verminderung der Kapitalbindung	► Produktionsunterbrechungen beim Zulieferer durch Störungen, Streiks u. Ä. wirken sich beim Abnehmer aus ► Fortfall des Wettbewerbs bei den Zulieferern ► möglicherweise Vernachlässigung der technologischen Entwicklung ► Probleme beim Wechsel des Zulieferers

2.3.2.3 Modular Sourcing

Modular Sourcing führt man ein, wenn trotz Single Sourcing noch zu viele Zulieferer vorhanden sind. Bei der Konzentration auf Modular Sourcing bezieht man nicht mehr Einzelteile, sondern vormontierte oder montierte Module wie Festplatten und Diskettenlaufwerke, Sitze und Sitzbänke oder komplette Armaturenbretter in der Automobilindustrie.

Modular Sourcing ist ein wichtiger Baustein beschaffungslogistischer Konzepte.

Aufwändige Leistungen wie Forschung und Entwicklung, Beschaffungsmarktforschung, Qualitätssicherung, Einkauf u. Ä. werden vom Abnehmer auf den Zulieferer abgewälzt.

Aufgabe 22 > Seite 274

2.3.3 Auswahl der Lieferanten

Die Lieferantenauswahl ist keine klassische Logistikaufgabe, kann jedoch dem strategischen Bereich der Beschaffungslogistik zugerechnet werden.

Die Auswahl der Lieferanten darf nicht isoliert betrachtet werden, sondern ist im Zusammenhang mit der Konzentrationsart auf Beschaffungsquellen zu sehen. Wie bei den meisten Auswahlprozessen läuft auch die Lieferantenauswahl in zwei Phasen ab:

- Bewertung
- Auswahl.

2.3.3.1 Lieferantenbewertung

Am Beginn der Lieferantenbewertung steht die Festlegung der **Bewertungskriterien**. Diese sollten die gesamte Leistungsfähigkeit des Lieferanten umfassen. Voraussetzung dafür ist das Vorhandensein bzw. die Kenntnis geeigneter Informationsquellen. Neben einer Reihe anderer Quellen kommen vor allem Kammern und Verbände, Mitbewerber, Banken, Außendienstberichte, Unternehmensberichte von Medien infrage.

Die Zusammenstellung der Bewertungskriterien führt zur Bildung eines Bewertungskatalogs. Ein solcher kann *Ehrmann*: Logistik entnommen werden.

Der Festlegung der Bewertungskriterien folgt die eigentliche Lieferantenbewertung, zweckmäßigerweise mithilfe einer Nutzwertanalyse. Dieses Instrument führt zuerst eine Punktbewertung der Lieferanten durch und anschließend eine Gewichtung der bewerteten Lieferanten, da nicht alle Kriterien den gleichen Rang im Rahmen der Entscheidungsfindung haben.

Eine Tabelle, die die Bewertung und Gewichtung enthält, kann folgendes Aussehen haben:

Kriterien	Gewichtung	Bewertung von 0 - 5 Punkten			
		Lieferant A	Lieferant B	Lieferant C	.....
Image Zuverlässigkeit Entfernung Flexibilität Kooperationsfähigkeit Qualität Preis Konditionen Terminsicherung					

2.3.3.2 Eigentliche Lieferantenauswahl

Mit der Lieferantenbewertung ist die Lieferantenauswahl noch nicht abgeschlossen. Häufig ergeben sich **Interessenkollisionen**. Lieferant C schneidet zwar im Vergleich der gesamten Bewertungssummen besser ab, beim Kriterium Konditionen beispielsweise liegen die beiden anderen Lieferanten vorne. Trotz vorgenommener Gewichtung kann der Fall eintreten, dass der Entscheidungsträger den Konditionen soviel Bedeutung beimisst, dass seine Entscheidung nicht für C ausfällt. Auch können subjektive Momente, die in der Nutzwertanalyse keine Berücksichtigung fanden (z. B. Sympathien, Antipathien), die Entscheidung beeinflussen.

Zu beachten ist, dass die Lieferantenauswahl kein einmaliger Vorgang sein darf und dass der mit der Auswahl verbundene Aufwand in einem vernünftigen Verhältnis zu der Bedeutung des Lieferanten stehen muss.

Aufgabe 23 > Seite 274

2.4 Just-in-Time-Beschaffung

Folgende Hauptformen der Beschaffung sind zu unterscheiden:

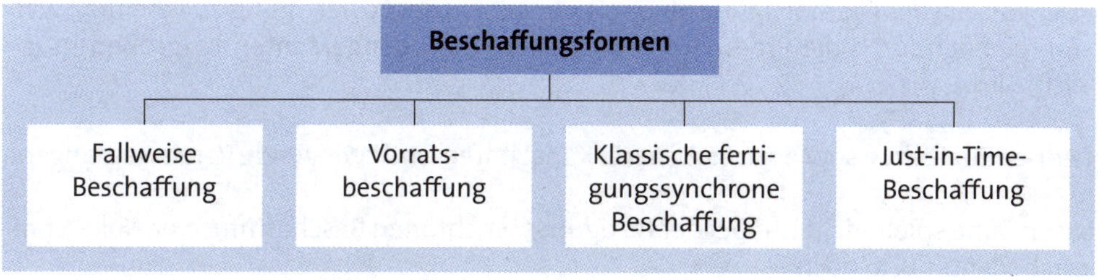

Die drei erstgenannten Beschaffungsformen können als bekannt vorausgesetzt werden, sodass im Folgenden die Just-in-Time-Beschaffung in den Vordergrund gerückt wird.

2.4.1 Grundsätzliche Aussagen

Just-in-Time ist in den letzten Jahren zu einem der am meisten gebrauchten Ausdrücke geworden; dennoch wird er nicht einheitlich definiert.

Das **Just-in-Time-Konzept** stellt ein unternehmensübergreifendes Konzept dar, das bezweckt, nicht wertschöpferische Tätigkeiten auf ein Minimum zu reduzieren. Der unternehmensinterne und der -externe Material- und Datenfluss sind möglichst zu vereinfachen und zu rationalisieren, und nur solche Leistungen sind zu produzieren, die der Kunde bereit ist zu bezahlen. Dies sind „Arbeiten mit Wertzuwachs". Alle Teile und Produkte werden erst produziert, wenn die nachfragenden Leistungseinheiten den Bedarf anmelden. Das erforderliche Material wird produktionssynchron beschafft.

Wildemann sagt über Just-in-Time aus: „*Ein moderner Ansatz, die Kosten zu senken, ist die Realisierung niedriger Durchlaufzeiten und Bestände bei hoher Flexibilität sowie gleichzeitiger Verringerung des Umlaufvermögens zugunsten des Anlagevermögens.*“

Just-in-Time lässt sich sowohl in der Beschaffungslogistik als auch in der Produktionslogistik und Distributionslogistik einsetzen. Beschaffung und Produktion weisen dabei eine sehr enge Schnittstelle auf.

Die **Realisierung** des Just-in-Time-Konzeptes in der Praxis basiert auf folgenden Überlegungen:

- Bestände in der Produktion und im Lager stellen gespeicherte Kapazität dar. Diese „Kapazitäten“ sind im Anlagevermögen und nicht im Umlaufvermögen zu speichern.
- Ein Senken der Bestände bei einer flussorientierten Produktion ermöglicht das Sichtbarmachen von Fehlern wie nicht abgestimmte Kapazitäten, fehlende Flexibilität, mangelnde Termintreue und von Qualitätsproblemen.
- Kurze Durchlaufzeiten sind erforderlich, um die Komplexität in der Fertigung zu reduzieren und die Planungssicherheit und die Termintreue zu verbessern.
- Die Produktion soll wieder überschaubar werden. Dies zwingt zu einfachen Strukturen.
- Die Vorteile der Fließfertigung sind mit denen aus der Losfertigung zu vereinen, was im Idealfall durch die Produktion von kleinen periodengerechten Losgrößen möglich wird.

Niedrige Rüstzeiten sowie harmonisierte Kapazitäten sind zwingende Voraussetzungen.

Just-in-Time spielt nicht nur bei der fertigungssynchronen Beschaffung eine Rolle, sondern bedeutet u. a. noch

- Minimierung der Wartezeiten (Zero Lead Time)
- Minimierung des Arbeitszeitbedarfs (Zero Handling)
- Minimierung der Rüstzeiten (Zero Set-Up)
- Minimale Losgrößen (Zero Lot Size)
- Minimierung der Qualitätsfehler (Zero Defects)
- Minimierung der Fertigungsschwankung (Zero Surging)
- schnellste Fehlerbeseitigung und vorbeugende Instandhaltung (Zero Breakdown).

Unter **beschaffungslogistischen Gesichtspunkten** ist Just-in-Time ein Konzept, das

- die Senkung der Bestände innerhalb der gesamten logistischen Kette zum Ziel hat und sie möglichst an den Anfang der Wertschöpfung platzieren will
- enge Anbindungen des Lieferanten an das Unternehmen erreichen will und eine Gewinnpartnerschaft mit dem Lieferanten anstrebt
- das Hol- durch das Bringprinzip ablöst
- die Qualitätskontrolle nicht auf den Materialeingang und Warenausgang beschränkt, sondern die Qualitätskontrolle auf den gesamten Leistungserstellungsprozess ausdehnt vom Zulieferer bis zum Endabnehmer
- die Transaktionskostensenkung zum Ziel hat.

Just-in-Time hat die Ansprüche gegenüber der Produktionsplanung und -steuerung geändert. *„Gefragt sind PPS-Modelle, welche in der Lage sind, auf mehreren hierarchischen Planungs- und Steuerungsebenen die unterschiedlichen Anforderungen abzudecken"* (*Wyss*).

Es kann an dieser Stelle nicht die Aufgabe sein, auf die zahlreichen **PPS-Konzepte** einzugehen, die ständig weiterentwickelt werden. Es wird in diesem Zusammenhang auf die **bekanntesten Konzepte** hingewiesen (siehe ausführlich *Ebel*):

- die Kanbansteuerung
- das MRP-System (Material Requirement Planning)
- das MRP II-Konzept (Manufacturing Resource Planning)
- die belastungsorientierte Auftragsfreigabe (BOA)
- die Engpasssteuerung OPT (Optimized Production Technique)
- das Fortschrittskennzahlen-Modell.

Wird mit dem Just-in-Time-Konzept gearbeitet, werden zwar PPS-Systeme eingesetzt, aber PPS und JIT sind nicht gleichzusetzen wie dies gelegentlich fälschlicherweise geschieht.

In der folgenden tabellarischen Darstellung wird anhand eines vereinfachten **Auftragsdurchlaufs** in 17 Schritten gezeigt, bei welchen Funktionen

- ein PPS-Einsatz erfolgt
- JIT-Verfahren angewandt werden
- eine Kombination beider erfolgt.

Nr.	Aufgabe	JIT	PPS
1	Auftragsannahme (Verfügbarkeitsprüfung, Kreditlimitprüfung)		x
2	MRP-Planung (Net-Change), Brutto-Netto-Rechnung, Stücklistenauflösung, Vorlaufverschiebung, Kapazitätsterminierung, Kapazitätsabgleich		x
3	Terminänderungen berücksichtigen		x
4	Auftragsbestätigung erstellen		x
5	Einkauf von Materialien und Überwachung der Lieferung	x	x
6	Ware annehmen, prüfen und einlagern bzw. zur Verbrauchsstelle (Kostenstelle) liefern	x	x
7	Zubuchung (Material)		x
8	Eingangsrechnung prüfen und bezahlen		x
9	Auftragsbezogene Teile zum Starttermin bereitstellen	x	x
10	Produkte fertigen	x	x
11	Kanban-Baugruppen fertigen	x	
12	Kanban-Teile nachfüllen	x	
13	Schüttgut (C-Teile) nachfüllen	x	x
14	Abbuchungen (Material, Baugruppen) und Zubuchungen (Baugruppen, Endprodukt)	x	x
15	Produkte versandfertig machen	x	x
16	Lieferschein erstellen, Auslieferung (inkl. Quittung), Abbuchung (Endprodukt), Rechnung fakturieren		x
17	Kundenauftrag nachkalkulieren		x

Quelle: *Specht/Ahrens/Wolter*

2.4.2 Realisierung des Just-in-Time-Konzeptes im Beschaffungsbereich

Beim Konzept des Just-in-Time fallen von der Einführung bis zum Praktizieren folgende Phasen an:

Vorbereitung der Mitarbeiter auf das System	Die Mitarbeiter sind rechtzeitig auf das neue System durch Information und Schulung einzustellen. Personelle Änderungen bzw. Änderungen von Arbeitsgebieten sind rechtzeitig zu planen und den Mitarbeitern mitzuteilen. Solche Änderungen erstrecken sich beispielsweise auf die Qualitätskontrolle, die nicht mehr als Eingangskontrolle durchgeführt wird, sondern eine permanente Kontrolle während des gesamten Leistungserstellungsprozesses vom Lieferanten bis zum Endabnehmer darstellt.
Lieferantenauswahl	Die Lieferantenauswahl erfolgt besonders sorgfältig. Es wird auf die Ausführungen im Kapitel C.2.3.3 hingewiesen.
Abschluss von Rahmenvereinbarungen mit den Lieferanten	Die Rahmenvereinbarungen erstrecken sich in der Regel auf einen Zeitraum von 12 bis 18 Monaten und sind rollierend zu aktualisieren. Sie stellen eine Bedarfs- und Kapazitätsvorschau dar.
Lieferabruf	In den Lieferabrufen werden die Lieferkonditionen genau festgelegt. Es sind Rahmenaufträge, durch die die Freigabe beim Lieferanten für die Beschaffung der benötigten Materialien und für die Vorfertigung erfolgt. Der Käufer verpflichtet sich, bestimmte Mengen innerhalb eines bestimmten Zeitraumes abzunehmen. Die Aktualisierung erfolgt üblicherweise monatlich.
Feinabruf	Der Feinabruf oder Direktabruf oder Versandabruf geschieht auf der Grundlage des Rahmenauftrages. Die genauen Mengen, Liefertermine und Lieferorte werden konkretisiert. Es sind häufig produktionssynchrone Abrufe. Bei den Abrufen werden moderne Kommunikationstechniken eingesetzt.

Die **Vorteile** von Just-in-Time bestehen hauptsächlich in

- dem Aufbau einer Vertrauensbasis zwischen Lieferanten und Abnehmer
- der Senkung der Bestands-, Lager- und Handlingkosten
  Folgende Kostensenkungspotenziale werden genannt:
  - bis 80 % bei den Beständen
  - bis 65 % bei den Flächen
  - bis 50 % beim Handling.

  Darüber hinaus kann eine Verbesserung der Durchlaufzeit bis ca. 70 % erreicht werden. Eine Steigerung der Produktivität um 25 % ist festgestellt worden.
- der Vermeidung von Problemen in der Materialwirtschaft
- der Möglichkeit, Schwachstellen im Auftragsdurchlauf aufzudecken und zu beseitigen
- einer möglichen Mitarbeitermotivation.

Neben den Vorteilen existieren auch einige **Nachteile**, etwa

- die Möglichkeit, in Abhängigkeit von Lieferanten zu geraten
- die Erhöhung der Transportkosten durch Erhöhung der Anzahl der Lieferungen
- ökologische Belastungen durch das erhöhte Transportaufkommen.

Es darf auch nicht übersehen werden, dass für die Lieferanten Nachteile dadurch entstehen, dass Probleme der Abnehmer auf sie abgewälzt werden und dass Just-in-Time zu einem „Lieferantensterben" führen kann.

Die folgende Darstellung vermittelt einen Überblick über Abrufvarianten bei Kaufteilen eines Automobilherstellers.

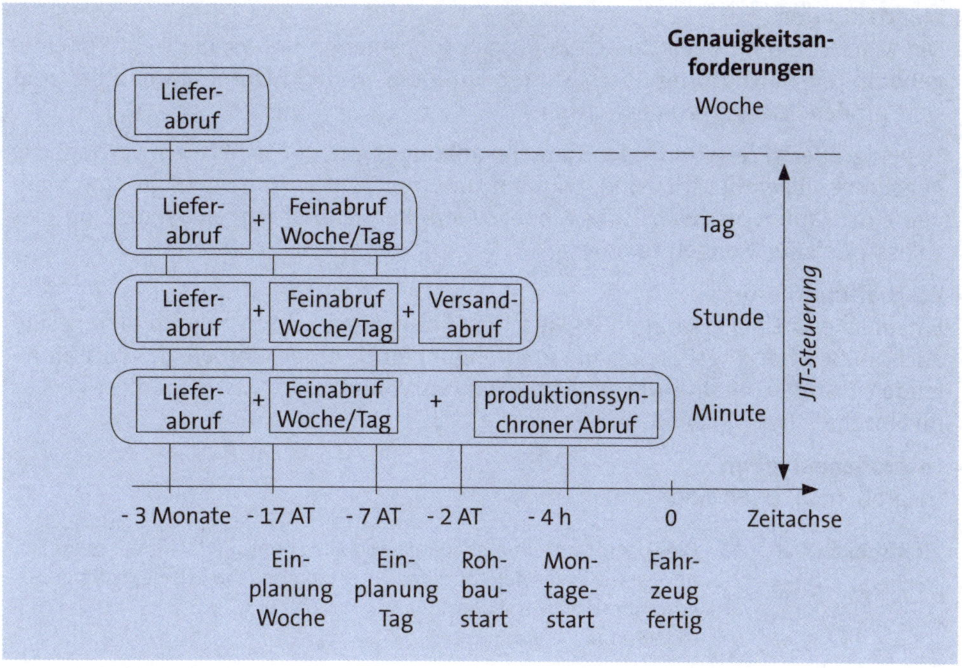

Quelle: *Weber/Kummer*

Konzepte wie Just-in-Time können im Zusammenhang mit Supply Chain Management gesehen werden.

Auf weitere Aspekte des Just-in-Time-Konzeptes wird im Rahmen der Produktionslogistik (vgl. Kap. E.) eingegangen.

Aufgabe 24 > Seite 274

2.5 Beschaffungsmenge

Die Ermittlung der Beschaffungsmenge ist das nächste Glied in der logistischen Kette.

2.5.1 Determinanten der Beschaffungsmenge

Folgende Faktoren bestimmen die Beschaffungsmenge:

- die Marktsituation
- die Beschaffungskosten
- die Losgrößeneinheiten
- der finanzielle Spielraum.

- **Marktsituation**
  Die Marktsituation beeinflusst die Beschaffungsmenge unterschiedlich. Bei einer **gehemmten Beschaffung** durch äußere Einflüsse wird ein Unternehmen bestrebt sein, größere Mengen zu beschaffen.

  Liegen **größere Preis- und/oder Kursschwankungen** vor, die nicht durch vertragliche Regelungen beeinflussbar sind, wird ein Unternehmen dazu neigen, größere Mengen einzukaufen als beabsichtigt, oder wenn die Bedarfsmengenfeststellung dies zulässt, kleinere Mengen zu ordern.

- **Beschaffungskosten**
  Entsprechend einer wichtigen logistischen Zielsetzung, Kosten zu minimieren, sind auch im Beschaffungsbereich alle Anstrengungen zu unternehmen, die dort anfallenden Kosten so niedrig wie möglich zu halten. Voraussetzung ist, dass diese Kosten im Einzelnen bekannt sind.

- **Losgrößeneinheiten**
  Losgrößeneinheiten sind:

Transportmitteleinheit	Die Losgröße stellt ein Vielfaches des Fassungsvermögens eines einzusetzenden Transportmittels dar.	Lkw, Containerschiffe, Feeder und ähnliche Schiffe, Lufttransporter u. Ä.
Verpackungseinheit	Die Losgröße stellt ein Vielfaches des Fassungsvermögens der gewählten Verpackungsform dar.	Container, Paletten, formstabile Behälter, forminstabile Behälter, Rollen, Gebinde.
Lagerraumeinheit	Die Losgröße stellt ein Vielfaches des Fassungsvermögens des Lagerraums dar.	Lagerblocks, Lagerfächer, Bunker, Silos u. Ä.
Branchenübliche Bestelleinheit	Aus Vereinbarungsgründen u. a. orientiert sich die Bestellung daran.	100 St., 1.000 St., kg, t, Dzd.

- **Finanzieller Spielraum**
  Schließlich hängt die Beschaffungsmenge auch vom finanziellen Spielraum ab. Ist dieser groß, kann das Unternehmen größere Mengen bei günstigen Preisen und Zahlungsbedingungen beschaffen.

  Bei einem geringen Spielraum sollte ein Belastungsvergleich Eigenfinanzierung/Kreditfinanzierung vorgenommen werden, um doch noch einen Spielraum zur Gestaltung der Zahlungsbedingungen zu erhalten.

2.5.2 Beschaffungsmengenoptimierung

Die optimale Beschaffungsmenge spielte lange Zeit eine besondere Rolle, hat jedoch in den letzten Jahren ebenso wie die optimale Losgröße in der Fertigung an Bedeutung verloren. Eine Beschaffungsmenge ist optimal, wenn die Kosten für die Bestellung und Lagerung zum Minimum werden.

Für die Beschaffungsmengenoptimierung wurden einige **Verfahren** entwickelt, deren bekanntesten kurz skizziert werden.

Probiermethode	Die relevanten Gesamtkosten werden für mehrere Beschaffungsmengen ermittelt. Die optimale Beschaffungsmenge ist die mit den niedrigsten Gesamtkosten.
Klassische Losgrößenformel	Die Andler'sche Losgrößenformel lässt sich auch zur Ermittlung der optimalen Beschaffungsmenge einsetzen. Die Kosten der Beschaffung und Lagerung werden auf die Einheit bezogen. Die minimalen Kosten der Einheit lassen sich errechnen, indem man die formulierte Gleichung nach x differenziert und diese Ableitung gleich 0 setzt.
Erweiterte Losgrößenformel	Es findet eine gewisse Dynamisierung der klassischen Losgrößenformel statt, indem die Lagerzugangsraten und Lagerabgangsraten in die Rechnung einbezogen werden.
Gleitendes Beschaffungsmengen-Verfahren	Auch beim gleitenden Beschaffungsmengen-Verfahren wird das Minimum aus Bestell- und Lagerkosten ermittelt, allerdings in einer dynamischen Rechnung. Man geht nicht wie Andler von einem Durchschnittsbedarf, sondern von schwankenden Bedarfsmengen in den einzelnen Perioden aus. Es wird ein umfangreicher Rechenprozess schrittweise durchgeführt.
Kostenausgleichsverfahren	Das Kostenausgleichsverfahren geht davon aus, dass sich im Minimum der Summe aus Bestellkosten und Lagerhaltungskosten je Mengeneinheit eine Gleichheit der Kostenhöhe beider Kostenarten ergibt. Die optimale Beschaffungsmenge wird ermittelt, indem die Lagerhaltungskosten stufenweise für jede Periode festgestellt werden, bis sie von der Höhe her in etwa mit den Bestellkosten korrespondieren. Ist dieser Punkt erreicht, ist der bis hierhin kumulierte Nettobedarf die optimale Beschaffungsmenge.

Aufgabe 25 > Seite 275

2.6 Beschaffungstermine

Die Festlegung der Beschaffungstermine ist insofern von großer Bedeutung, weil eine ungenaue oder falsche Terminplanung den ganzen Leistungserstellungsprozess zum Erliegen bringen kann.

Neben den betrieblichen Erfordernissen orientieren sich die Beschaffungstermine an der **Wiederbeschaffungszeit.** Sie kann als die Zeit vom Initiieren der Bestellung bis zur Dispositionsmöglichkeit der Güter im Lager definiert werden und umfasst folgende Zeiträume:

- die Zeit der Auftragsvorbereitung
- die Lieferzeit
- die Einlagerzeit und Kontrollzeiten.

Für die Ermittlung der Beschaffungstermine wurden mehrere Verfahren entwickelt, die als

- verbrauchsbedingte Bestandsergänzung
- bedarfsbedingte Bestandsergänzung

zusammengefasst werden.

2.6.1 Verbrauchsbedingte Bestandsergänzung

Die verbrauchsbedingte Bestandsergänzung eignet sich für Roh-, Hilfs- und Betriebsstoffe sowie Materialien ohne hohen Wert. Die Beschaffungstermine können mit zwei Verfahren ermittelt werden:

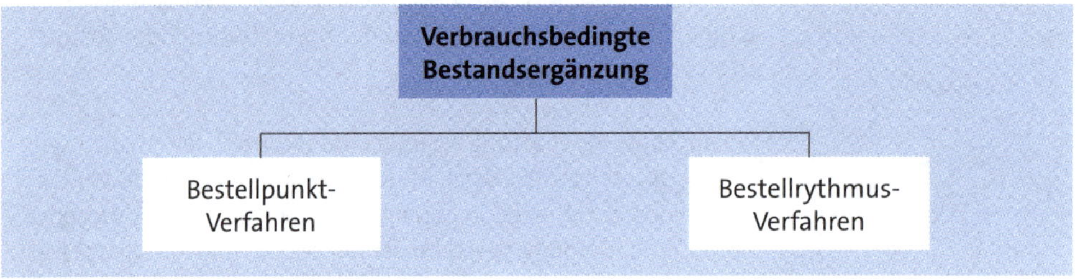

2.6.1.1 Bestellpunkt-Verfahren

Beim Bestellpunkt-Verfahren wird die Bestellung ausgelöst, wenn der Lagerbestand eine definierte Menge, den Bestellpunkt, erreicht hat. Dabei handelt es sich um die Menge, die zur Abdeckung des Bedarfs benötigt wird, der zwischen der Auslösung der Bestellung und der Bereitstellung der ergänzenden Lieferung im Lager voraussichtlich verbraucht wird, ohne die eiserne Reserve anzugreifen (*Olfert/Rahn*).

Der Bestellpunkt kann mit zwei Verfahren ermittelt werden. Zum einen können **feste Bestellpunkte** zu Periodenbeginn festgelegt werden und zum anderen legt man **gleitende Bestellpunkte** fest.

Beim häufiger verwendeten gleitenden Bestellpunkt-Verfahren kontrolliert man den Lagerbestand bei jedem Abgang. Dadurch wird eine Anpassung an Veränderungen des Bedarfs und der Wiederbeschaffungszeit möglich. Die prompte Berücksichtigung der Lagerbewegungen macht eine sofortige Reaktion auf kritische Bestandssituationen möglich und bietet den Vorteil, niedrige Sicherheitsbestände zu halten.

2.6.1.2 Bestellrhythmus-Verfahren

Bei diesem Verfahren überprüft man den Bestand in konstanten Zeitintervallen. Bei Unterschreiten des Bestellpunktes wird die Beschaffung ausgelöst.

Der Abstand zwischen zwei Überprüfungen wird als **Kontrollzyklus** bezeichnet. Häufige Kontrollen zwischen den Bestellrhythmen erlauben eine exakte Festlegung der Bestellmenge zum Beschaffungszeitpunkt.

Der Bestand während der Kontrollzyklen ist unbekannt, deshalb muss der Bedarf während der Überprüfungszeit wie folgt berücksichtigt werden:

$$B_M = \frac{V_T (T_W + T_U)}{T_P}$$

B_M = Bestellpunkt = Meldebestand

V_T = Verbrauch in Tagen

T_W = Wiederbeschaffungszeit in Tagen

T_U = Überprüfungszeit in Tagen

T_P = Vorhersageperiode in Tagen

Beispiel

V_T = 180 Stück
T_W = 18 Tage
T_U = 6 Tage
T_P = 6 Tage

$$B_M = \frac{180\,(18 + 6)}{6}$$

B_M = **720**

2.6.2 Bedarfsbedingte Bestandsergänzung

Die bedarfsbedingte Bestandsergänzung ist für A-Güter und B-Güter, also für Güter mit höherer Qualität angebracht. Die Bedarfsermittlung erfolgt mithilfe der Stücklistenauflösung.

Bei dieser Form der Bestandsergänzung stellt man die Reichweite des Lagers fest. Eine Lagerergänzung geschieht, wenn durch die Eindeckung ein bestimmter Wert erreicht wird.

Für die Beschaffungsterminbestimmung ist die Kenntnis

- der Isteindeckungszeit
- der Solleindeckungszeit

erforderlich.

Die **Isteindeckungszeit** ist die Zeit, bis zu der der verfügbare Bestand unter Zugrundelegen des zu erwartenden Bedarfs ausreicht.

Als **Solleindeckungszeit** ist die Zeit zu verstehen, bis zu der der Lagerbestand und der Bestellbestand ausreichen müssen. Folgende Zeiten müssen abgedeckt sein:

- die Wiederbeschaffungszeit
- die Kontrollzeit
- die Sicherheitszeit
- die Länge der Planungsperiode.

Die Solleindeckungszeit wird berechnet:

$$T_{Soll} = T_X + T_W + T_U + T_P + T_S$$

T_{Soll} = Solleindeckungszeit
T_X = Tag der Bestellung
T_W = Wiederbeschaffungszeit
T_U = Überprüfzeit (Kontrollzeit)
T_P = Länge der Planperiode
T_S = Sicherheitszeit

Eine Bestellung wird ausgelöst, wenn die Solleindeckungszeit größer als die Isteindeckungszeit ist.

Beim **Soll-Liefertermin** handelt es sich um den Termin, der die Lieferbereitschaft noch gewährleistet. Er ergibt sich aus dem Isteindeckungsgrad, vermindert um eine Sicherheitszeit und Kontrollzeit.

Aufgabe 26 > Seite 275

2.7 Beschaffungswege

Bei der Wahl der Beschaffungswege ist darauf zu achten, dass die Beschaffungszeiten möglichst kurz gehalten werden. Die Transport-, Lager- und Dispositionskosten sind zu minimieren.

Man unterscheidet **zwei Gruppen** von Beschaffungswegen,

- direkte Beschaffungswege
- indirekte Beschaffungswege.

2.7.1 Direkte Beschaffungswege

Der Warenfluss verläuft bei den direkten Beschaffungswegen unmittelbar vom Lieferanten zum Abnehmer.

Die direkten Beschaffungswege führen zu **drei Geschäftsarten**,

- dem Direktgeschäft
- dem Streckengeschäft
- dem Vermittlungsgeschäft.

Diese stellen sich wie folgt dar:

Direktgeschäft	Der Vertragsabschluss erfolgt unmittelbar zwischen dem Lieferanten und dem Abnehmer. Die Ware gelangt auf direktem Weg zum Abnehmer, die Bezahlung geschieht auch direkt an den Lieferanten.
Streckengeschäft	Es wird ein Zwischenglied, in der Regel ein Großhändler, eingeschaltet. Dieser wickelt das ganze Geschäft ab, Anfragen, Angebote, der Vertragsabschluss, die Materialabrufe u. Ä. laufen über ihn. Er steht in direkter Beziehung zum Lieferanten und veranlasst den Warenfluss, dieser erfolgt auf **direkter Strecke,** also nicht über den Großhändler.
Vermittlungsgeschäft	Zwischen Lieferanten und Abnehmer wird ein Vermittler eingeschaltet. Dieser führt in erster Linie die Geschäftsanbahnung durch. Der Vertragsabschluss erfolgt unmittelbar zwischen dem Lieferanten und dem Abnehmer. Auch die Zahlung erfolgt unmittelbar vom Abnehmer an den Lieferanten.

2.7.2 Indirekte Beschaffungswege

Bei diesen Beschaffungswegen werden zwischen den Hersteller und den Abnehmer Zwischenglieder eingeschaltet (Handel, Kommissionäre). Der Warenweg verläuft über den bzw. die Zwischenhändler; auch die Kommunikation geht diesen Weg.

In den letzten Jahren hat der **Broker** in vielen Fällen die Rolle des Zwischenhändlers übernommen. Dieser übernimmt nicht nur Handelsfunktionen, sondern auch logistische Dienstleistungen, wie

- Kauf der Ware vom Hersteller
- Zwischenlagerung der Warensortimente als Pufferfunktion für das zeitliche und quantitative Auseinanderklaffen von Produktion und Konsumtion
- Kommissionierung der Waren
- Organisation und Durchführung der Anlieferungstransporte
- Realisierung der rechnergestützten informationellen Koppelung zwischen Lieferant und Abnehmer (*Sommerer*).

Im Zusammenhang mit dem Broker sind auch die **Güterverkehrszentren** (GVZ) und **Güterverteilzentren** (GVtZ) zu sehen.

Diese Dienstleistungsinstitutionen erfüllen wichtige Funktionen für Hersteller und Abnehmer und stellen für diese ein bedeutendes Rationalisierungspotenzial dar.

Die Zentren fassen Warensortimente unterschiedlichster Branchen zusammen und sind in der Lage, eine Vielzahl von Kunden zu bedienen, was eine wirtschaftlichere und effektivere Durchführung von Zwischenlager-, Transport- und Umschlagsprozessen bedeutet, als dies bei den Leistungsempfängern möglich ist.

Die **Kostenersparnis** für die Kunden ergibt sich aus der Konzentration von Investitionen für die Transport-, Umschlags- und Lagertechnik (TUL-Technik), Automatisierung oder Teilautomatisierung von TUL-Prozessen, Minimierung der Kapitalbindung und Kapitalbindungskosten, termingerechteren Warenbereitstellung für den Abnehmer (*Sommerer*).

Die Güterverkehrszentren und ähnliche Einrichtungen werden als **transportlogistische Knoten** bezeichnet, einige der wichtigsten können wie folgt charakterisiert werden:

Güterverkehrs-zentrum (GVZ)	Güterverkehrszentren stellen eine Konzentration von Verkehrs-, Logistik- und Dienstleistungsunternehmen an einem verkehrsmäßig möglichst optimalen Standort dar. Folgende Funktionen werden erfüllt (*Kracke u. a.*): ► Schnittstelle möglichst vieler Verkehrsträger ► Schnittstelle zwischen Nah- und Fernverkehr ► Kristallisationspunkt von Anbietern logistischer Dienstleistungen. Voraussetzung für ein GVZ ist eine Umschlaganlage für den kombinierten Verkehr. Sämtliche im GVZ aktiven Unternehmen sind gleichrangig und gleichberechtigt. Sie können sich dort ganz niederlassen, Filialen errichten oder Grundstücke kaufen oder pachten. Alle Unternehmen im GVZ behalten ihre volle Selbstständigkeit. Zusätzliche Dienstleistungsunternehmen ergänzen das Logistikangebot.
Güterverteil-zentrum (GVtZ)	Ein Güterverteilzentrum ist eine moderne Speditionsanlage, in der das Unternehmen seinen Kunden ein umfassendes logistisches Dienstleistungs- und Serviceangebot bietet (*Kracke u. a.*). Neben dem Transport übernimmt das GVtZ eine Reihe von weiteren Funktionen wie ► Just-in-Time-Belieferung ► Verpackung ► Warenauszeichnung ► Warenplatzierung ► Gerätebedienung u. Ä.
Logistische Dienstleistungszentren (LDZ)	Logistische Dienstleistungszentren führen selbst keine Transporte durch, sondern üben Dienstleistungsfunktionen im Logistikbereich, Versicherungsbereich und ähnlichen anderen Bereichen aus.
Zentrum für Produktions-logistik (ZPL)	Ein Zentrum für Produktionslogistik umfasst Unternehmen, die versorgungslogistische Leistungen für in der Nähe befindliche Unternehmen erbringen. Es handelt sich um Transportunternehmen, Lagerunternehmen und Zulieferunternehmen.

Im Zusammenhang mit den beschriebenen Einrichtungen kann auch die **City-Logistik** gesehen werden.

Die Belieferung der Geschäfte in den Innenstädten führt zu großen Problemen, die sich aus dem zunehmenden Lieferverkehr, den nicht beliebig vermehrbaren Verkehrsflächen, behördlichen Lieferbeschränkungen, unrationellen Belieferungsarten u. Ä. ergeben.

Die City-Logistik versucht seit Beginn der neunziger Jahre Lösungswege aufzuzeigen und Lösungen zu realisieren. *„Unter City-Logistik sind alle Tätigkeiten zu verstehen, die sich auf die bedarfsgerechte, nach Art, Menge, Zeit, Raum und Umweltfaktoren abgestimmte effiziente Bereitstellung (bzw. Entsorgung) von Gütern in einer Stadt beziehen. Zentrales Charakteristikum der City-Logistik ist die Bündelung der Auslieferungstouren und zwar sowohl die Bündelung der Lieferungen von verschiedenen Lieferanten für einen Empfänger als auch die Bündelung der Lieferverkehre für benachbarte Empfänger"* (*Schulte*).

2.7.3 Entscheidungskriterien für die Wahl der Beschaffungswege

Die Entscheidung für bestimmte Beschaffungswege hängt von mehreren Faktoren ab. Häufig wird sich ein Unternehmen nicht für einen einzigen Beschaffungsweg entscheiden, sondern für verschiedene Güter auch verschiedene Beschaffungswege wählen.

Hauptentscheidungskriterien sind im Wesentlichen:

- die Branchenüblichkeit
- die Zuverlässigkeit der Lieferanten und Zwischenglieder
- die Kapazität der Lieferanten und Zwischenglieder
- die Reaktionsfähigkeit und -schnelligkeit der Lieferanten und Zwischenglieder
- die Kommunikationsmöglichkeit mit den Lieferanten und Zwischengliedern
- das Serviceangebot der beteiligten Stellen
- die Höhe der Beschaffungskosten.

Aufgabe 27 > Seite 275

Eine Abgrenzung zwischen dem „klassischen" Einkauf und der Beschaffungslogistik lässt sich nur schwer durchführen. Sowohl in der Literatur als auch in der Praxis wird nicht immer eindeutig zwischen den beiden Bereichen unterschieden.

In vielen Unternehmen handelt es sich primär um eine organisatorische Frage, welche Aufgaben welchem der beiden Gebiete zugeordnet werden. Werden in einem Unternehmen originäre Einkaufsaufgaben und beschaffungslogistische Aufgaben einer Instanz zugewiesen, sollte innerhalb des betroffenen Unternehmensbereichs eine Aufgabentrennung dergestalt vorgenommen werden, dass logistische Aufgaben nicht verwässert werden.

Die folgende Gegenüberstellung vermittelt einen Überblick über Kernaufgaben des Einkaufs und der Beschaffungslogistik.

Einkauf	Beschaffungslogistik
► Beschaffungsmarktforschung ► Kontaktierung von Lieferanten ► Verhandlung mit Lieferanten ► Vertragsabschluss ► Preis- und Wertanalyse ► Reklamationen ► Administrative Aufgaben ► Erledigung von Routineangelegenheiten	► Maßgebliche Funktion bei der Materialbedarfsermittlung ► Materialbestandsermittlung ► Maßgebliche Mitwirkung bei der Entscheidung Make-or-buy ► Maßgebliche Mitwirkung bei der Festlegung der Art der Bezugsquellen ► Maßgebliche Mitwirkung bei der Lieferantenauswahl ► Maßgebliche Mitwirkung bei der Festlegung der Beschaffungsformen ► Beschaffungsmengenfestlegung ► Festlegung der Beschaffungstermine ► Maßgebliche Mitwirkung bei Festlegung der Beschaffungswege ► Warenannahme und Warenprüfung ► Lagerwesen, soweit nicht getrennter Bereich Lagerlogistik

2.8 Einkauf und Eingang der Waren

2.8.1 Wareneinkauf

Beim Wareneinkauf handelt es sich vornehmlich um rechtliche, administrative und organisatorische Aufgaben. Hinzu kommen Entscheidungen von grundsätzlicher Bedeutung. Da es sich hierbei nicht um primär logistische Aufgaben handelt, wird nicht näher darauf eingegangen, sondern auf die reichhaltige Fachliteratur hingewiesen.

Es darf nicht unerwähnt bleiben, dass der Logistik auch in Fragen des Einkaufs Mitwirkungsaufgaben zufallen, die allerdings in erster Linie beratenden Charakter haben bzw. dazu dienen, logistische Konsequenzen aufzuzeigen. Hierzu zählen u. a. die beiden wichtigen Bereiche

- Entscheidung für einen zentralen oder dezentralen Einkauf
- Herstellung von Lieferantenkontakten

(vgl. *Ehrmann*: Logistik).

2.8.2 Wareneingang

Der Wareneingang wird in der Literatur häufig als **Materialeingang** bezeichnet. Er stellt den Abschluss der Beschaffung dar.

Der Zentralverband der Elektrotechnischen und Elektronischen Industrie (ZVEI) hat eine Übersicht über den **Material- und Informationsfluss** im Wareneingang (Materialeingang) entwickelt, die auch auf andere Branchen zutrifft. Sie wird auf Seite 161 wiedergegeben.

Der Materialeingang lässt sich vornehmen

- zentral
- dezentral.

Für einen **zentral** vorgenommenen Materialeingang sprechen räumliche Gründe und Gründe der Mitarbeiterqualifikation. Ein **dezentralisierter** Materialeingang ist zu bevorzugen, wenn Just-in-Time-Anlieferungen vereinbart wurden und wenn aus unterschiedlichen Gründen keine Qualitätskontrollen anfallen.

2.8.2.1 Materialannahme

Der Ort der Materialannahme ergibt sich aus

- der Beschaffungsform
- den Beschaffungsmengen
- den eingesetzten Transportmitteln
- den vorhandenen Entlade- und Prüfeinrichtungen
- organisatorischen Regelungen über die Zusammenfassung von Handlungen der Materialannahme und Materialprüfung.

Als **Annahmeort** kommen infrage

- eine spezielle Entladestelle
- ein Eingangslager
- der Fertigungsbereich.

Die Materialannahme sollte auf die Prüfung der Termineinhaltung und der Prüfung auf offene Mängel erweitert werden.

EDV-mäßig wird

- das eingehende Material mit Bildschirmgeräten in der Dialogverarbeitung erfasst
- ein Abgleich der Bestellbestände vorgenommen, dadurch erfolgt ein sofortiges Erkennen nicht bestellter Ware bzw. von Überlieferungen.

Zu den EDV-Arbeiten zählt nach *Schulte* auch die **Erstellung** der **Wareneingangssätze,** wobei die benötigten Steuerungsinformationen angezeigt werden. Hierzu können beispielsweise gehören:

- Unterscheidung zwischen Groß- oder Kleinteilen
- Kennzeichnung von Fehlteilen, die beschleunigt abzuwickeln sind
- Hinweise für Stoffprüfvorschriften
- Angabe des Prüfintervalls und der Prüfmenge
- Abbuchung vom Bestellbestand
- Verbuchung der Eingangsmengen als Zugang
- Anzeigen der Wareneingänge für Disposition, Beschaffung und Steuerung
- Anzeigen der Wareneingänge für Rechnungsprüfer.

2.8.2.2 Materialprüfung

Die Materialprüfung umfasst folgende Aktivitäten:

Prüfung der Materialart	Die Prüfung der Materialart wird durch den Vergleich der Daten der Warenbegleitunterlagen mit den Bestelldaten durchgeführt (Bestellsatz).
Prüfung der Materialmenge	Auch die Prüfung der Materialmenge erfolgt mittels Vergleich der Lieferdaten der Warenbegleitunterlagen mit den Bestelldaten. Es kann sich eine körperliche Bestandsaufnahme anschließen.
Prüfung der Materialqualität	Die Qualitätsprüfung kann als die wichtigste Prüfungshandlung im Rahmen der Materialeingangsprüfung angesehen werden. Wegen ihrer Bedeutung wird sie im nächsten Abschnitt als Hauptpunkt behandelt.
Prüfung des Liefertermins	Die Prüfung, ob die Liefertermine korrekt eingehalten wurden, geschieht durch den Vergleich des Termins der Warenlieferung mit dem im Bestellsatz fixierten Termin.
Rechnungsprüfung des Materials	Die Rechnungsprüfung erstreckt sich auf den Vergleich der in den Warenbegleitpapieren enthaltenen Angaben über Menge, Art und Qualität des Materials mit dem Bestellsatz. Bei Übereinstimmung kann der Bestand fortgeschrieben und der Rechnungsausgleich in die Wege geleitet werden. Das Gleiche gilt für akzeptierte Abweichungen.

2.8.2.3 Qualitätsprüfung

Unter Qualität versteht DIN 55350 die Beschaffenheit einer Einheit bezüglich ihrer Eignung, festgelegte oder vorausgesetzte Erfordernisse zu erfüllen.

Führt man eine Materialprüfung nicht oder nur oberflächlich durch, besteht die Gefahr, minderwertige oder schadhafte Materialien zu verwenden, was zu Kosten verursachenden und Image schädigenden Folgen führen kann.

In der Vergangenheit wurden Qualitätsprüfungen häufig beim Abnehmer durchgeführt. Dies wirkte sich materialflusshemmend und kostenverursachend aus und führte in vielen Fällen zu Doppelprüfungen.

Gegenwärtig verstärkt sich die Tendenz, die Qualitätskontrolle generell vom Lieferanten vornehmen zu lassen und nicht nur bei der Just-in-Time-Belieferung. Dem Zulieferer werden Qualitätsmerkmale vorgegeben sowie Prüfumfang, Prüfintensität, Prüfmethoden, Prüfgeräte und Toleranzen vorgeschrieben. Qualitätssicherungsabkommen, Systemprüfungen und Ablaufprüfungen im Unternehmen des Zulieferers garantieren die Einhaltung der Qualität.

Bei der Qualitätsprüfung sind

- die Art der Prüfung
- der Vollständigkeitsgrad
- die Durchführung

zu berücksichtigen.

2.8.2.3.1 Art der Qualitätsprüfung

Die Qualität wird im Rahmen

- der Attributprüfung
- der Variablenprüfung

festgestellt.

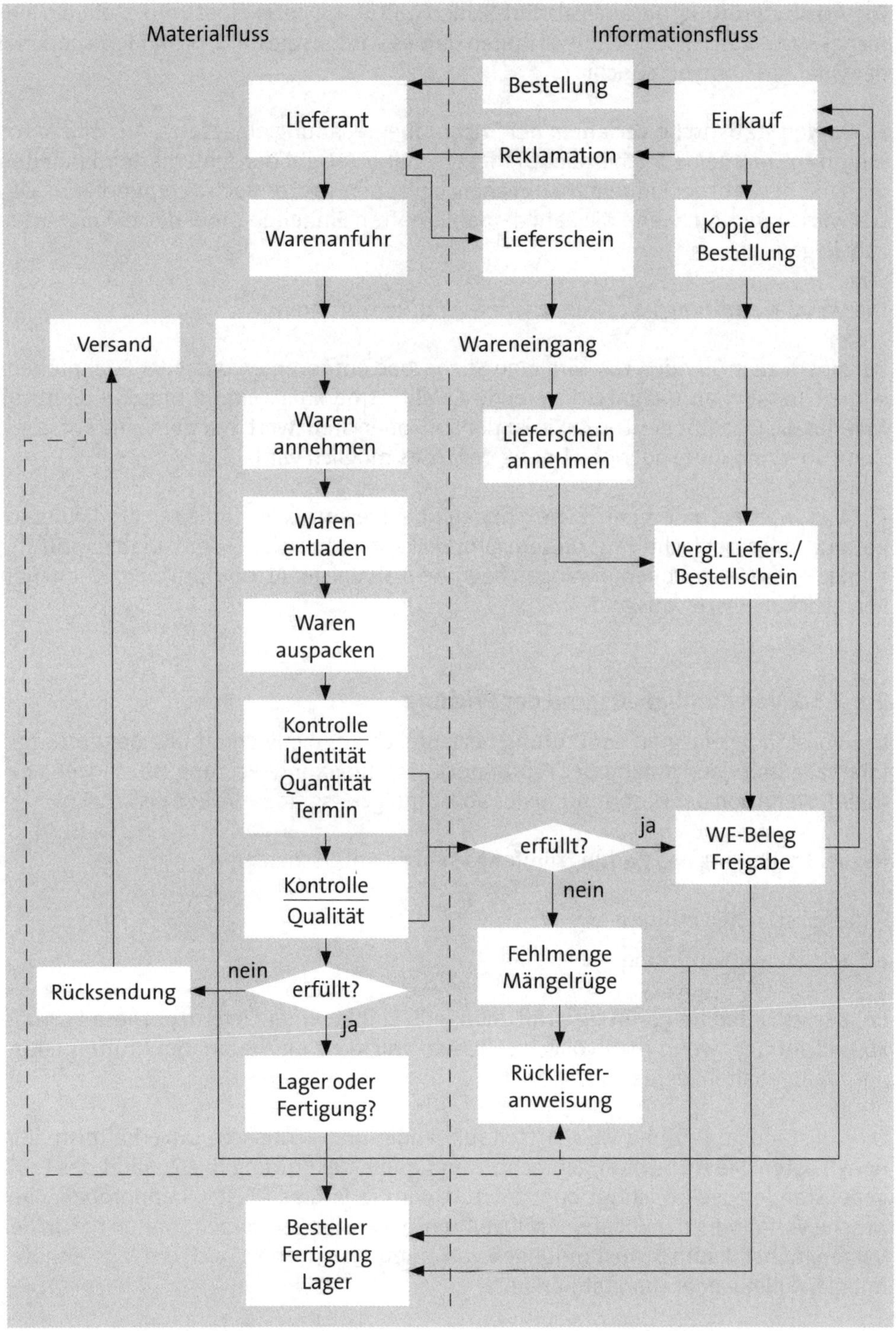
Materialfluss
Informationsfluss
Bestellung
Lieferant
Einkauf
Reklamation
Warenanfuhr
Lieferschein
Kopie der Bestellung
Versand
Wareneingang
Waren annehmen
Lieferschein annehmen
Waren entladen
Vergl. Liefers./ Bestellschein
Waren auspacken
Kontrolle
Identität
Quantität
Termin
ja
erfüllt?
WE-Beleg Freigabe
Kontrolle
Qualität
nein
Fehlmenge Mängelrüge
nein
Rücksendung
erfüllt?
ja
Lager oder Fertigung?
Rückliefer-anweisung
Besteller Fertigung Lager

Quelle: *ZVEI*

Die **Attributprüfung**, die auch als Gut-Schlecht-Prüfung bezeichnet wird, stellt ein einfaches systematisch-logisches Verfahren dar; es wird festgestellt, ob ein Prüfmerkmal der Qualitätsnorm entspricht.

Es werden statistische Verfahren der Stichprobenrechnung eingesetzt. Aus einem Los entnimmt man eine Stichprobe. Die festgestellte Anzahl der fehlerhaften Einheiten wird mit der Zahl der Einheiten verglichen, bei denen das Los noch akzeptiert wird. Das Los wird akzeptiert, wenn die Zahl der fehlerhaften Einheiten unter dieser Vergleichszahl liegt.

Die **Variablenprüfung** ist etwas schwieriger durchzuführen.

Bei einem zu prüfenden Los wird eine Stichprobe entnommen. An jeder Stichprobeneinheit misst man das interessierende Qualitätsmerkmal. Eine Prüfgröße dient als Maß für die Qualität des Loses. Sie ist der Soll- oder Grenzwert, mit dem eine Entscheidung über Annahme oder Ablehnung des Loses möglich wird.

Ein Messwert enthält mehr Informationen über die einzelnen Einheiten als die Aussage „gut“ oder “schlecht“; aus diesem Grunde kann man sich bei der Variablenprüfung mit kleineren Stichprobenumfängen begnügen als bei der Attributprüfung, wenn man von gleichen Risiken ausgeht.

2.8.2.3.2 Vollständigkeitsgrad der Prüfung

Der Vollständigkeitsgrad der Prüfung bezieht sich auf die Bestimmung der Prüfungsintervalle und den Umfang der Prüfung. Die letztgenannte Prüfung ist meistens gemeint, wenn von der Bestimmung des Vollständigkeitsgrades die Rede ist.

Bei der **Festlegung des Prüfungsumfangs** sind zu unterscheiden:

- die vollständige Prüfung
- die Stichprobenprüfung.

Bei der **vollständigen Prüfung** prüft man jede Einheit einer Lieferung. Diese Prüfung kommt infrage, wenn man völlig sicher sein will, dass die verlangten Prüfungsstandards eingehalten werden.

Die vollständige Prüfung ist sehr zeitaufwändig und verursacht unverhältnismäßig hohe Kosten. Sie ist nicht angebracht, wenn durch die Prüfung die Qualität des Prüfgegenstandes beeinträchtigt oder zerstört wird (z. B. Crash-Tests, Brennproben, chemische Verfahren), der Zulieferer selbst intensive Prüfungen vorgenommen hat, in der Vergangenheit kaum Beanstandungen vorkamen, oder wenn es sich um Massengüter mit gleichbleibender Qualität handelt.

Bei der **Stichprobenprüfung** handelt es sich um eine Teilprüfung. Die Lieferung stellt die Grundgesamtheit dar, aus der man eine repräsentative Stichprobe entnimmt.

In der Praxis wird mit den auch **Randomverfahren** genannten **Zufallauswahlverfahren** gearbeitet.

Einen Überblick über diese Verfahren gibt die folgende Übersicht:

Einfaches Stichproben-verfahren	Sämtliche Elemente der Grundgesamtheit müssen die gleiche Chance haben, in die Stichprobe zu kommen, für alle Elemente muss folglich die gleiche Wahrscheinlichkeit bestehen, in die Stichprobe zu gelangen.
Geschichtetes Stichproben-verfahren	Die Grundgesamtheit wird in mehrere Schichten (Untergruppen) aufgeteilt. Aus jeder Schicht entnimmt man eine zufallsgesteuerte Stichprobe. Die Ergebnisse der einzelnen Schichten gewichtet man nach dem Verhältnis der Schichten, um zu dem Endergebnis zu gelangen.
Flächen-stichproben-verfahren	Man nimmt zunächst eine Einteilung in kleinere geografische Flächen vor. Aus jeder Teilfläche lassen sich zufallsgesteuerte Stichproben entnehmen. Weiterhin werden aus diesen Teilstücken entweder Stichproben entnommen oder Vollerhebungen durchgeführt.
Klumpen-stichproben-verfahren	Die Grundgesamtheit wird in Klumpen = Erhebungseinheiten aufgeteilt, denen anschließend die endgültige Stichprobe entnommen wird.

Bei der Qualitätsprüfung ist das einfache Stichprobenverfahren relevant.

Eine ausführliche Darstellung der Stichproben ist in *Ehrmann*: Logistik zu finden.

Aufgabe 28 > Seite 275

Aufgabe 29 > Seite 276

D. Lagerlogistik

1. Einführende Überlegungen

Läger sind Bestandteile eines Materialflusssystems, die sich problemlos in die logistischen Abläufe einzufügen haben (*Heiserich*). Dies mag dazu führen, dass die Lagerlogistik vielfach nicht als ein eigenständiger Bereich betrachtet wird. Wegen der bedeutenden Rolle, die der Lagerung im erwähnten Materialfluss zufällt, wird empfohlen, die Lagerlogistik als einen **selbstständigen** Teilbereich des Logistikkomplexes zu behandeln.

Einige Definitionen sollen einen Hinweis auf wichtige Inhalte der Lagerlogistik geben.

Lager	Ein Lager verkörpert den Bestand an Gütern, der nicht unmittelbar am Leistungserstellungsprozess mitwirkt. Die Güter sind bereits verfügbar, wurden z. T. vielleicht bereits bearbeitet, werden aber erst zu einem späteren Zeitpunkt benötigt.
Lagerung	Im engeren Sinn bedeutet Lagerung die Zeitüberbrückung zwischen Warenverfügbarkeit und Bedarf. Beginn des Lagerprozesses ist die Übernahme der Güter, das Ende die Abgabe der fertigen Erzeugnisse aus dem Erzeugnis- bzw. Versandlager. Das Lagern unterbricht den Materialfluss, verlängert die Durchlaufzeit und erhöht die Kapitalbindung.
Lagerlogistik	Die Lagerlogistik gestaltet Systeme für alle Arten der Lagerung, Kommissionierung und Förderung der Güter vom Wareneingang über alle Stufen der Produktion bzw. Lagerung bis zum Warenausgang.

Im Kapitel D. werden folgende Bereiche der Lagerlogistik behandelt:

Lagerlogistik	Lagerstrategien
	Lagerfunktionen
	Lagerarten
	Lagerstandorte
	Lagerbewegungen
	Lagerverwaltung und Lagersteuerung
	Lagersysteme

Die folgenden Ausführungen stellen betriebswirtschaftliche sowie organisatorische Fragen in den Mittelpunkt und verzichten auf die Darstellung technischer Feinheiten, ohne allerdings technische Fragen völlig zu vernachlässigen.

2. Lagerstrategien

Lagerstrategien beeinflussen wesentlich

- die Lagersysteme
- die Lagerorganisation
- die Lagerkosten.

Sie haben Auswirkungen auf die Gesamtfunktion Lager. Im Folgenden wird eine Auswahl wichtiger Komplexe getroffen, auf die sich Lagerstrategien erstrecken:

Zentralisierungsgrad	Unter der Zentralisierung ist die Konzentration der Bestände an einem Standort und unter einer Instanz zu verstehen. **Vorteile** von Zentrallägern sind: ► geringer Grundstücks- und Gebäudebedarf ► gute Flächenausnutzung ► wirtschaftliche Lagerung infolge hoher Lagermengen ► geringe Lagerraumkosten ► gute Ausnutzung der Lagereinrichtungen ► reduzierte Personalkosten infolge eines konzentrierten EDV-Einsatzes ► einfachere, weil automatisierte Einlagerung und Auslagerung ► geringere Bestände durch Zusammenfassung von Sicherheitsbeständen, durch bessere Übersichtlichkeit und durch einen leichter zu gestaltenden Informationsfluss ► gute Möglichkeit der Bestandsführung und Disposition ► gute Organisationsmöglichkeit ► kurze Auslieferzeiten. Die **Nachteile** von Zentrallägern bestehen in ► längeren Transportwegen ► hohen Kosten bei schlechter Kapazitätsauslastung ► schlechteren Kontakten zu den Bedarfsträgern ► einer Schwerfälligkeit bei sich häufig ändernden Bedingungen.

Eigenlager/ Fremdlager	Bei der Entscheidung für Eigen- oder Fremdlager sind die Kriterien ► Investitionskosten ► laufende Betriebskosten ► Personalbedarf und Spezialisten-Know-how ► Grad der Abhängigkeit ► Belastungsspitzen und Kapazitätsbedarfsschwankungen zu beachten (*Schulte*). Beim **Speditionslagermodell** liefert der Lieferant die Waren, die vom Abnehmer bei ihm abgerufen werden, in das Speditionslager. Der Spediteur kommissioniert die kurzfristig benötigten Teile auf Abruf vom Abnehmer und liefert sie just-in-Time an. Der Spediteur übernimmt Aufgaben der Warenannahme, Lagerhaltung, Bestandsführung, Kommissionierung und des Transports und darüber hinaus im Rahmen der vertraglichen Vereinbarungen bzw. von Rechtsvorschriften die Risiken des Untergangs, der Nichtlieferung, Spätlieferung usw.
Automatisierungsgrad des Lagers	Es sind **manuell** zu bedienende Läger, **mechanisierte** Läger und **automatisierte** Läger zu unterscheiden.
Einordnung der Lagergüter	Die Einordnung der Güter im Lager kann nach dem Magazinierprinzip oder nach dem Lokalisierprinzip erfolgen. Ausführlicher vgl. Kap. D.6.2.2.
Rechnungssysteme im Lager	Die Rechnungssysteme im Lager befassen sich mit der ► Bestandsrechnung ► Verbrauchsrechnung ► der Bewertung der Zugänge, Bestände und Abgänge. Die Wahl des Systems wirkt sich aus auf ► den Informationsstand der Lagerverwaltung und aller anderer materialdisponierender Stellen und des Rechnungswesens ► den Personalbedarf ► den Bedarf an rechentechnischen Hilfsmitteln.

Aufgabe 30 > Seite 276

3. Lagerfunktionen

Die Bedeutung, die die Lagerung für das Unternehmen haben kann, erkennt man, wenn man sich die Lagerfunktionen vergegenwärtigt. Es handelt sich dabei um die folgenden Funktionen:

Ausgleichsfunktion	Sie bedeutet die Beseitigung von Dissonanzen von Materialbedarf und Materialzufluss. Dissonanzen können zeitlich und mengenmäßig auftreten.
Sicherungsfunktion	Exakte Bedarfsmengen künftiger Perioden, Bedarfszeitpunkte, Lieferzeitpunkte, Liefermengen oder Lagerschwund sind häufig nicht oder nur annäherungsweise bekannt, was zu einer Lagerhaltung führen muss.
Spekulationsfunktion	Sie kommt zum Zuge, wenn Preiserhöhungen auf dem Beschaffungsmarkt, befürchtete Qualitätsverschlechterungen oder günstige Sonderangebote zu einem Kauf ohne unmittelbaren Bedarf und damit zur Lagerung führen.
Veredlungs- oder Produktionsfunktion	Sie tritt ein, wenn Lagerung zu einer Qualitätsverbesserung führt wie etwa bei Cognac, Wein, Käse oder Holz.

4. Lagerarten

Wird von einem Lager ohne genaue Bezeichnung gesprochen, ist nicht ersichtlich, welche Stellung es im Leistungserstellungsprozess einnimmt, über welche Techniken und Einrichtungen es verfügt oder welche Bedeutung ihm beigemessen wird. Aus diesem Grund sollten immer die Hauptmerkmale eines Lagers genannt werden.

Läger lassen sich nach verschiedenen **Merkmalen** gliedern, beispielsweise ist zu unterscheiden:

- nach den **gelagerten Gütern**
  - Materiallager
  - Fertigproduktlager
  - Werkzeuglager usw.
- nach den **Marktbeziehungen**
  - Beschaffungslager
  - Absatzlager
- nach der **Bedeutung**
  - Hauptlager
  - Nebenlager
- nach dem **Eigentümer**
  - Eigenlager
  - Fremdlager.

Weitere Unterscheidungsmerkmale können sein der Zentralisierungsgrad, der Standort, die Lagerbauweise, der Automatisierungsgrad, die Lagertechnik, die Lagereinrichtungen, die Lagertransportmittel u. Ä.

Vgl. in diesem Zusammenhang Kapitel B.2.3.

5. Lagerstandorte

Die Wahl der Lagerstandorte ist von großer logistischer Bedeutung, da sie zu einer Minimierung der Transportwege und zum störungsfreien Materialfluss beiträgt.

Die **Standortwahl** kann nicht isoliert vorgenommen werden, sondern ist im Zusammenhang mit den einzelnen Logistikkonzepten, der Organisationsstruktur des Unternehmens, der Kostensituation, den äußeren Bedingungen und selbstverständlich im Rahmen der Unternehmensstrategien zu sehen.

Bei den Bestimmungsfaktoren der Standortwahl ist zwischen externen und internen Faktoren zu unterscheiden.

Zu den **externen Bestimmungsfaktoren** zählen

- staatliche Auflagen (Bauvorschriften, Vorschriften für gefährliche Güter, Lärmschutzvorschriften, Umweltauflagen u. Ä.)
- Orientierung an bestimmten Transportwegen
- Energieversorgungsmöglichkeiten
- Entsorgungsmöglichkeiten.

Interne Bestimmungsfaktoren sind:

- Anzahl der Artikel
- Art der Lagereinheiten
- Gewicht und Höhe der Lagereinheiten
- maximales Lagervolumen
- Anlieferungsart ins Lager
- Anlieferungshäufigkeit
- Anzahl der Einlagerungen pro Zeiteinheit
- Anzahl der Auslagerungen je Zeiteinheit
- Art der Auslagerung
- erforderliche Zeit für Einlagerung, Überwachung und Pflege der Bestände
- besondere Anforderungen durch das Lagergut.

6. Lagerbewegungen

6.1 Materialfluss

Wie bereits erwähnt wurde, steht auch die Lagerung im Dienste der Gestaltung eines optimalen Materialflusses. Um diesen zu erkennen, empfiehlt sich die Durchführung einer **Materialflussanalyse.** Diese eignet sich nicht nur zur Optimierung der Transporte, sondern liefert eine Anzahl von Detailinformationen für wichtige Unternehmensentscheidungen vor allem im strategischen Bereich.

Der Materialfluss besteht aus

- einer qualitativen Komponente
- einer quantitativen Komponente.

Die Grundlage des **qualitativen Materialflusses** sind die **Arbeitspläne.** Da nicht jedes einzelne Teil verfolgt werden kann, ermittelt man einige „Repräsentanten“ und stellt die betroffene Kostenstelle fest. Daraus resultiert eine qualitative **Materialflussmatrix**, die durch die Auswertung von Fragebögen über die eingesetzten Ladehilfsmittel ergänzt werden kann. Die Fragebögen sollen das Transportaufkommen erfassen.

Die Arbeitspläne werden um die Produktionsmengen ergänzt, um den **quantitativen Materialfluss** darzustellen.

Der Materialfluss wird häufig mithilfe des Von-Nach-Diagramms und des Sankey-Diagramms dargestellt.

Im **Von-Nach-Diagramm** werden für einen repräsentativen Zeitraum die aus dem Produktionsprogramm errechneten Teile den einzelnen Arbeitsschritten zugeordnet:

Von \ Nach	Rohstofflager	Fertigung	Montage	Fertigwarenlager	Abfälle, Verschnitt	Versand	Schrott	Summe
Wareneingang	100							100
Rohstofflager		72	20	10				102
Fertigung			52	16	8			76
Montage		4		65	3			72
Fertigwarenlager						91		91
Abfälle, Verschnitt	2						9	11
Summe	102	76	72	91	11	91	9	

Quelle: *Schulte*

Das **Sankey-Diagramm** enthält eine Darstellung der Betriebsmittel zueinander und die Materialflüsse, die je nach ihrer Intensität durch starke oder weniger starke Verbindungslinien dargestellt werden:

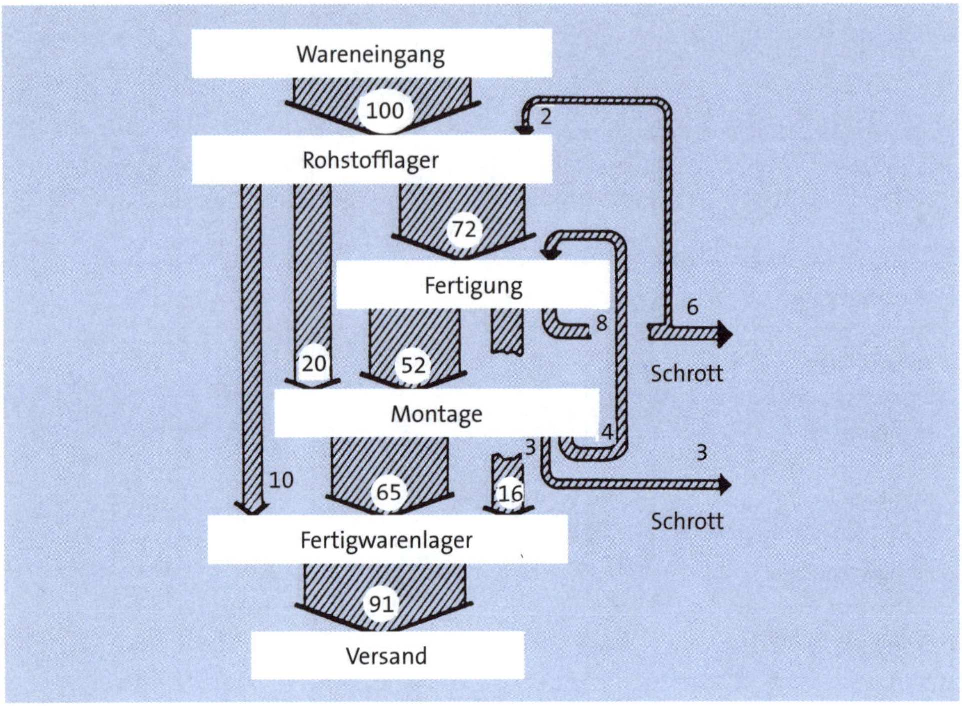

Quelle: *Schulte*

Im Zusammenhang mit dem Materialfluss sind auch die **Lagerstufen** zu sehen. In Fertigungsunternehmen kann der Leistungserstellungsprozess in Stufen dargestellt werden, die den Materialfluss steuern. Den einzelnen Stufen lassen sich die Läger zuordnen.

Die **Lagerstufe 1** besteht aus den Eingangslägern. Sie sichern die Fertigung dadurch, dass sie ständig Material zur Verfügung stellen und Sicherheitsbestände führen.

Die **Lagerstufe 2** enthält Läger im Fertigungsbereich, also Zwischenläger. Es wurden bereits Fertigungsstufen realisiert.

Die **Lagerstufe 3** tritt nach Beendigung der Fertigung auf. Sie stellt Absatz- oder Endläger dar.

Die **Lagerstufe 4** beinhaltet Handelsware.

Gelegentlich wird eine **Lagerstufe 5** erwähnt; sie ist für Belange der Verwaltung gedacht.

6.2 Materialeinlagerung

Bei der Einlagerung ergeben sich folgende Aufgaben:

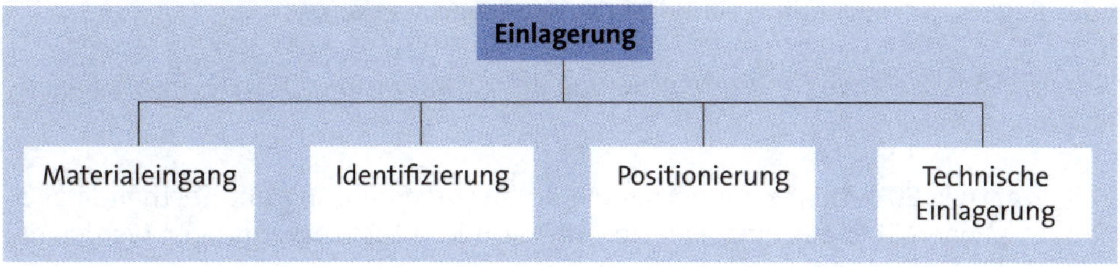

Auf den Bereich **Materialeingang** wurde bereits im Kapitel C.2.8.2 eingegangen.

6.2.1 Identifizierung

Die vor der Einlagerung vorgenommene Identifizierung nimmt eine Zuordnung der Lagergüter nach festgelegten Kriterien der Lagerplatzbestimmung vor. Sie wird auch als „Präferenzen" bezeichnet (*Kopsidis*).

6.2.2 Positionierung

Die Positionierung ist die Zuweisung des Lagerplatzes. Sie kann nach zwei Prinzipien erfolgen:

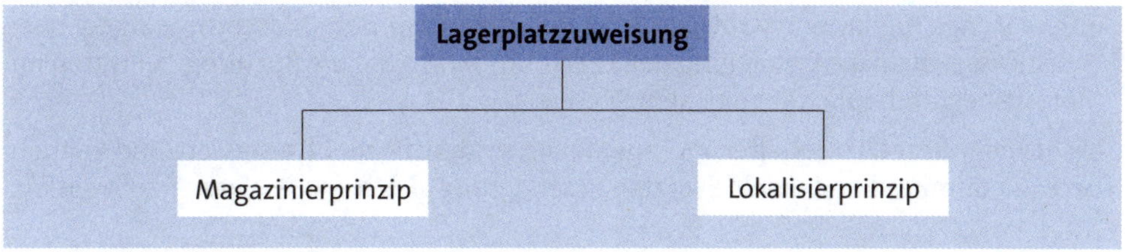

Das **Magazinierprinzip** ist dadurch gekennzeichnet, dass jedes Lagergut einen festen Lagerplatz erhält.

Beim **Lokalisierprinzip** gibt es keine festen Lagerplätze, bei jeder Einlagerung wird ein neuer Lagerplatz bestimmt. Das Prinzip bedeutet eine Lagerhaltung als „chaotisches Lager". Das System bestimmt den Lagerplatz.

Im Gegensatz zum Magazinierprinzip gewährleistet das Lokalisierprinzip eine gute Auslastung der Lagerkapazität.

Die chaotische Lagerung spielt in der Hochregallagerung eine wichtige Rolle.

Die Daten der Hochregalwände werden mit ihren maximalen Belegungsmöglichkeiten EDV-mäßig abgespeichert. Der Lagerraum hat bei einer gegebenen Regalhöhe eine bestimmte Anzahl von Behälterplätzen. Jeder dieser Plätze kann über einen dreistufigen Index Regalwand, Regalhöhe, Gangtiefe ausgesteuert werden.

Oeldorf/Olfert schlagen für die Realisierung des Lokalisierprinzips den Einsatz folgender Anlagen vor:

- Eine **zentrale EDV-Anlage** zur Vornahme der Bestandsführung und Festhalten aller Informationen über das eingelagerte Gut. Sämtliche Lagerbewegungen werden erfasst jedoch ohne Angabe der Lagerorte.
- Ein **Hochregalrechner,** dem Informationen über die Lagerbewegungen von der zentralen EDV-Anlage zugehen.

  Es ergibt sich folgende Vorgehensweise:

  Unter Beachtung der festgelegten Prioritäten geschieht die Einlagerung aufgrund des gespeicherten Lagerabbildes und der vorgegebenen Materialflusssteuerung. Ist ein Lagerplatz gefunden worden, wird er im intern gespeicherten Lagerabbild belegt und ist für eine weitere Reservierung nicht mehr verfügbar.

  Die Materialsuche ist nur über den Lagerplatz möglich, deshalb sind u. U. sämtliche Regale zu „durchsuchen", bis die gewünschte Materialnummer gefunden wird. In vielen Systemen werden **Tabellen** aufgebaut, die es ermöglichen, über die Materialnummer auf die Regalnummer(n) zurückzugreifen.

  Die Echtzeiterfassung der Lagerbewegungen nimmt man im Materialeingangs- oder Lagerbereich vor. Die erforderlichen Daten wie Materialnummer, Materialbezeichnung, Menge, Behälteranzahl und Maße werden über den Bildschirm eingegeben. Es schließt sich an die Ermittlung der Regalnummer sowie die Buchung der Daten im Materialbestandssatz des zentralen Rechners.

  Nicht mehr besetzte Behälter im Lagerabbild sind nicht mehr reserviert und können bei einer unmittelbar danach erfolgten Reservierung gleich wieder verwendet werden.

Das EDV-System ist in der Lage, die Bewegungsstrecken von Einlagerungs- und Auslagerungsarbeiten zu optimieren. Innerhalb der gespeicherten Rahmenbedingungen kann das System auch Entscheidungen wie die Auslagerung nach dem Fifo-Prinzip bzw. nach anderen Prioritätsregeln treffen.

Neben den klassischen Prinzipien der Magazinierung und Lokalisierung lassen sich noch Neben- bzw. Mischformen finden, etwa die **Querverteilung**, bei der mehrere Ladeeinheiten eines Lagergutes über verschiedene Gänge verteilt werden oder die freie **Lagerplatzzuordnung innerhalb fester Bereiche** (Lagerung der Lagergüter nur innerhalb vorgegebener Bereiche).

6.2.3 Technische Einlagerung

Bei der technischen Einlagerung handelt es sich um die körperliche Einlagerung mithilfe von Förder- und Entladeeinrichtungen auf den entsprechenden Lagerplätzen.

Der technischen Einlagerung schließt sich die **Bestandsüberwachung** und **Bestandspflege** an. Da beide Bereiche keine primär logistischen Aufgaben sind, wird hier nicht darauf eingegangen.

6.3 Materialauslagerung

Die Materialauslagerung umfasst drei Aufgabenbereiche:

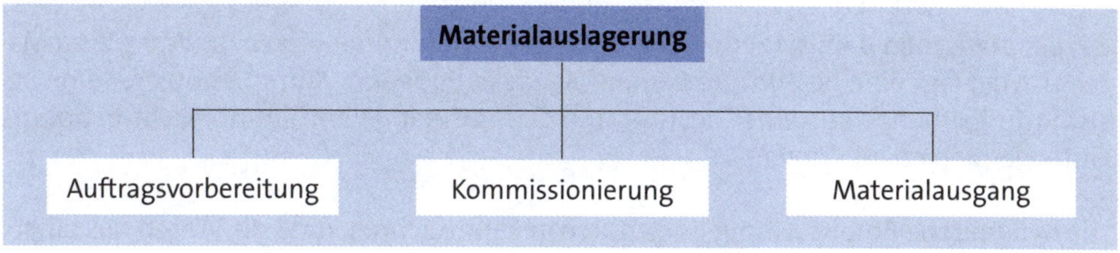

6.3.1 Auftragsvorbereitung

Die Auftragsvorbereitung formt Materialanforderungen bzw. Lageraufträge so um, dass sie den Belangen des Lagerwesens entsprechen und kommissionierfähig werden (*Kopsidis*).

Die Auftragsvorbereitung wird entweder direkt nach dem Eingang des Auftrages bzw. der Anforderung vorgenommen = Real-time-Aufbereitung, oder die Aufträge werden gesammelt und stapelweise bearbeitet = Batch-Aufbereitung.

6.3.2 Kommissionierung

Die Kommissionierung kann als eine der wichtigsten logistischen Aufgaben im Lager angesehen werden. Durch sie werden in Folge von Bedarfsinformationen Lagergüter aus einem lagerspezifischen Zustand in einen verbrauchsspezifischen Zustand versetzt.

Nach VDI lässt sich Kommissionieren wie folgt beschreiben: *„Kommissionieren ist das Zusammenstellen von Teilmengen (Artikeln) aus einer bereitgestellten Gesamtmenge (Sortiment) aufgrund von Bedarfsinformationen (Auftrag)"*.

Der Auftrag kann entweder produktionsorientiert sein (intern) oder als Kundenauftrag erfolgen (absatzorientiert).

Bei der Kommissionierung müssen die folgenden Arbeitsschritte ausgeführt werden:

- Bereitstellung
- Entnahme
- Fortbewegung
- Abgabe

6.3.2.1 Bereitstellung

Die Bereitstellung erfolgt

- statisch („Mann zur Ware")
- dynamisch („Ware zum Mann").

Bei der **statischen Bereitstellung** bewegt sich der Kommissionierer zur Ware/zum Material. Man legt eine bestimmte Reihenfolge fest, in der der Kommissionierer eine bestimmte Teilmenge aus einer bestimmten Gesamtmenge entnimmt. Nicht benötigte Güter verbleiben im Wagen.

Die **dynamische Bereitstellung** ist dadurch gekennzeichnet, dass die Waren aus einem Lager zum Kommissionierer transportiert werden, der die entsprechenden Mengen entnimmt. Die noch vorhandenen Waren werden wieder zum Lagerplatz transportiert. In der Regel sind die Regale automatisiert und der Transport zum Kommissionieren erfolgt mit automatischen Geräten.

Die menschlichen Tätigkeiten beschränken sich auf

- Erkennen
- Greifen
- Bestätigen.

Ein Vergleich der beiden Bereitstellungsformen ergibt folgendes Bild (s. S. 177).

Die dynamische Bereitstellung verursacht zwar hohe Investitionskosten, doch kann positiv hervorgehoben werden, dass Fehler beim Kommissionieren weitgehend entfallen, die Kommissionierleistung sehr hoch ist, sich die technischen Einrichtungen optimal umsetzen lassen und dass sich durch den Wegfall von Wegezeiten Kostensenkungen ergeben.

Mit Erfolg werden schnell und zuverlässig arbeitende **Kommissionierautomaten** eingesetzt, die allerdings nicht für alle Güter geeignet sind (einige sind nur für bestimmte Abmessungen und Ladehilfsmittel geeignet). Auch der Einsatz von **Robotern** wird praktiziert.

6.3.2.2 Entnahme

Die Entnahme kann je nach Art der Lagergüter (Gewicht, Volumen, Beschaffenheit) und Art der Lagerung

- manuell
- mechanisch
- automatisch

erfolgen.

Bereitstellung	Vorteile	Nachteile	Eignungskriterien
Statisch „Mann-zur-Ware"	► alle Artikel direkt im Zugriff ► flexibel gegenüber stark schwankenden Anforderungen ► kürzere mittlere Auftragsdurchlaufzeiten ► Abwicklung von Eilaufträgen möglich ► mit geringem Investitionsaufwand realisierbar	► geringere Kommissionierleistung pro Kommissionierer bei Aufträgen mit wenig Zeilen wegen großer Wegzeitanteile ► keine optimale Gestaltung des Arbeitsplatzes möglich ► Nachschubprobleme größer ► erschwerter Abtransport leerer Ladehilfsmittel	► mittlere Entnahmemengen pro Position sind ein kleiner Bruchteil der bereitgestellten Menge (x > 5) ► Entnahmen sind ohne Hilfsmittel möglich ► viele Zeilen pro Auftrag (n > 10) ► kurze Auftragsdurchlaufzeiten gefordert ► Abwicklung von Eilaufträgen gefordert ► geringer Investitionsaufwand wichtiger als Personaleinsparungen

Bereitstellung	Vorteile	Nachteile	Eignungskriterien
Dynamisch „Ware-zu-Mann“	► hohe Komissionierungsleistungen pro Kommissionierer wegen fast ganz entfallender Wegzeiten ► optimale Gestaltung der Entnahmeplätze möglich ► Einsatz von Entnahmehilfsmitteln (z. B. Kran) sowie Bearbeitungen (Wiegen, Abmessen, Schneiden usw.) möglich ► Abtransport leerer Ladehilfsmittel leicht möglich	► jeweils nur wenige Artikel im direkten Zugriff ► wenig flexibel gegenüber stark schwankenden Anforderungen ► längere mittlere Auftragsdurchlaufzeiten ► nur mit hohem Investitionsaufwand für Förderer und Steuerung realisierbar	► mittlere Entnahmemengen pro Position sind ein großer Bruchteil der bereitgestellten Menge (x < 3) ► Entnahme nur mit Hilfsmittel möglich ► wenig Zeilen pro Auftrag (n < 10) ► lange Durchlaufzeiten bis zu mehreren Stunden zulässig ► keine Eilaufträge ► gleichmäßig hohe Auslastung ► Personaleinsparungen rechtfertigen hohen Investitionsaufwand

Quelle: *Gudehus*

Eine **manuelle Entnahme** ist nur bei entsprechender Ausgestaltung der Güter und Lagerung im optimalen Sicht- und Greifbereich möglich. Sind diese Situationen nicht gegeben, müssen technische Hilfsmittel eingesetzt werden, wie das in Hochregallägern mit Regalförderzeugen und Regalbediengeräten der Fall ist.

Greift der Mensch nicht in die Entnahme ein, ist eine **automatische Entnahme** gegeben.

6.3.2.3 Fortbewegung

Die Fortbewegung erfolgt zwischen den Entnahmepunkten, sie ist

- eindimensional
- zweidimensional (*Bichler*).

Eindimensional	Der Kommissionierer bewegt sich lediglich auf einer Fläche und kommissioniert nur in einem beschränkten Bereich.
Zweidimensional	Der Kommissionierer bewegt sich horizontal und vertikal. Dazu bedient er sich diverser Hilfsmittel. Der Zugriffsbereich ist somit gegenüber der eindimensionalen Fortbewegung wesentlich erweitert. Wichtige Hilfsmittel der zweidimensionalen Fortbewegung sind **Kommissioniergeräte,** die elektrisch betrieben werden und über Schienen geführt werden oder vom Kommissionierer frei gesteuert werden können. Die Kommissioniergeräte können technisch sehr anspruchsvoll ausgestattet werden, etwa mit Bildschirmterminal, Scanner, Messvorrichtungen u. Ä. Üblicherweise werden Greifhöhen bis ca. 10 m mit den Geräten erreicht. Die Kommissioniergeräte sind auch in der Lage, ganze Paletten zu bewegen. Einfache Hilfsmittel wie Leitern in Fachbodenregalen werden häufig eingesetzt, gestalten das Kommissionieren jedoch zeitaufwändig. Die Zugriffsbereiche erreichen Höhen von etwa 4 m. Im oberen Zugriffsbereich werden häufig Reserven und Langsamdreher gelagert.

6.3.2.4 Abgabe

Die entnommenen Teile werden gegen Quittierung abgegeben. Mit der Abgabe erfolgt häufig eine manuelle oder automatische Kontrolle.

6.3.2.5 Kommissionierungsarten

Im Folgenden wird ein Überblick über die gebräuchlichsten Kommissionierungsverfahren gegeben.

Die **einstufige Kommissionierung** ist sehr zeitaufwändig; die Artikel eines jeden Auftrags werden einzeln am Grundlagerplatz entnommen und bereitgestellt. Diese Kommissionierungsform eignet sich auch für kleinere Mengen.

Die **mehrstufige Kommissionierung** ist in der Regel eine zweistufige Kommissionierung. Man entnimmt die Artikel für mehrere Aufträge gemeinsam vom Grundlagerplatz und bringt sie zu einem anderen Platz, auf dem sie in einer zweiten Stufe nach den einzelnen Aufträgen getrennt werden.

Die mehrstufige Kommissionierung wird vor allem angewandt, wenn es sich um „Schnelldreher" handelt, für die mehrere Aufträge mit geringen Mengeneinheiten je Auftrag zu kommissionieren sind.

Bei der **seriellen Kommissionierung** arbeitet man die Aufträge der Reihe der Kommissionierungspositionen nach ab. Man unterscheidet dabei zwei Verfahren:

- das Hauptgangverfahren
- das Hauptgang/Stichgangverfahren.

Beim **Hauptgangverfahren** ist jeder Lagergang ein Hauptgang. Der Kommissionierwagen (das Kommissioniergerät) durchfährt sämtliche Lagergänge und stellt die ganze Kommission zusammen. Die anfallenden langen Wege verursachen hohe Kommissionierungskosten.

Im **Hauptgang-/Stichgangverfahren** werden die Nachteile des Hauptgangverfahrens dadurch kompensiert, dass das Lager in Haupt- und Stichgänge eingeteilt wird. Die frequentiertesten Artikel werden in den Hauptgängen, die weniger benötigten in den Stichgängen gelagert.

Da die am wenigsten benötigten Artikel in der Regel am weitesten entfernt von der Startzone gelagert werden, ergibt sich für den Kommissionierer eine Wegeinsparung, da er die volle Tiefe der Stichgänge nicht sehr häufig beansprucht.

Im Rahmen der **parallelen Kommissionierung** wird ein Auftrag in mehrere Teilaufträge zerlegt, Zerlegungskriterium ist der Lagerort. Paralleles Kommissionieren erfolgt als

- Lagerbereichsverfahren
- Lagergangverfahren.

Beim **Lagerbereichsverfahren** wird ein Auftrag in zwei bis vier Bestandteile zerlegt, in denen jeweils die in einem bestimmten Lagersektor gelagerten Waren enthalten sind (*Lerchenmüller*). Der Kommissionierer ist nur noch für seinen Lagersektor zuständig. Er ist der Spezialist, der seinen Lagersektor genau kennt, was die Kommissioniergeschwindigkeit erhöht und die Fehlerquote senkt.

Der Nachteil des parallelen Kommissionierens besteht darin, dass jeder Auftrag zerlegt werden muss und die aus verschiedenen Lagerbereichen kommenden Waren wieder zusammengeführt werden müssen, bevor sie ausgeliefert werden.

Das **Lagergangverfahren** ist dadurch gekennzeichnet, dass das Lager in einzelne Gänge als Kommissionierbereiche eingeteilt wird.

Das Zerlegen der Aufträge in Gangzonen verkürzt die Kommissionierzeiten, erfordert jedoch einen nicht unerheblichen organisatorischen Aufwand und ist ohne heute selbstverständlichen EDV-Einsatz nicht durchführbar.

Die Kommissionierer stellen in ihren Zonen mehrere Aufträge zusammen, was leicht zu Fehlern führt und Kontrollen erforderlich macht.

Sowohl die Aufteilung des Kommissionierauftrages als auch die Zusammenführung können recht aufwändig sein, sodass manche Unternehmen der parallelen Kommissionierung kritisch gegenüberstehen. Die Zeitersparnis ist in jedem einzelnen Fall dem entstehenden Aufwand gegenüberzustellen.

Die **Pick- und Pack-Kommissionierung** ist ein beliebtes Kommissionierungssystem bei relativ kleinvolumigen Gütern. Das Lagerverwaltungssystem ist in der Lage, das Kommissioniervolumen eines Auftrages und die erforderliche Größe des benötigten Versandkartons zu ermitteln. Die entnommenen Lagergüter brauchen nur noch in den Versandkarton eingelegt zu werden.

Eine Kommissionierung kann konventionell unter Verwendung von Belegen oder beleglos erfolgen.

Ein in der Praxis gerne angewandtes Verfahren, das auf Kosten sparende Weise Kommissionier-Unterlagen erstellt, ohne ein kompliziertes Belegwesen zu verursachen, wird von *Lerchenmüller* wie folgt beschrieben:

(1) Die Bestellung wird vom Kunden direkt an das EDV-System des Lieferanten übermittelt. Dies kann über eine On-Line-Verbindung oder auch über Telefon erfolgen.

↓

(2) Das System sammelt die Aufträge und erstellt daraus automatisch die Kommissionierunterlagen. Dabei wird jede Kommissionier-Position auf einem separaten Klebeetikett ausgedruckt. Die Etiketten befinden sich auf einem Endlospapier, welches vom Drucker nach der letzten Kommissionier-Position abgeschnitten wird.

↓

(3) Der Kommissionierer klebt nun bei jedem zu sammelnden Artikel das entsprechende Etikett auf die Wareneinheit. Dadurch wird sichergestellt, dass weder eine Sammelposition vergessen wird (sonst bliebe ja ein Etikett übrig), noch ein Artikel doppelt kommissioniert wird (für ihn wäre kein Etikett mehr verfügbar). Der einzige durch dieses Verfahren nicht ausschließbare Fehler besteht in einer falschen Zuordnung eines Etiketts zu einem Artikel.

Das Lesen von Kommissionierbelegen verursacht einen Zeitaufwand und stellt eine Fehlerquelle dar. Dies kann vermieden werden, wenn bei kleinvolumigen Artikeln **beleglos** kommissioniert wird. Die beleglose Kommissionierung sollte möglichst mit einem automatischen Fördersystem verbunden werden.

Einen Überblick über den Arbeitsablauf bei dem konventionellen Kommissionieren mit Belegen und bei dem beleglosen Kommissionieren vermittelt die folgende Übersicht:

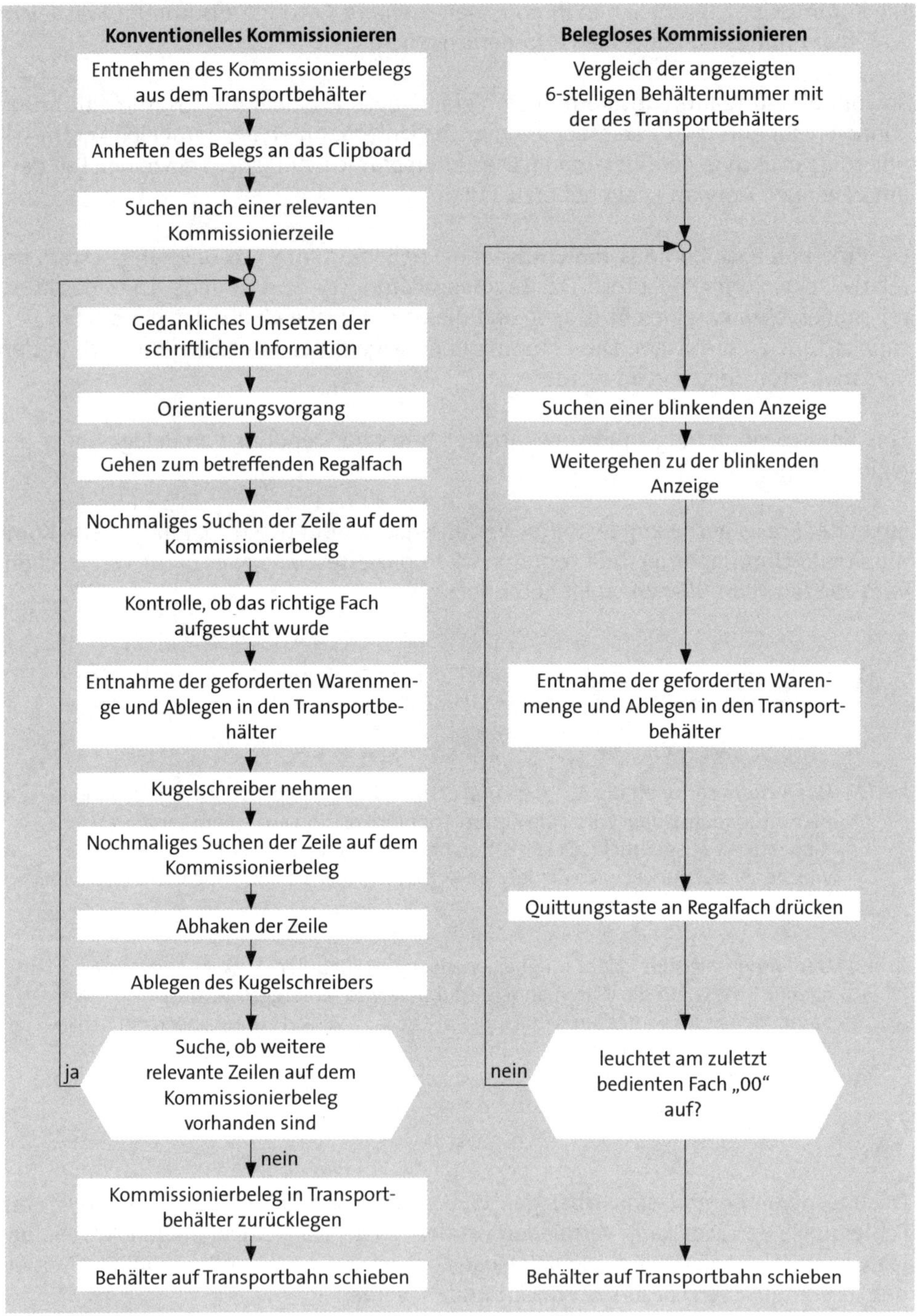

Quelle: *Schulte*

Aufgabe 31 > Seite 276

6.3.3 Materialausgang

Der Materialausgang ist der Schlusspunkt der Materialauslagerung. Die Lagergüter gelangen entweder in die Fertigung oder zum Versandplatz. Sie werden entweder vom Bedarfsträger abgeholt („Holsystem“) oder zum Bedarfsträger transportiert („Bringsystem“).

Beim Transport ist es besonders wichtig, einen reibungslosen Ablauf zu erreichen und Transportzeiten zu minimieren. Mithilfe von Steuerungsrechnern werden die Förderwege innerhalb des Lagers in kürzester Zeit ermittelt und per Computer an die Fahrer der Förderzeuge weitergegeben. Bei vollautomatischen Fördersystemen gelangen die Transportanweisungen an die dezentralen Rechner dieser Systeme (*Schulte*).

7. Lagerverwaltung und Lagersteuerung

Ein reibungsloser, wirtschaftlicher Ablauf der Lagervorgänge und des internen Transports ist nur möglich, wenn ein effizientes Lagerverwaltungs- und -steuerungssystem vorhanden ist.

Es hat die optimale Gestaltung

- der Materialeinlagerung
- der Materialauslagerung
- der Bestandsüberwachung
- der Lagerbewegungen

zum Inhalt.

Wichtige Einzelaufgaben eines Lagerverwaltungs- und -steuerungssystems sind:

- Optimierung der Reihenfolge von Ein- und Auslagerungsaufträgen
- Zuordnung von Einlagerungsaufträgen zu Leerflächen
- Zuordnung von Auslagerungsaufträgen zu Ladeeinheiten
- Veranlassung und Überwachung von Fahranweisungen für die Regalförderzeuge
- reibungslose Identifikation und Kontrolle der Ein- und Auslagerung von Lagerhilfsmitteln
- Führung des Lagerabbildes (Leerfächer und belegte Fächer)
- Fortschreibung aller Mengen der ein- und ausgelagerten Artikel
- Regelung sämtlicher Transportvorgänge
- Regelungen betreffend den Einsatz von Mensch und Technik

(*Kämpf/Kühnle*).

Im Lagerbereich operiert man vielfach in einer dreistufigen Hierarchie, mit

- einem Host-Rechner
- einem Lagerverwaltungsrechner
- einem Lagerprozessrechner.

Die auf dem Markt befindliche Software ist sehr reichhaltig. *Bichler/Schröter* haben eine exemplarische Auflistung von Softwarefunktionen veröffentlicht, die unternehmensindividuell zu erweitern oder zu reduzieren ist.

Zu der Lagerverwaltung im weiteren Sinne können auch die **Rechnungssysteme im Lager** gezählt werden. Es handelt sich dabei um folgende Systeme:

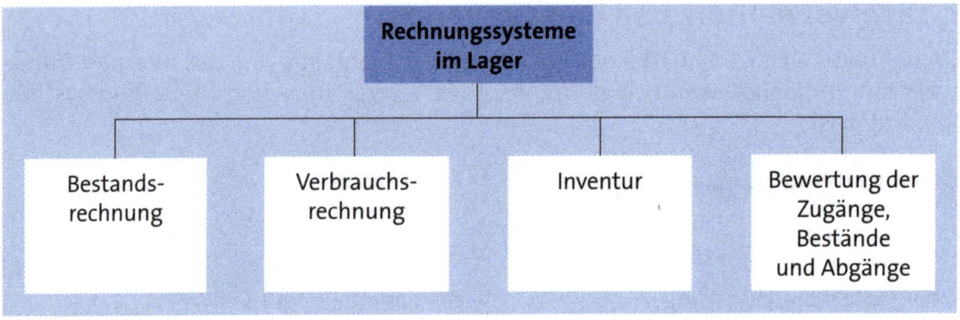

Die **Bestandsrechnung** hat die Aufgabe, die ein- und ausgehenden Materialien mengen- und wertmäßig zu erfassen und die relevanten Bestände auszuweisen.

Die **Verbrauchsrechnung** erfasst die bestandsverändernden Vorgänge und ist bei der Wahl eines geeigneten Verfahrens in der Lage festzustellen, wie viele Materialien für die einzelnen Aufträge benötigt werden.

Der **Inventur** fällt die Aufgabe zu, die tatsächlichen Bestände (Ist-Bestände) zu erfassen.

Die **Bewertung der Zugänge, Bestände und Abgänge** ist zum einen für handels- und steuerrechtliche Zwecke erforderlich und zum anderen benötigt die Kostenrechnung Daten über Bestände und den bewerteten Güterverzehr.

Die Rechnungssysteme im Lager sind für das Unternehmen von großer Bedeutung, stellen aber in ihrer Breite keine logistisch-spezifische Aufgabe dar. Aus diesem Grunde soll an dieser Stelle auch nicht näher darauf eingegangen werden.

Aufgabe 32 > Seite 277

8. Technische Lagersysteme

Eine Entscheidung für ein bestimmtes Lagersystem und damit für eine bestimmte Lagertechnik hängt von einer Vielzahl von Kriterien ab, von denen dem Lagergut selbst große Bedeutung zufällt.

Stellt man einen Kriterienkatalog zusammen, könnte er folgendes Aussehen haben:

- Investitionsaufwand
- Personalbedarf
- Automatisierungsgrad bzw. Automatisierbarkeit
- Anforderungen an die Lagergebäude, Möglichkeit der Raumausnutzung und Ausbaufähigkeit
- Lagerkosten
- Beschädigungsgefahr
- Störanfälligkeit des Verfahrens
- Zugriffsmöglichkeit
- Umschlagsleistung
- Übersichtlichkeit
- Möglichkeit, das Fifo-Prinzip zu realisieren
- Anforderungen an die Lagerorganisation
- Möglichkeit der geschützten Lagerung
- Bestandsführung und Bestandskontrolle
- Kommissionierbarkeit
- Anpassungsfähigkeit an unterschiedliche Lagergüter.

Selbstverständlich können bei der Entscheidung für ein Lagersystem nicht sämtliche Kriterien berücksichtigt werden.

Auf die einzelnen Lagersysteme wurde bereits im Kapitel B.2.3.2 (Lagertechnik) eingegangen. Es wird auf diese Ausführungen hingewiesen.

Aufgabe 33 > Seite 277

Aufgabe 34 > Seite 277

E. Produktionslogistik

Die Produktionslogistik stellt einen wichtigen Teil der logistischen Kette dar, der in enger Verbindung mit anderen Bereichen, in erster Linie mit der Beschaffungs- und Lagerlogistik steht.

Die Produktionslogistik lässt sich wie folgt **definieren**: *„Die Produktionslogistik ist abgestützt auf die übergeordnete Unternehmenslogistik, die Gesamtheit der Aufgaben und deren abgeleiteten Maßnahmen zur Sicherstellung eines optimalen Informations-, Material- und Wertflusses im Transformationsprozess der Produktion"* (*Wyss*). Die Produktionslogistik übt eine flussbezogene Koordinationsfunktion im Rahmen der Produktionswirtschaft aus.

Produktionswirtschaft und Produktionslogistik sind nicht identisch. Wenn die beiden Bereiche auch nicht völlig unterschieden werden können, ergeben sich doch zu differenzierende Aufgabenbereiche.

In den folgenden Ausführungen werden behandelt:

Produktionslogistik	Produktionsstrategien
	Logistische Grundlagen
	Logistikinhalte

1. Produktionsstrategien

Produktionsstrategien prägen die Produktionslogistik wesentlich, sie geben Anstöße, das „Fließen" als Material-, Informations- und Wertefluss zu optimieren.

Bei den Produktionsstrategien unterscheidet man

- ursprüngliche Strategien
- abgeleitete Strategien.

Eine Reihe von Strategien resultiert ursprünglich nicht aus produktionswirtschaftlichen Überlegungen, sondern hat ihren Ursprung in anderen Bereichen, in erster Linie im Marketingbereich, wird also aus Marketingstrategien abgeleitet.

Einige wichtige Bereiche aus dem Gebiet der Fertigung, die strategierelevant sind, werden in der folgenden Übersicht wiedergegeben:

Bereich	Hinweise für die inhaltliche Beschreibung der Strategien
Betriebsgröße	a) Untergrenze/Obergrenze b) Art der Betriebsgrößenänderung
Kapazität	a) Kapazitätsvergrößerung ► Investitionspolitik ► Verhinderung von Kapazitätsüberlastung b) Kapazitätsabbau ► Abbau von überschüssigen Kapazitäten ► Fremdbezug c) Entflechtung von Kapazitäten
Fertigungssteuerung	Einsatz der computergestützten Fertigung (CAM = Computer Aided Manufactoring und CIM = Computer Integrated Manufactoring)
Fertigungsdurchführung	a) Einsatz flexibler Anlagen b) Verminderung der Durchlaufzeiten c) Organisatorische Konzepte
Produktqualität	a) Festlegung von Qualitätsmerkmalen b) Intensivierung der Qualitätsüberwachung
Produktionstiefe	Make-or-buy
Kunden-Service	a) Zuordnung zum Marketing- oder Produktionsbereich b) Aufbau eines Kundendienstnetzes
Kosten	a) Kostensenkungspotenziale b) Kostenrechnungssysteme

2. Logistische Grundlagen

Die logistischen Grundlagen des Fertigungsunternehmens stellen die Einflussgrößen der Produktionslogistik dar.

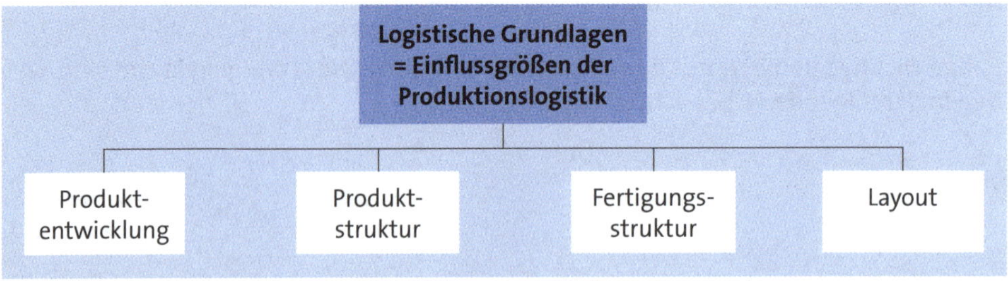

2.1 Produktentwicklung

Bei der Produktentwicklung sollte daran gedacht werden, dass bereits in der Zeit der Entwicklung eines Konstruktionskonzeptes oder einer Produktinnovation die produktionstechnischen und logistischen Aspekte mit der Produktentwicklung vorangetrieben werden. Damit wird vermieden, dass Produkt- und Prozessentwicklung in zeitlich sequenzieller Folge verlaufen (*Wyss*).

Auch sollte die Einbindung von Lieferanten in den Innovationsprozess recht früh beginnen, was wesentlich zu einer reibungslosen Gestaltung des Materialflusses beiträgt.

2.2 Produktstruktur

Die Produktstruktur löst Logistikleistungen aus, ist für den Logistiker also von großer Bedeutung. Er muss die für die Logistik relevanten Programmelemente erkennen und untersuchen. Dafür bietet sich die ABC-Analyse an.

Zur Feststellung der Produkte, die den größten flussbezogenen Koordinationsaufwand verursachen, schlagen *Weber/Kummer* eine Vorgehensweise in zwei Schritten vor:

- Bestimmung der Teilevielfalt und des Grades an singulären Teilen
- Gegenüberstellung der Logistikintensität und der erwarteten Produktionsmengen.

Eine große **Teilevielfalt**, die durch komplizierte Produkte und mangelnde Standardisierung und Normung entsteht, bedingt einen hohen Logistikaufwand. Ein hoher Grad an **singulären Teilen** hat die gleiche Wirkung.

Singulär sind Teile dann, wenn sie nur für ein Fertigprodukt oder eine Fertigproduktgruppe verwendet werden.

Die **Logistikintensität** wird mithilfe einer **Vierfelder-Matrix** bestimmt:

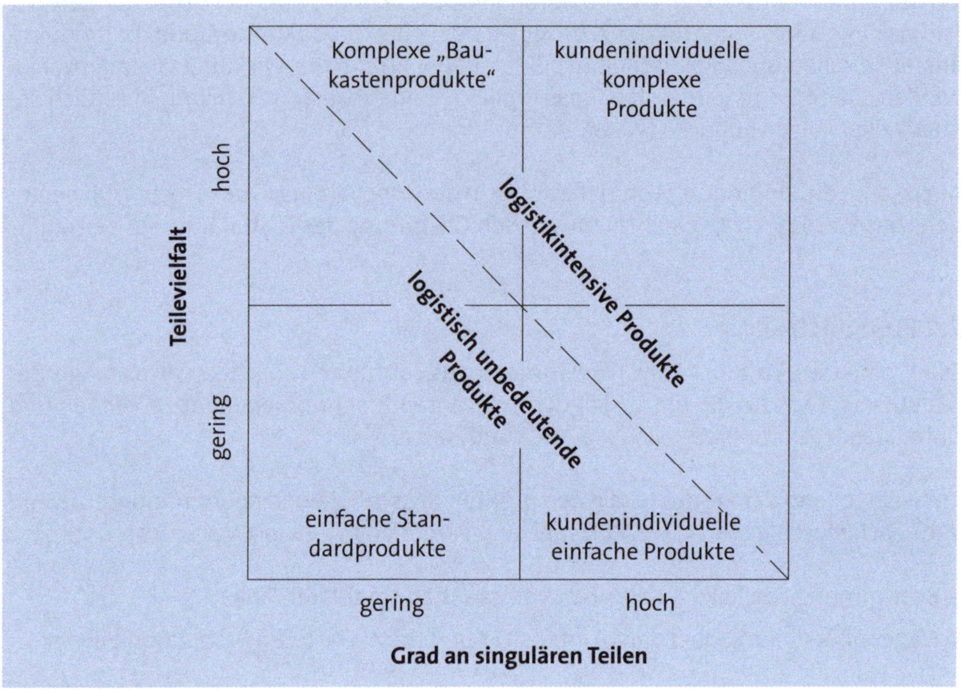

Quelle: *Weber/Kummer*

Produkte mit einer **geringen Teilevielfalt** und einem **geringen Grad an singulären Teilen** sind **Standardprodukte** mit einem geringen flussbezogenen Koordinationsaufwand.

Produkte mit einer **hohen Teilevielfalt** und einem **geringen Grad an singulären Teilen** müssen logistisch stärker beachtet werden. Es handelt sich um komplexe Produkte, gefertigt nach dem Baukastenprinzip. Wird eine Standardisierung innerhalb der Bauteile vorgenommen, lässt sich der Koordinationsaufwand reduzieren.

Wenn bei Produkten die Individualisierung nicht mittels des Baukastenprinzips erzielt werden kann, verursachen sie einen mittleren Koordinationsaufwand, wenn die Erzeugnisse eine große Teilevielfalt aufweisen. Eine Standardisierung und Normung von Teilen sowie die Verwendung von Baugruppen reduzieren den Koordinationsaufwand.

Produkte mit einer **großen Teilevielfalt** und einem **hohen Grad an singulären Teilen** verursachen einen hohen Koordinationsaufwand. Die komplexen, kundenindividuellen Erzeugnisse sind sehr logistikintensiv. Rationalisierungspotenziale wie Standardisierung oder Komplexitätsreduzierung müssen unbedingt genutzt werden.

Ein flussbezogener Koordinationsaufwand kann durch Veränderungen am Produkt und durch ablauforganisatorische Änderungen verringert werden.

Die Gegenüberstellung der Logistikintensität der Produkte und der erwarteten Produktionsmengen zeigt die folgende Matrix:

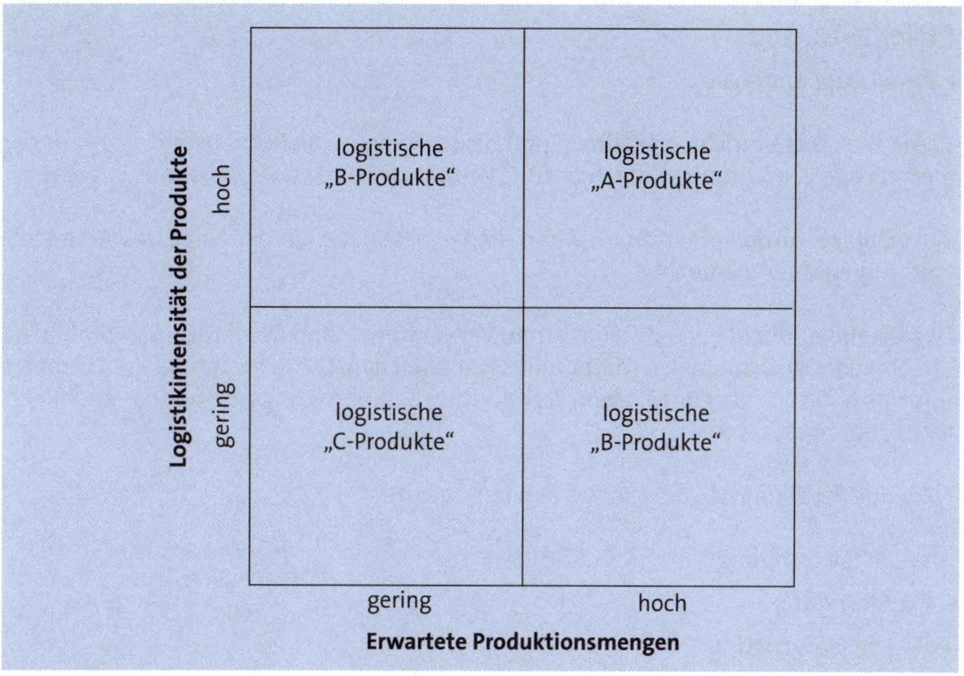

Quelle: *Weber/Kummer*

Mit der Produktionsmenge der Erzeugnisse steigt die Bedeutung für die Logistik. Es bleibt jedoch festzustellen, dass auch logistischer Aufwand entsteht, der nicht im direkten Zusammenhang mit der Produktionsmenge zu sehen ist bzw. von dieser nur unwesentlich beeinflusst wird.

2.3 Fertigungsstruktur

Durch die Festlegung der Fertigungsstruktur werden Material- und Informationsfluss wesentlich bestimmt. Zwischen der gewählten Fertigungsstruktur und den Fertigungsprozessen besteht eine auch für die Logistik bedeutende Wechselbeziehung. Die Fixierung der Fertigungsstruktur ist gleichzeitig die Entscheidung für den Fertigungsprozess (*Weber/Kummer*).

Die Fertigungsstruktur wird wesentlich von den Fertigungsprinzipien bestimmt. Diese prägen den Materialfluss und beeinflussen die Material-Durchlaufzeiten. Darüber hinaus haben sie Auswirkungen auf den Koordinationsaufwand für die Sicherstellung eines optimalen Betriebsablaufs (*Schulte*).

Bei den Fertigungsprinzipien ist zu unterscheiden zwischen

- dem Verrichtungsprinzip
- dem Objektprinzip
- dem Gruppenprinzip.

Wenn man das **Verrichtungsprinzip** praktiziert, werden die Betriebsmittel, mit denen gleichartige Verrichtungen durchgeführt werden, in Werkstätten zusammengefasst.

Vom **Objektprinzip** spricht man, wenn die Betriebsmittel in der Folge des Arbeitsablaufs angeordnet werden.

Das **Gruppenprinzip** bedeutet, dass man Verrichtungs- und Objektprinzip kombiniert, um einen möglichst idealen Materialfluss zu erreichen. Die Realisierung des Gruppenprinzips führt zu Fertigungsinseln, Fertigungszellen, Fertigungssegmenten und flexiblen Fertigungssystemen.

Folgende Fertigungsstrukturen werden behandelt:

- Werkstattfertigung
- Fließfertigung
- Baustellenfertigung
- Gruppenfertigung
- Fertigung, die durch die Menge der in einem Los gefertigten Erzeugnisse bestimmt wird
- japanische Formen der „Lean production"
- Fertigungssegmentierung
- fraktale Strukturierung.

Die fünf erstgenannten Strukturen werden als klassische Fertigungsstrukturen bezeichnet.

2.3.1 Klassische Fertigungsstrukturen

Zunächst werden die klassischen Fertigungsstrukturen in der folgenden Darstellung behandelt:

<table>
<tr><td>Werkstattfertigung</td><td>Fertigung nach dem Verrichtungsprinzip

Die Maschinen mit gleichartiger Arbeitsverrichtung werden räumlich zu Werkstätten zusammengefasst, z. B. Dreherei. Der Produktionsablauf resultiert aus den Standorten der Maschinen.

Vorteile:
► große Anpassungsfähigkeit
► Leistungsverbesserung durch Spezialisierung
► geringe Störanfälligkeit des Produktionsablaufs
► niedrigerer Kapitalbedarf als bei anderen Verfahren

Nachteile:
► Zwischenläger erforderlich
► viele Transportvorgänge mit erheblichen Transportzeiten und Transportkosten
► großer Aufwand für Produktionsplanung und Produktionssteuerung

Fazit: Logistisch sehr aufwändig</td></tr>
<tr><td>Fließfertigung</td><td>Fertigung nach dem Objektprinzip

Die Maschinen und Arbeitsplätze werden räumlich nach dem Fertigungsablauf angeordnet. Die Transportvorgänge und Transportwege sind kurz. Die Fließfertigung kommt in drei Formen vor:

Die Fließbandfertigung ist dadurch gekennzeichnet, dass die Werkstücke durch kontinuierlich laufende Fördermittel oder mit einer bestimmten Taktzeit transportiert werden. Die Arbeitsplätze sind miteinander verkettet.

Bei der Reihenfertigung sind die Produktionsmittel ebenfalls nach dem Produktionsablauf angeordnet, ein zeitlicher Zwangsablauf fehlt.

Eine Fließstraße ist gegeben, wenn auf einem Band mehrere Produktvarianten hergestellt werden können. Die Fertigung anderer Produkte ist nach Umstellung der Anlagen möglich.</td></tr>
</table>

Fließfertigung	**Vorteile** der Fließfertigung: ► kurze Durchlaufzeiten ► kurze Transportzeiten ► Transparenz der Fertigung **Nachteile**: ► hohe Kosten bei Ausfall und Störungen ► geringe Flexibilität ► Arbeitsmonotonie **Fazit:** Fertigung logistisch nicht aufwändig, jedoch hoher Logistikaufwand bei der Beschaffung und eventuell der Lagerung
Baustellenfertigung	**Fertigung nach dem Objektprinzip** Die Betriebsmittel werden zu den zu fertigenden Produkten transportiert und dort zentralisiert, z. B. Hoch- und Tiefbau, Brückenbau.
Gruppenfertigung	**Fertigung nach einer Kombination von Verrichtungs- und Objektprinzip** Für bestimmte Teil-Fertigungsprozesse werden die Produktionsmittel jeweils zu einer Gruppe zusammengefasst. Innerhalb der Gruppen geschieht in der Regel die Anordnung der Betriebsmittel nach dem Fließprinzip.
Fertigung, die durch die Menge der in einem Los hergestellten Erzeugnisse bestimmt wird	Man unterscheidet drei Fertigungsformen: Eine **Einzelfertigung** liegt vor, wenn in einer Periode oder zu verschiedenen Zeitpunkten nur eine Einheit eines bestimmten Erzeugnisses gefertigt wird. **Serienfertigung** bedeutet, dass von bestimmten Produkten eine jeweils definierte Menge hergestellt wird. Die **Sortenfertigung** ist eine Sonderform der Serienfertigung. Aus einem Ausgangsstoff oder einigen Ausgangsstoffen werden mehrere Sorten einer Produktart gefertigt. Erfolgt die Herstellung sämtlicher Produkte zwangsläufig am gleichen Ort, liegen gekuppelte Sorten vor (z. B. Erdölraffinerien). Geschieht die Fertigung aus Wirtschaftlichkeitsgründen am gleichen Ort, spricht man von alliierten Sorten (z. B. Blechherstellung).
Massenfertigung	Es wird eine vorher nicht genau definierte Menge produziert. Es liegt praktisch eine Produktion ohne Begrenzung vor.

Aufgabe 35 > Seite 277

2.3.2 Japanische Formen der „Lean Production“

Die japanischen Formen der „Lean Production“ sind von großer logistischer Relevanz. Die in Japan entwickelten Verfahren werden auch in Deutschland praktiziert.

Der Grundgedanke dieser Verfahren besteht darin, Verschwendungen jeglicher Art zu vermeiden. Dies gilt insbesondere für den Lager- und Personalbereich.

Es wurden für die Fertigung Strukturen geschaffen, die die Vorteile der Werkstattfertigung mit denen der Fließfertigung kombinieren.

Im Folgenden wird ein von *Weber/Kummer* konzipierter Überblick über japanische Fertigungsstrukturen in verkürzter Form wiedergegeben. Es lässt sich feststellen, dass das Prinzip der Prozessorientierung gegenüber der Objektorientierung vorherrscht.

U-förmige Maschinenanordnung	Die Produktionsmittel werden u-förmig angeordnet, damit die Arbeiter mehrere Tätigkeiten in der Reihenfolge des Produktionsprozesses ausführen können, ohne dass sie wegen langer Wege zu einer losweisen Fertigung gezwungen werden.
Jidoka (Autonomation)	Jidoka bedeutet eine Weiterentwicklung der Automation. Die Maschinen werden mit Mechanismen ausgestattet, die die Maschinen selbsttätig anhalten, wenn Abweichungen vom normalen Prozess festgestellt werden. Das Überwachungspersonal wird automatisch verständigt.
Konzept zum Bandstop	Das Jidoka-Konzept lässt sich auf ganze Fertigungsbereiche ausdehnen. Die Arbeiter haben bei Störungen (z. B. fehlende Teile) die Möglichkeit, das Band zu stoppen. Organisatorische Rückkoppelungsschleifen sorgen für die Behebung der Ursachen des Problems, das den Bandstopp verursacht hat.
Integration der Kontrolle	Die Kontrolle der gefertigten Teile wird den direkt am Herstellungsprozess beteiligten Arbeitern übertragen. Dies trägt mit zu einem reibungslosen Herstellungsprozess bei.
Poka-Yoke (narrensicherer Mechanismus)	Das Auftreten von Problemen wird direkt an der Entstehungsquelle verhindert. Die Poka-Yoke-Vorrichtungen sind mechanische Vorrichtungen, mit denen es unmöglich wird, Maschinen falsch zu bedienen oder falsch zu bestücken.
SMED (Single Minute Exchange of Die)	Das SMED-Konzept will erreichen, dass die Losgrößen in der Fertigung an die Zahl Eins angenähert werden. Dies kann nur erreicht werden, wenn die Werkzeugwechselzeiten in den Bereich von Minuten gedrückt werden. Zu diesem Zweck ist ein ganzes System von Vorrichtungen entwickelt worden.

2.3.3 Fertigungssegmentierung

Mit der Fertigungssegmentierung hat sich vor allem *Wildemann* beschäftigt, der das Konzept der **modularen Fabrik** entwickelt hat.

Als Fertigungssegment versteht *Wildemann* die Zusammenfassung produktorientierter Organisationseinheiten der Produktion, die mehrere Stufen der logistischen Kette eines Produktes umfassen und mit denen eine spezifische Wettbewerbsstrategie verfolgt wird.

Fertigungssegmente lassen sich durch **folgende Merkmale** charakterisieren:

- Markt und Zielausrichtung
  Bildung von Fertigungsbereichen, die auf spezielle Wettbewerbsstrategien ausgerichtet sind.
- Produktorientierung
  Ausrichtung der Fertigungssegmente auf bestimmte Produkte mit der Konsequenz einer niedrigen Fertigungsbreite und einer hohen Fertigungstiefe.
- Mehrere Stufen der logistischen Kette eines Produktes
  Ein Fertigungssegment erstreckt sich auf mehrere Stufen des Wertschöpfungsprozesses des Produktes.
- Übertragung indirekter Funktionen
  Die Mitarbeiter führen auch indirekte Tätigkeiten aus, und planende Tätigkeiten werden vom Segment selbst vorgenommen.
- Kostenverantwortung
  Die Fertigungssegmente stellen „Cost Center" dar; die indirekten Kosten lassen sich besser den Erzeugnissen zurechnen.

Die Segmentierung bewirkt einen **modularen Aufbau** der Fabrik. Man kann die einzelnen Module an den jeweils günstigsten Standort verlagern. Die Flussoptimierung lässt sich erreichen und die Durchlaufzeiten können optimiert werden. Die Bestände gehen zurück und der Koordinationsaufwand wird reduziert. Der gesamte Material- und Informationsfluss wird nicht mehr nur in einer Fertigung konzentriert.

2.3.4 Fraktale Strukturierung

Die fraktale Strukturierung führt zur **fraktalen Fabrik** nach *Warnecke*.

Als fraktal wird eine selbstständig agierende Unternehmenseinheit mit eindeutig beschreibbaren Zielen verstanden. Fraktale sind gekennzeichnet durch:

- Selbstähnlichkeit
- Selbstorganisation
- Dynamik/Vitalität.

Unter **Selbstähnlichkeit** versteht man die Tatsache, dass jedes Fraktal eine kleine fraktale Fabrik in sich ist, dabei eine ganzheitliche Abwicklung der Aufgaben, die das Fraktal erfüllen soll, durchgeführt wird. Die Globalziele des Unternehmens stehen im Vordergrund, sie werden zur besseren Zielerreichung für jedes Fraktal zu Einzelzielen konkretisiert.

Die **Selbstorganisation** erstreckt sich sowohl auf die strategische als auch auf die taktische und operative Ebene. Jedes Fraktal kann je nach seiner strategischen Ausrichtung unterschiedliche Methoden einsetzen.

Warnecke sieht als eine Stärke des Systems an, dass bei der Herstellung verschiedener Typen getrennte Fraktale bzw. Produktlinien für die unterschiedlichen Typen eingerichtet werden. So kann beispielsweise eine klassische Massenfertigung betrieben werden, aber auch ein exklusiver Typ des Massenproduktes gefertigt werden.

Vitalität und Dynamik bedeutet, dass das Unternehmen aus der statischen Struktur der Fertigungssegmentierung ausbrechen und die Fraktale selbstständig an die sich permanent ändernden Umweltbedingungen anpassen soll.

Auf Fragen des Layout wird im nächsten Kapitel eingegangen.

Aufgabe 36 > Seite 278

3. Hauptaufgaben der Produktionslogistik

Die Hauptaufgaben der Produktionslogistik können zu drei Komplexen zusammengefasst werden:

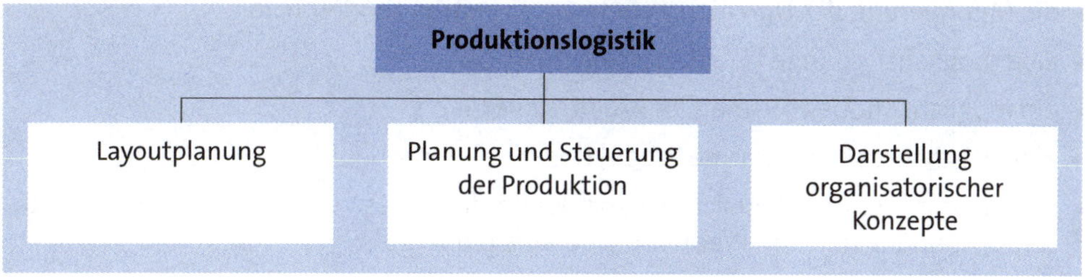

3.1 Layoutplanung

Unter Layout wird das Ergebnis der Festlegung der innerbetrieblichen Standorte verstanden.

Die Layoutplanung kann sowohl als logistische Grundlage des Fertigungsbetriebs als auch als eine der wichtigsten logistischen Aufgaben gesehen werden. Sie ist Grundlage bzw. Einflussgröße der Produktionslogistik, da ein vorhandenes Layout den Material- und Informationsfluss und damit die logistischen Aktivitäten weitgehend bestimmt. Andererseits wird sie zu einer grundständigen logistischen Aufgabe, wenn die Logistik an der Neugestaltung, Umstellung und Erweiterung innerbetrieblicher Standorte maßgeblich mitwirkt.

Die folgenden Ausführungen erstrecken sich auf

- die Ziele der Layoutplanung
- die Bestimmungsfaktoren der Layoutplanung
- die Verfahren der Layoutplanung.

3.1.1 Ziele der Layoutplanung

Hauptziel der Layoutplanung ist die Konzipierung der materialflussgerechten Fabrik. Dieses Ziel ist im Wesentlichen ein Kostenziel, es lässt sich erreichen, wenn Lösungen gefunden werden, die zur Erfüllung des wichtigen Zieles der Kostenminimierung beitragen.

Diese erstreckt sich auf

- die Transportkosten
- die Standortwechselkosten
- die Zwischenlagerungskosten.

Weitere Ziele, die z. T. in den Kostenminimierungszielen bereits ausgedrückt werden, sind:

- die Minimierung der Durchlaufzeiten der zu bearbeitenden Teile
- eine möglichst geringe Liquiditätsbelastung
- ein möglichst hohes Ausmaß an Arbeitssicherheit
- eine möglichst störungsarme Produktion
- eine möglichst hohe Übersichtlichkeit der Produktionsstruktur, die mit einer Erleichterung der Kontrolle des Produktionsablaufs einhergeht
- eine möglichst günstige Raumausnutzung
- ein möglichst hoher Werbungseffekt
- die Realisation einer angestrebten Flexibilität
- menschengerechte und attraktive Arbeitsplätze

(*Corsten*).

3.1.2 Bestimmungsfaktoren der Layoutplanung

Die Layoutplanung ist nicht völlig frei in ihrer Gestaltung, sondern hat bestimmte Einflussgrößen zu berücksichtigen. Nach *Götzelmann* handelt es sich um:

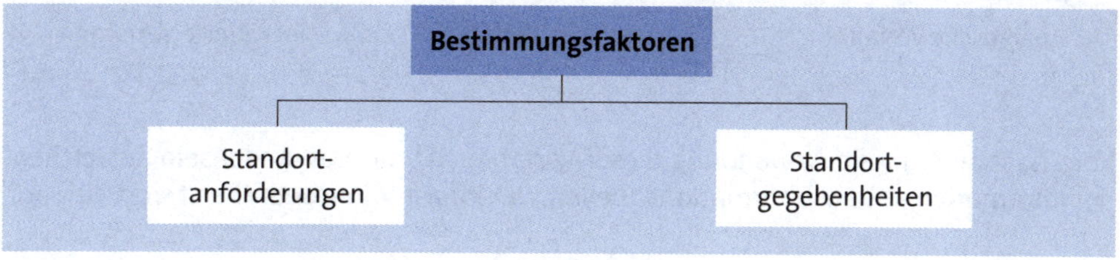

3.1.2.1 Standortanforderungen

Die Standortanforderungen umfassen folgende Faktoren:

- die **Produkte** durch ihr Volumen, ihr Gewicht, den Flächenbedarf für Transportmittel und Lagerung, ihren Einfluss auf die Materialflussrichtung, die Arbeitsgangfolge usw.
- die **Betriebsmittel,** die Einfluss auf den Flächenbedarf, die Flächenform, die Raumhöhe, die Bodentragfähigkeit, die Versorgung und Entsorgung, die Lichtverhältnisse u. Ä. haben
- die **Mitarbeiter** mit ihrem Anspruch auf humane und arbeitswissenschaftlich gesicherte Arbeitsplätze
- die **Produktionsorganisation**, die den Arbeitsablauf in dem innerbetrieblichen Transport beeinflusst.

3.1.2.2 Standortgegebenheiten

Standortgegebenheiten sind die **Betriebsgrundstücke**, die **Gebäude** und die **rechtlichen Vorschriften** wie Bauvorschriften, Gesundheitsvorschriften, Arbeitsschutzvorschriften, Umweltvorschriften u. Ä.

Bei interaktiven Layoutplanungssystemen werden die Standortgegebenheiten gleich zu Beginn des Planungsprozesses berücksichtigt, die Standortanforderungen interaktiv während des ganzen Planungsprozesses.

3.1.3 Verfahren der Layoutplanung

In der Literatur wird eine Vielzahl von Verfahren der Layoutplanung beschrieben, und auch die Praxis bedient sich vieler dieser Verfahren. In den folgenden Abschnitten werden drei Gruppen von Verfahren betrachtet:

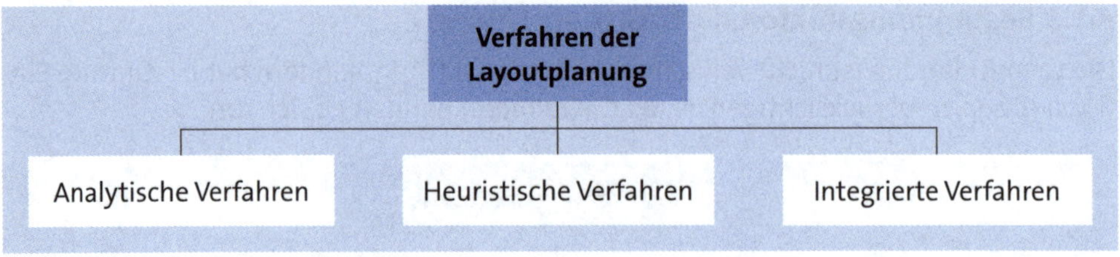

Voraussetzung für die Anwendung dieser Verfahren ist das Vorhandensein ausreichender Informationen bzw. Informationsquellen. Der **Informationsbedarf** erstreckt sich auf

- das Erzeugnisprogramm
- das Fertigungsprogramm
- die benötigten Betriebsmittel
- die benötigte Fläche
- die benötigten Mitarbeiter.

3.1.3.1 Analytische Verfahren der Layoutplanung

Die analytischen Verfahren sind durch eine algorithmische Vorgehensweise gekennzeichnet, es handelt sich um folgende Vorgehensweisen:

Vollständige Enumeration	Für sämtliche Kombinationsmöglichkeiten werden Zielfunktionswerte berechnet. Der Rechenaufwand ist sehr groß.
Branch- and Bound-Verfahren	Die Lösungsmenge wird in Untermengen (Branch) zerlegt, diese werden hierauf mit dem bestmöglichen Wert, der gerade noch realisierbar erscheint, bewertet. Die Untermenge mit dem günstigsten Bound wird weiter aufgespalten. Diese Vorgehensweise wird so lange wiederholt, bis sich in der Untermenge eine vollständige Lösung ergibt, deren Zielfunktion mit dem Bound übereinstimmt (vgl. *Müller-Merbach, Corsten*). Der Rechenaufwand kann auch sehr groß sein.
Quadratisches Zuordnungsproblem	Bei dem Zuordnungsproblem geht es darum, i Arbeitsplätze an j Standorten so zu positionieren, dass die Transportkosten zum Minimum werden.

Ausführlicher siehe *Corsten*.

3.1.3.2 Heuristische Verfahren der Layoutplanung

Bei den heuristischen Verfahren unterscheidet man

- nichtinteraktive Verfahren
- interaktive Verfahren.

3.1.3.2.1 Nichtinteraktive Verfahren

Bei den nichtinteraktiven Verfahren handelt es sich um

- die Konstruktionsverfahren
- die Vertauschungsverfahren
- die Kombinationsverfahren.

Die genannten Verfahren werden wie folgt skizziert:

<table>
<tr>
<td>Konstruktions-verfahren</td>
<td>
Man geht von einer leeren Planungsgrundfläche aus. Nach eigenem Ermessen wird vom Planer eine Organisationseinheit ausgesucht, die nach und nach durch Einsetzen neuer Einheiten zu einemLayout führt. Schon angeordnete Einheiten werden nicht mehr verändert.

Es sind mehrere Konstruktionsverfahren möglich, sie unterscheiden sich durch das Kriterium, mit dessen Hilfe die Menge der anzuordnenden Einheiten in eine Reihenfolge gebracht wird. Die Verfahren brechen ab, wenn sämtliche Organisationseinheiten angeordnet sind (Corsten).

Die schematische Vorgehensweise stellt sich nach Brandt wie folgt dar:

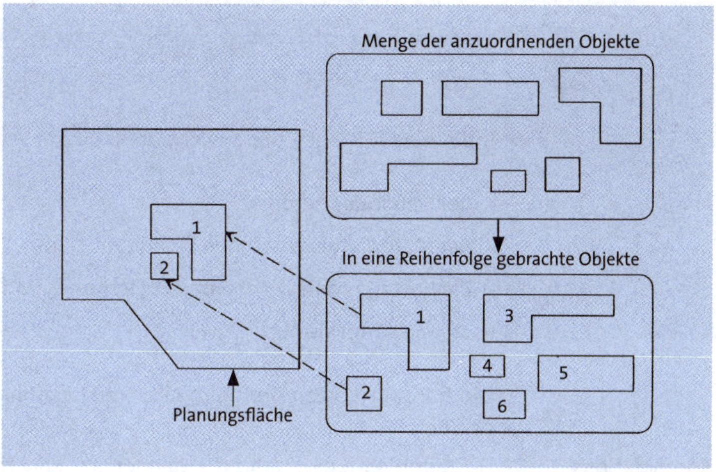

EDV-gestützte Konstruktionsverfahren haben als Input beispielsweise:

► Präferenzmatrix (die Elemente geben die Wünschbarkeit der Nachbarschaft der Einheit i mit der Einheit j an)
► Zahl der zu berücksichtigenden Organisationseinheiten
► Platzbedarf der Organisationseinheiten
► Gewichte g für die Elemente der Präferenzmatrix.
</td>
</tr>
</table>

Vertauschungs-verfahren	Es wird ein vorläufiges Layout gebildet, das auf eine beliebige Basisanordnung zurückgeht = Ausgangslayout. Durch mehrmaliges Vertauschen von Organisationseinheiten versucht man ein günstigeres Layout zu finden. Nach jedem Vertauschen ermittelt man den Zielfunktionswert. Wenn keine Verbesserung des Zielfunktionswertes mehr möglich ist, ist der Planungsprozess abgeschlossen. Das Vertauschungsverfahren wird in seinem Prinzip von *Brandt* wie folgt dargestellt: 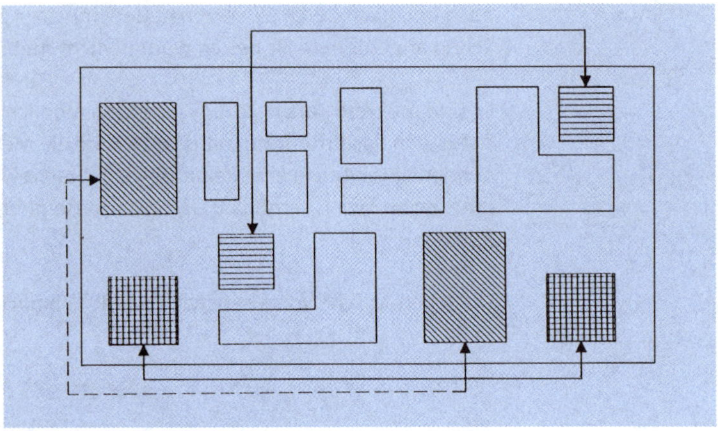 Input eines EDV-gestützten Verfahrens sind ► der Gebäudegrundriss ► der Materialfluss zwischen Einheiten i und j ► die Kosten pro Gewichts- und Entfernungseinheit ► die Ausgangslösung. Die Transportkosten sind zu minimieren (ausführlicher *Brandt*, *Corsten*).
Kombinations-verfahren	Die Kombinationsverfahren verbinden das Konstruktions- und das Vertauschungsverfahren miteinander. Unter Einsatz des Konstruktionsverfahrens wird ein Ausgangslayout gebildet. Dieses stellt die Basis des Vertauschungsverfahrens dar.

3.1.3.2.2 Interaktive Verfahren

Im Gegensatz zu den nichtinteraktiven Verfahren, bei denen nach der Dateneingabe der Layoutplanungsprozess bis zum Ende durchläuft, können bei den interaktiven Verfahren während des Planungsprozesses Nebenbedingungen eingegeben und Festlegungen geändert werden.

Folgende Interaktionen werden von *Brandt* genannt:

- Interaktionen bei der Programmsteuerung
- Interaktionen bei der Eingabe grafischer Größen und alphanumerischer Größen
- Interaktionen bei der eigentlichen Layouterstellung
- Interaktionen, die während und nach der durch das selbsttätige Optimierungsprogramm durchgeführten Anordnung vorgenommen werden:
  - Die Anzahl der anzuordnenden Flächen wird angegeben, die vom Programm selbsttätig angeordnet werden; das Programm stoppt nach der Anordnungsprozedur und wartet auf weitere Anweisungen.
  - Die vom Programm angeordneten Einheiten werden auf einem Grafikschirm sichtbar gemacht, worauf der Planer sofort reagieren kann.

Der Einsatz von **CAD-Systemen** bedeutet für die Layoutplanung einen großen Fortschritt.

Das Layout setzt sich aus mehreren Stufen zusammen. Auf der untersten Stufe werden die grafischen Grundelemente als Punkte, Geraden usw. abgebildet, aus denen nacheinander Bausteine, Ebenen und dann das ganze Layout entstehen. Mit dem Einsatz der CAD-Systeme ist eine Integration der Einzelarbeitsgänge verknüpft. Der Planer kann selbstständig über Veränderungen oder Verbesserungen des Layout entscheiden (*Corsten*).

In den Unternehmen werden verschiedene CAD-Systeme eingesetzt. Ein interessantes Verfahren ist das Layoutplanungssystem **LAPLAS** von *Brandt*. Es hat folgende Programmteile:

- Programmteil zur selbstständigen Erstellung eines Layoutvorschlages
- Programmteil zur frei interaktiv definierbaren Layoutcharakterisierung
- Programmteil zur grafisch-interaktiven Layouterstellung und -parametrisierung
- Verknüpfendes Rahmenprogramm.

Das LAPLAS-System ist ein **Stufenkonzept**. Zunächst wird ein Idealzustand und darauf basierend ein Realstandort aufgebaut. Jede neu anzuordnende Planungsfläche, jede anzuordnende Organisationseinheit wird auf diese Weise behandelt. (Ausführlicher zu den interaktiven Verfahren vgl. *Brandt, Corsten, Götzelmann, Günther/Tempelmeier, Heinzel.*)

Die **Grundstruktur** des LAPLAS-Systems hat folgendes Aussehen:

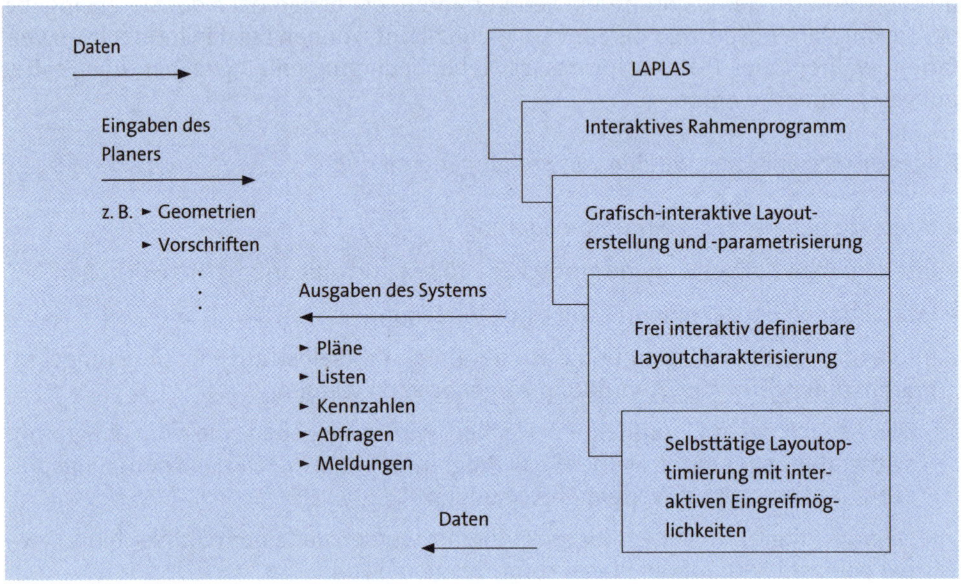

3.1.3.3 Integrierte Verfahren

Bei den integrierten Verfahren ist die Layoutplanung Teil einer Gesamtplanung. Layoutplanungen werden in ein umfangreiches Programmsystem integriert, die Layoutplanung steht damit in einem größeren Problemzusammenhang.

Die entwickelten Systeme sind sehr verschieden und beschreiten z. T. unterschiedliche Wege. Der Rahmen dieses Buches würde bei weitem gesprengt, ginge man auf die zahlreichen Systeme ein. Es wird auf die umfangreiche Literatur hingewiesen (u. a. auf *Brandt, Corsten, Martin, Reese, Wäscher*).

Aufgabe 37 > Seite 278

3.2 Grundfragen der Planung und Steuerung der Produktion

3.2.1 Überblick

Die Produktionsplanung und -steuerung bedeutet die **Planung**, **Veranlassung** und **Überwachung** der Fertigungsdurchführung in mengen- und terminmäßiger Hinsicht.

Die Produktionsplanung und -steuerung bezieht sich nicht nur auf die Fertigung im engeren Sinne, sondern erstreckt sich auch auf die ihr vorgelagerten und nachgelagerten Bereiche. Von besonderer Bedeutung ist die Materialwirtschaft bzw. die Beschaffungslogistik.

Die folgende Darstellung vermittelt einen Überblick über das Modell eines Auftragsablaufs in der Fertigung.

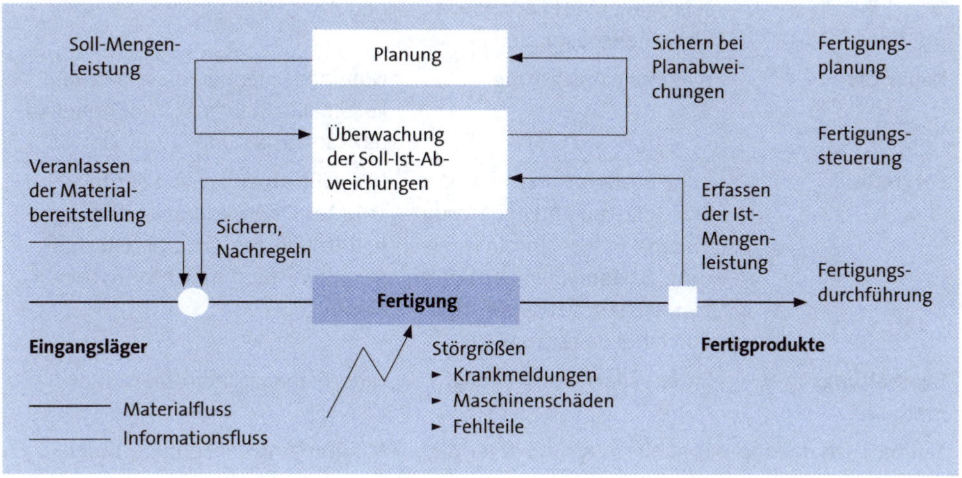

Quelle: *Heiserich*

In der Produktion hat sich in den letzten Jahren eine logistische Denkweise durchgesetzt, die zu Verschiebungen in den Zielsetzungen geführt hat. Die Ausrichtung auf den Markt, die absolute Termintreue, kurze Durchlaufzeiten, die Vermeidung von Zwischenlägern und Fertigungslägern haben Ziele wie die permanente Kapazitätsauslastung und größere Vorratshaltung abgelöst.

Im Folgenden wird eine Zusammenstellung von Verschiebungen von Zielgrößen der Fertigung von *Bichler/Kalker/Wilken* auszugsweise wiedergegeben:

Kriterium	Vergangenheit	Zukunft
Arbeitsaufgabe	verrichtungsbezogen, tayloristisch	produkt- oder produktgruppenbezogene Teamarbeit, Job Enrichment, Humanzentrierung, mehr Delegation von Verantwortung
Art der Fertigung	Werkstattfertigung	Fließfertigung, Pull- oder Abrufmethode (Kanban), Werkstattfertigung nur in ausgewählten und dafür prädestinierten Produktionsprozessen
Art der Steuerung bzw. Methode	programmgesteuert, deterministisch, kein oder nur geringer Planungsvorlauf	kundenauftragsbezogen, deterministisch und stochastisch, hoher Planungsvorlauf
Art der Planung	Sukzessivplanung: ► Materialbedarfsplanung ► Kapazitätsplanung ► Betriebsmittel	Ressourcenplanung, d. h. simultane Betrachtung aller Ressourcen

Kriterium	Vergangenheit	Zukunft
Disposition	gleichartige Behandlung aller Teile, generelles Führen von Sicherheitsbeständen	differenzierte Behandlung aller Teile und Baugruppen
Kapazität	maximale Auslastung	Dominanz niedriger Bestände und kurzer Durchlaufzeiten vor hoher Kapazitätsauslastung
Losgröße	hohe Bestände an unfertigen Erzeugnissen und Enderzeugnissen, Rüstkostenminimierung, Bestandsdenken, Lieferbereitschaft, gewährleistet durch hohe Bestände	Losgröße abhängig von der Teilestruktur, Orientierung an den Lagerhaltungskosten, Lieferbereitschaft, gewährleistet durch Information und Planung
Beschaffungsmethodik	Einzelbedarfsbeschaffung	Langfristbedarf, Abrufaufträge
Fehlteilebehandlung	Fehlteile aufgrund deterministischer Betrachtung unumgänglich	Minimierung der Fehlteile durch ganzheitliche Planung und Steuerung

3.2.2 Grundstruktur von PPS-Systemen

Die komplizierten und komplexen Aufgaben der Produktionsplanung und -steuerung lassen sich in den Unternehmen fast ausschließlich computergestützt mit PPS-Systemen bzw. fortentwickelten Systemen durchführen.

In einem PPS-System wird die integrierte Gestaltung und Durchführung der Produktionsplanung und -steuerung und die damit verbundene Datenverwaltung vorgenommen (*Liebstückl*).

Ein PPS-System kann folgende **Inhalte** haben:

- Planung des Fertigungsprogramms und der Kapazität
- Grunddatenverwaltung
- Materialwirtschaftliche Aufgaben und Werkstattsteuerung
- Terminplanung und Zeitplanung (*Olfert/Rahn*).

Die Produktionsplanung kann als Grobplanung von Produktionsabläufen angesehen werden, die Produktionssteuerung als die Feinplanung bzw. kurzfristige Disposition.

PPS-Systeme lassen sich als der planerische Kern der CIM-Konzeption (Computer Integrated Manufactoring) auffassen, wobei eine Vielzahl von **CIM-Definitionen** zu finden ist. *Heiserich* stellt zwei umfassende vor:

- CIM ist der integrierte Einsatz der Datenverarbeitung in allen mit der Fertigung zusammenhängenden – internen und externen – Unternehmensfunktionen
- CIM ist die durchgängige, gesamtheitliche Rechnerunterstützung von der Entstehung bis zum Vertrieb eines Produktes.

PPS-Systeme haben folgende **Ziele**:

- hohe Termintreue
- Minimierung der Durchlaufzeiten
- Minimierung der Kapitalbindung
- Minimierung der Lagerbestände
- Minimierung der Kosten
- optimale Kapazitätsauslastung.

PPS-Systeme dürfen nicht allein EDV-gestützte Systeme der Fertigungsplanung und Fertigungssteuerung sein, sondern müssen auch in der Lage sein, Neues zu schaffen, die Organisation zu verbessern, effizienter zu gestalten.

Im Interesse einer flussorientierten Logistik sollten an PPS-Systeme folgende Anforderungen gestellt werden:

- modulare Abbildung und Unterstützung aller logistischen Teilfunktionen zu alternativen, unternehmensspezifischen Strategien
- Unterstützung moderner Optimierungsmethoden, wie JIT/KANBAN, belastungsorientierte Auftragsfreigabe BOA, ABC-Analyse etc.
- Simulationsmöglichkeiten in verschiedenen Bereichen (Grobplanung, Feinplanung, Steuerung)
- Verwendung von (rationalen oder objektorientierten) Datenbanksystemen
- Integration zu anderen CIM-Modulen (insbesondere CAD und CAQ)
- Nutzung von Datenfernverarbeitungs-Standards mit Kunden und Lieferanten (EDI)
- Anschluss an Module der Bürokommunikation
- Stücklistengenerator mit flexibler Variantsteuerung
- Listengenerator für Anbindung zahlreicher Controllingaufgaben (Kostenträgererfolgsrechnung, Unternehmenssimulation, Logistikcontrolling etc.)
- Einbindung von wissensbasierten Systemkomponenten.

Bei der Konzipierung von PPS-Systemen kann ein simultaner oder ein sukzessiver Planungsansatz gewählt werden.

Wegen der interdependenten Beziehungen zwischen den Entscheidungsvariablen ist ein **simultaner Planungsansatz** im Prinzip zu favorisieren, doch sprechen in der Praxis einige Schwierigkeiten dagegen. Probleme bei der Datenbeschaffung und Datenpflege und beim Erkennen sämtlicher Interdependenzen führen zur Bevorzugung des sukzessiven Planungsansatzes.

Beim **sukzessiven Planungsansatz** werden die zu planenden Bereiche in einer festzulegenden Reihenfolge nacheinander bearbeitet (*Corsten*). Man zerlegt den Gesamtkomplex in mehrere Teilprobleme; ist ein übergeordnetes Teilproblem gelöst, stellt dessen Lösung die Vorgabe für untergeordnete Teilprobleme dar.

In den letzten Jahren wurde eine Fülle von PPS-Systemen entwickelt. Diese können nach mehreren Kriterien eingeteilt werden, etwa nach dem **Zentralisierungsgrad** der zu fällenden Entscheidungen (*Zäpfl/Missbauer, Schulte*).

Nach dieser Einteilung lassen sich unterscheiden:

- zentral organisierte PPS-Systeme
- bereichsweise zentral organisierte PPS-Systeme
- dezentral organisierte PPS-Systeme.

In einem **zentralen PPS-System** werden alle Entscheidungen, die die Planungs- und -steuerungsaufgaben betreffen, für alle Produktionssegmente zentral getroffen. Typische Formen eines zentralen Systems sind die beiden MRP-Systeme.

Die **bereichsweise zentralen PPS-Systeme** sind dadurch gekennzeichnet, dass der Fertigungsablauf für jene Produktionseinheiten zentral geplant wird, *„die durch eine zeitliche Konkurrenzsituation der Aufträge gekennzeichnet sind und die somit als Engpässe den Auftragsdurchlauf entscheidend beeinflussen. Diese zentrale Engpassplanung wird mit dem ... OPT-System verwirklicht“* (*Schulte*).

In **dezentralen PPS-Systemen** wird die detaillierte Ablaufplanung für alle Produktionsstellen dezentral vorgenommen. Es erfolgt lediglich eine Koordination durch Rahmenentscheidungen über den Auftragsdurchlauf. Ein dezentrales System ist KANBAN.

Die Teilung in Planung und Steuerung ergibt sich zeitlich und aus der Art der Fertigung. *„Die Zweiteilung in Planung und Steuerung basiert in zeitlicher Hinsicht auf der Frage, wann die Gestaltungsentscheidungen getroffen werden, wobei sich die beiden folgenden Dispositionsebenen unterscheiden lassen:*

- *Bei der Produktionsplanung werden die Produktionsprozesse auf der dispositiven Ebene gestaltet,* ***bevor*** *sie ausgeführt werden.*
- *Die Produktionssteuerung zeichnet sich dadurch aus, dass die Produktionsprozesse auf der dispositiven Ebene* ***während*** *ihrer Ausführung gestaltet weden“* (*Corsten*).

Der Übergang von der Planung zur Steuerung erfolgt nicht automatisch und lässt sich nicht von vornherein festlegen, sondern ergibt sich an der Stelle, an der Planungsvorgaben in Durchsetzungsaktivitäten übergehen.

Der Übergang von der Planung zur Steuerung kann auch aus Unsicherheiten im Produktionsprozess resultieren. Unvorhergesehene Störungen während der Produktion können so gravierend sein, dass Maßnahmen ergriffen werden müssen, um realisierte und geplante Größen der Prozessausführung in Einklang zu bringen (*Corsten/Gössinger)*.

Die folgende Darstellung zeigt die Grundstruktur eines PPS-Systems. Das Stufenmodell geht von der Primärbedarfsplanung aus und verdeutlicht die weitere Vorgehensweise.

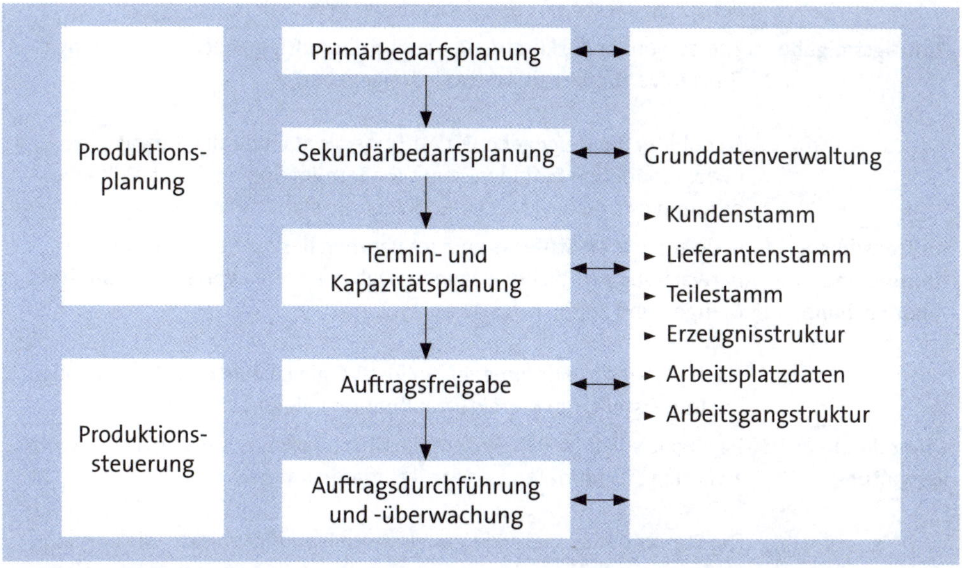

Quelle: *Corsten* (2004)

Stufe	Inhalte
Primärbedarfs-planung	Sie bestimmt, welche Produktarten in welchen Mengen in einer bestimmten Periode hergestellt werden sollen (Produktionsprogrammplanung). Ausgangspunkt sind Kundenaufträge bzw. Absatzprognosen. Letztere spielen eine große Rolle.
Sekundärbedarfs-planung	Sie ist eine Mengen- und Zeitplanung. Sie muss feststellen, welche Rohstoffe, Einzelteile und Baugruppen zu beschaffen sind, um das Produktionsprogramm zu realisieren. Es muss zwischen eigengefertigten und fremdbezogenen Produktionsbestandteilen unterschieden werden. Die Bedarfsermittlung erfolgt verbrauchs- oder programmgesteuert.

Stufe	Inhalte
Termin- und Kapazitätsplanung	Die Termin- und Kapazitätsplanung ist durch die Durchlaufterminierung und Kapazitätsminimierung gekennzeichnet. Mit den geplanten Durchlaufzeiten wird die Durchlaufterminierung vorgenommen, in der die Start- und Endtermine der Produktionsaufträge festgestellt werden. Möglich sind dabei die Vorwärts- und Rückwärtsterminierung. Da die Durchlaufterminierung die Kapazitätsgrenzen nicht berücksichtigt, wird eine Kapazitätsbedarfsrechnung durchgeführt, die den Kapazitätsbedarf der Planperioden feststellt.
Auftragsfreigabe	Zuerst werden die kurzfristig benötigten Aufträge nach einer durchgeführten Verfügbarkeitskontrolle freigegeben. Sowohl für die freigegebenen Aufträge als auch für die Aufträge, die sich in der Produktion befinden, muss die Terminfeinplanung erstellt werden, und es sind die Maschinenbelegungspläne aufzustellen.
Auftragsdurchführung und -überwachung	In dieser letzten Stufe werden im Rahmen der Auftragsfortschrittsüberwachung sämtliche relevanten Daten wie Planwerte für Qualitäten, Mengen und Zeiten erfasst. Nach einem vorgenommenen Soll-Ist-Vergleich wird eine Abweichungsanalyse erstellt, um Korrekturmaßnahmen durchzuführen.
Grunddatenverwaltung	Eine Rolle spielt im PPS-System die Grunddatenverwaltung. Dabei wird zwischen Stammdaten und Strukturdaten unterschieden. Die Stammdaten spezifizieren relevante Planungsobjekte wie Kunden-, Lieferanten-, Teile- und Arbeitsplatzstammdaten. Strukturdaten, also Daten wie Erzeugnis- und Arbeitsgangstrukturdaten zeigen die Verknüpfung der Elemente und damit den Aufbau der Produkte.
Betriebsdatenerfassung	Neben der Grunddatenverwaltung ist das Betriebsdatenerfassungssystem eine wichtige Datengrundlage. Es sammelt, speichert und aktualisiert die für den PPS-Prozess wichtigen Daten und zwar ► auftragsbezogen (z. B. Produktionszeiten und -mengen, Qualitäten) ► maschinenbezogen (z. B. Unterbrechungszeiten) ► mitarbeiterbezogen (Anwesenheitszeiten) ► materialbezogen (Zu- und Abgänge von Materialien an den einzelnen Produktionsstellen).

3.2.3 Anwendung von PPS-Systemen

Im folgenden Kapitel wird auf

- Einsatzbereiche des Computers in der Fertigung
- organisatorische Konzepte der Fertigungsplanung und -steuerung eingegangen.

Über die Notwendigkeit des Computereinsatzes in der Fertigung muss nicht mehr diskutiert werden. Bereits in den frühen 1960er-Jahren wurden Programme zur Planung und Steuerung eingesetzt und die Steuerung von Maschinen durch Programme ließ ebensowenig auf sich warten wie die Computerunterstützung der Entwicklung und Konstruktion.

Die folgenden Gründe stehen für diese Entwicklung:

- Automatisierung der Aufgabenerledigung in den technischen Unternehmensbereichen
- Flexibilisierung der Fertigungsaufgaben
- Senkung der Fertigungskosten und Materialkosten
- Bewältigung der steigenden Erzeugnis- und Variantenvielfalt
- Humanisierung der Arbeitsaufgaben
- Beschleunigung der Fertigungsvorbereitung und -durchführung
- Verbesserung der Erzeugnisqualität (*Ebel*).

Darüber hinaus kam das Streben nach immer schnellerer Information über die Geschehnisse in der Produktion und der Integrationsgedanke. Es entstand die Notwendigkeit, immer mehr Vorgänge in mehreren Bereichen aufeinander abzustimmen, Redundanzen sollten vermieden werden.

Die folgenden Ausführungen beschäftigen sich überblickartig mit Einsatzbereichen des Computers in der Fertigung und behandeln die Stellung eines PPS-Systems in der CIM-Konzeption.

Durch CIM werden die bisherigen Insellösungen zu einem Gesamtkonzept verbunden. *„Es stellt eine Verknüpfung der primär betriebswirtschaftlichen Module im Rahmen eines Produktionsplanungs- und Produktionssteuerungssystems (PPS) mit den primär technischen – insbesondere konstruktions- und produktionsorientierten – Modulen dar“* (*Oeldorf/Olfert*).

„Integrated“ bei CIM deutet darauf hin, dass alle bis zum gegenwärtigen Zeitpunkt realisierten IT-Lösungen „zu einer organisatorischen und strategischen Einheit zusammengefasst werden. Damit können alle Aufgaben vom Kundenauftrag bis zum Versand auf der Basis eines rechnerinternen Produktionsmodells ohne neue Belegerstellung, menschliche Eingriffe in den Fertigungsprozess und manuelle Belegbearbeitung gelöst werden“ (Oeldorf/Olfert).

Wichtige Computereinsätze können der folgenden Tabelle entnommen werden:

Bezeichnung	Inhalt
CAD Computer Aided Design	Computergestützte Konstruktion
CAE Computer Aided Engineering	Computergestützter Entwurf von Produkten
CAM Computer Aided Manufacturing	Computergestützte Fertigungsdurchführung
CAP Computer Aided Planning	Computergestützte Arbeitsplanung und Erstellung von Programmen für NC-Maschinen
CAQ Computer Aided Quality Ensurance	Computergestützte Qualitätssicherung
CIM Computer Integrated Manufacturing	Computerintegrierte Fertigungsplanung, -steuerung und -durchführung
PPS Produktionsplanung und -steuerung	Computergeführte und -kontrollierte Auftragsplanung und Werkstattsteuerung

CIM-Definitionen wurden bereits im Kapitel E.3.2.2 vorgestellt. Das CIM-Konzept stellt den umfassenden Einsatz des Computers zur flexiblen Automatisierung des Fertigungsprozesses dar.

CIM hat folgende Hauptkomponenten:

- Datenverarbeitungs- und Steuerungstechnik
- Maschinen mit CNC-Steuerung (Computerized Numeric Control)
- Handhabungsgeräte wie programmierte Roboter zur Be- und Entschickung der Maschinen und maschinellen Anlagen mit Werkstücken
- hochtechnisierte Transport- und Lagersysteme, wie computergestützte Förderzeuge, automatische Hochregalläger u. Ä.
- Weiterhin wird ein lokales Netzwerk (LAN), mit dem alle Komponenten vernetzt sind, benötigt.

Eine **CIM-Konzeption** könnte folgende Struktur aufweisen:

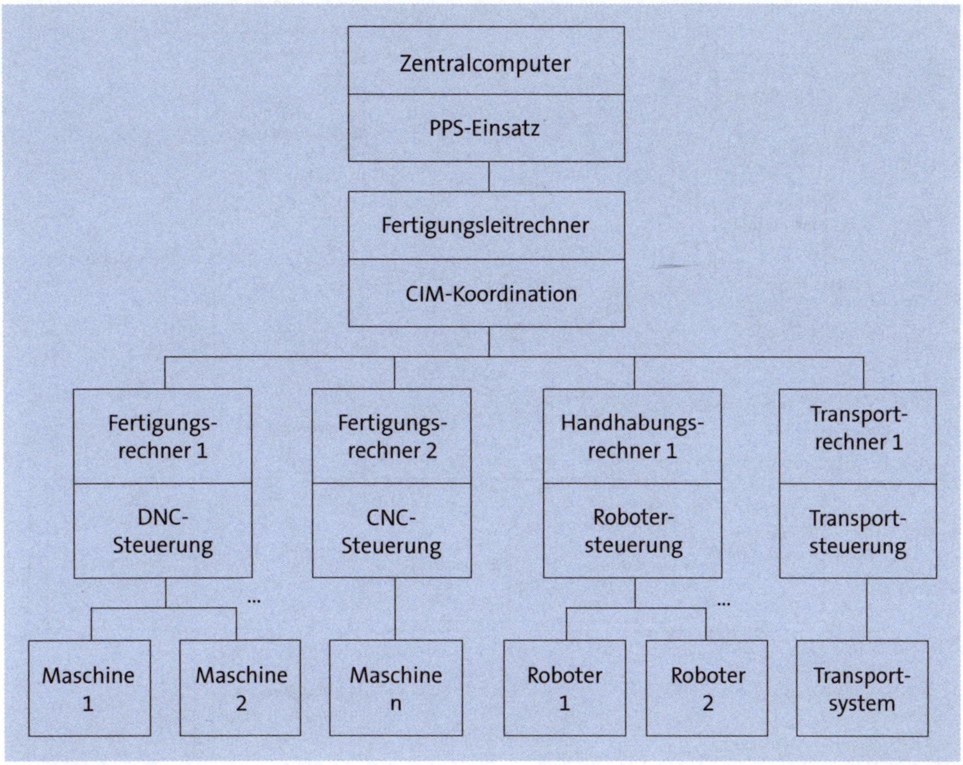

Quelle: *Olfert/Steinbuch*

Eine Integration mit CIM mag von Unternehmen wohl angestrebt werden, doch muss bedacht werden, dass vollintegrierte Systeme häufig nicht möglich, auch nicht immer wünschenswert sind. Man muss also zwischen verschiedenen Integrationsmöglichkeiten und Integrationsgraden unterscheiden.

Die Zusammenhänge PPS/CIM gehen aus den beiden folgenden Schaubildern hervor.

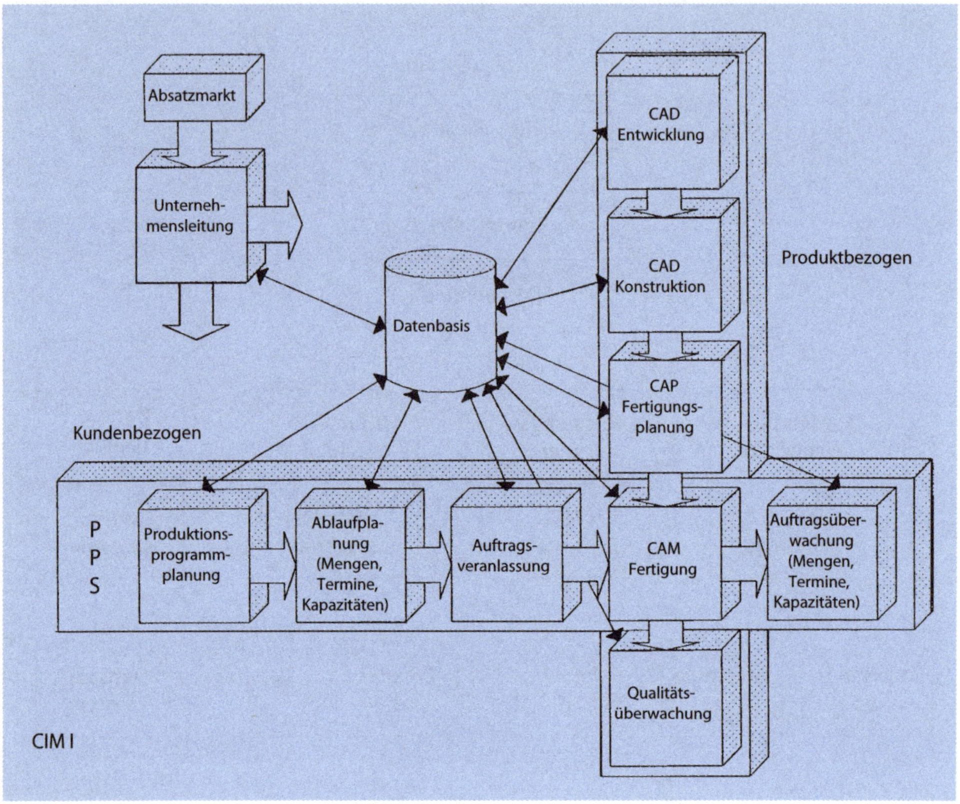

Quelle: *Specht/Ahrens/Wolters*

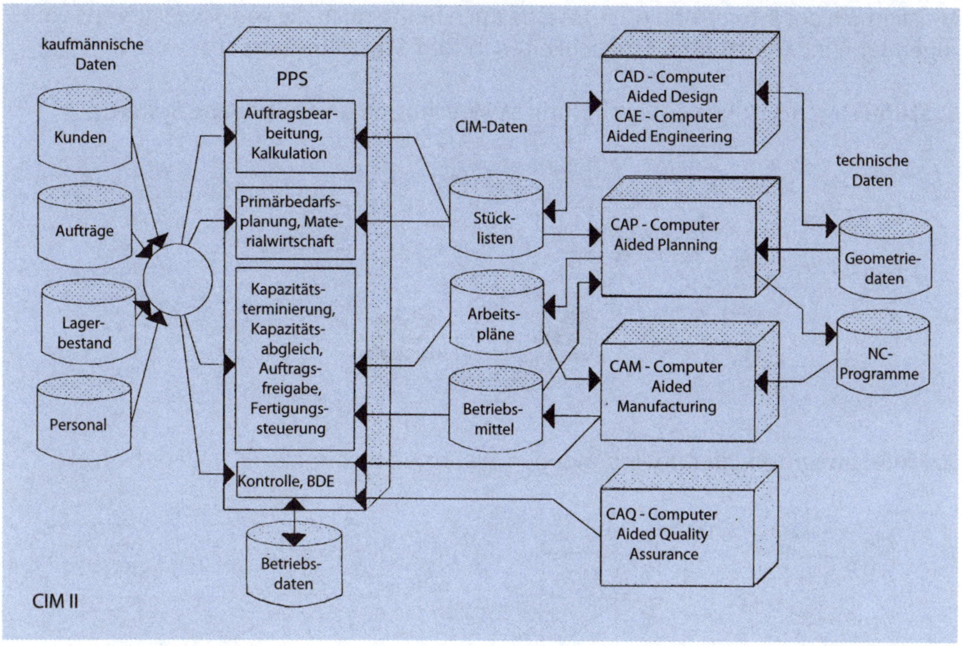

Quelle: *Specht/Ahrens/Wolters*

Hinsichtlich der Integration mit CIM sind auch heute noch die von *Scheer* bereits vor einigen Jahren dargestellten Möglichkeiten in fünf Stufen interessant:

1. Stufe: Organisatorsches Verbindung EDV-technisch unverbundene Systeme

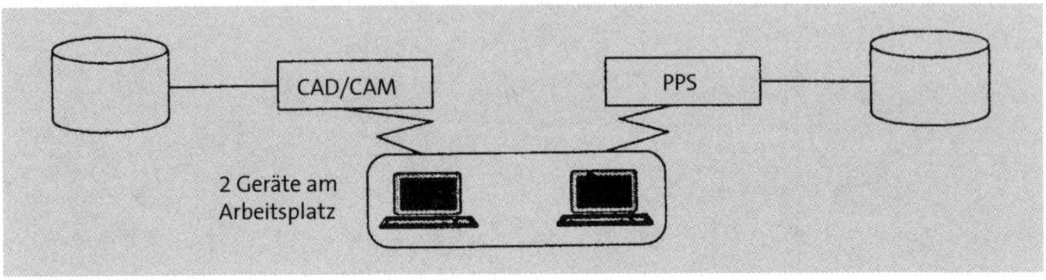

2. Stufe: Integration der unverbundenen Systeme durch Tools (PC, Query, Netze)

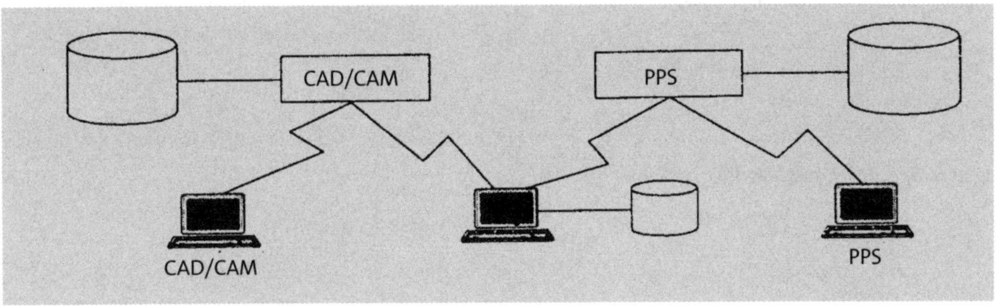

3. Stufe: Dateitransfer zwischen den Systemen

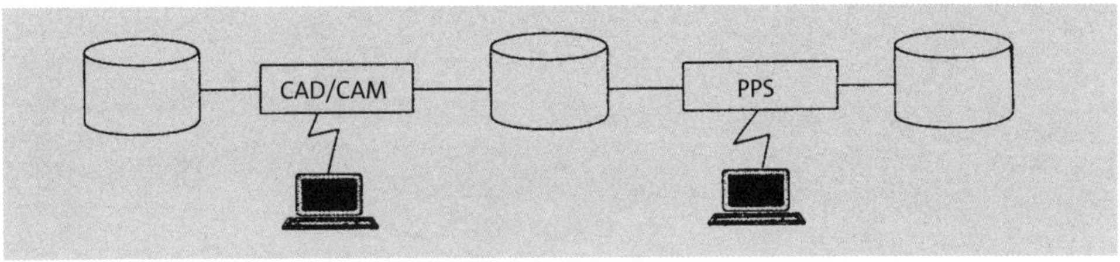

4. Stufe: Gemeinsame Datenbasis der Systeme

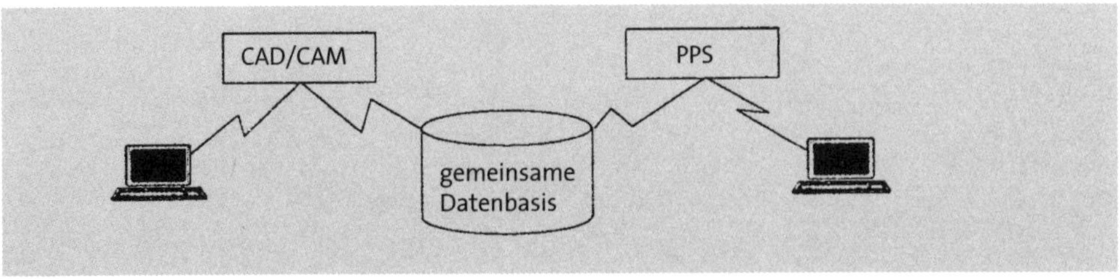

5. Stufe: Anwendung – Anwendung – Beziehung durch Programmintegration

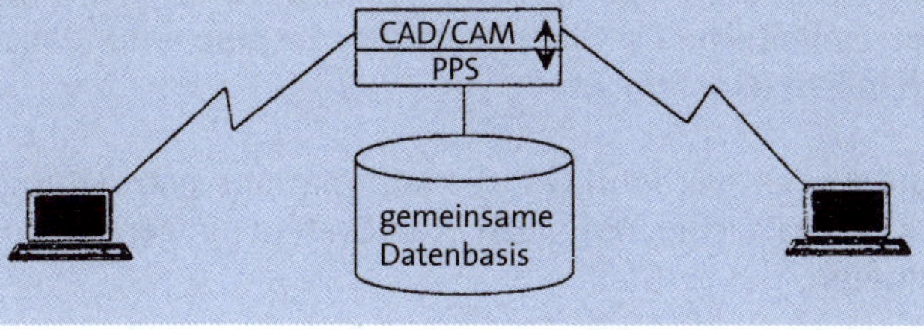

1. Stufe: CAD/CAM- und PPS-Systeme sind EDV-technisch unverbunden. Der Arbeitsplatz des entsprechenden Mitarbeiters (Konstruktion, AV, Logistik u. Ä.) ist mit zwei Bildschirmen ausgestattet. Über diese Bildschirme erfolgt der Zugriff auf die unterschiedlichen Systeme. Daten zwischen zwei Systemen werden manuell übertragen.

↓

2. Stufe: Die EDV-technisch unverbundenen Systeme werden mithilfe von EDV-Werkzeugen (tools) integriert. Die Ursprungssysteme aus PPS und CAD/CAM bleiben unverändert. Auswertungen über zwei Systeme werden möglich, eine Unterstützung hinsichtlich der Datenkonsistenz fehlt noch.

↓

3. Stufe: Ein Datentransfer zwischen den Systemen wird nun mithilfe einer Schnittstellendatei möglich. Es kann allerdings noch nicht mithilfe von Abfragesprachen auf die Daten der Systeme in freier Form zurückgegriffen werden.

↓

4. Stufe: Beide Systeme haben eine gemeinsame Datenbasis. Die Daten beider Systeme sind beiden Systemen bekannt, die Datenintegrität ist gesichert. Änderungen in einem Anwendungsgebiet können von dem anderen Bereich sofort nutzbar gemacht werden. Ein einheitlicher Datenaufbau und ein einheitliches Datenbanksystem sind auf dieser Stufe Voraussetzung.

↓

5. Stufe: Auf der fünften Stufe besteht die Möglichkeit, dass ein System Transaktionen des anderen ohne weiteres ausführen kann. Die Betriebs- und Datenbanksysteme der einzelnen Anwendungsbereiche müssen miteinander kommunizieren können. *Scheer* spricht von einer Anwendung-Anwendung-Beziehung durch Programmintegration.

Der Integrationsgedanke tritt in dem von *Scheer* entwickelten **Y-Modell** deutlich in Erscheinung (vgl. Grafik). Im linken Schenkel des Y erscheinen die primär betriebswirtschaftlich planerischen Funktionen (PPS) und im rechten Schenkel die primär technischen Funktionen (CAD/CAM).

Das I im Y-Modell verkörpert eine Datenintegration und eine Vorgangsintegration.

Die Datenintegration bewirkt eine gemeinsame Datenbasis für alle CIM-Komponenten, es entsteht eine einheitliche Datenorganisation, die eine redundanzfreie Datenverwaltung möglich macht (*Corsten*).

Im Y-Modell wird die Absicht verdeutlicht, die Informationsverarbeitung der technischen und betriebswirtschaftlichen Aufgaben in ein System mit gemeinsamem Grundtatbestand zu integrieren.

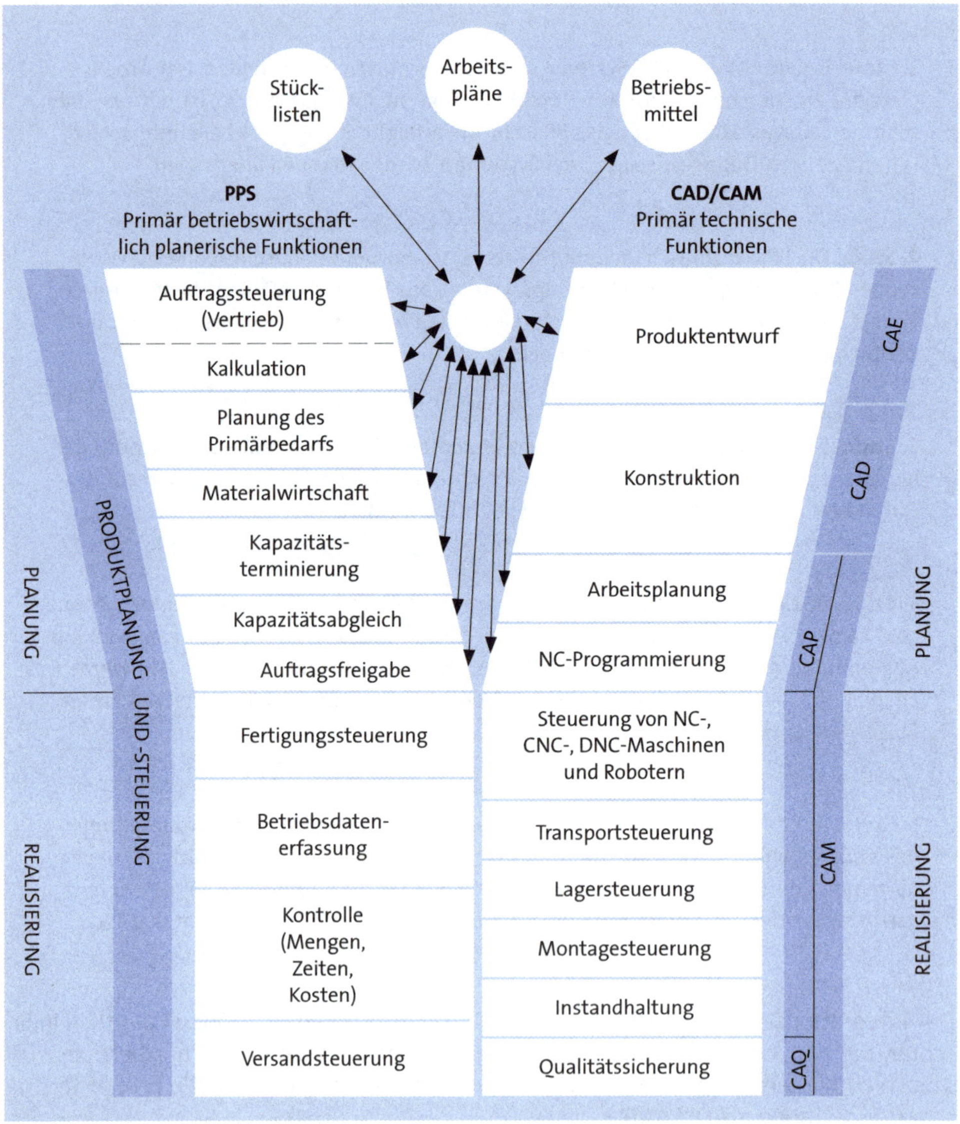

Aufgabe 38 > Seite 279

3.3 Darstellung einiger organisatorischer Konzepte

Systeme der Produktionsplanung und -steuerung wurden in unterschiedlicher Ausgestaltung entwickelt, einzelne Faktoren werden in den einzelnen Systemen stärker oder weniger stark berücksichtigt.

Historisch betrachtet steht das **MRP 1-Konzept** (Material Requirements Planning) an erster Stelle, es wurde in den 60er-Jahren entwickelt und spielt heute keine entscheidende Rolle.

Eine Weiterentwicklung stellt das **MRP 2-Konzept** (Manufacturing Resource Planning) aus den frühen 80er-Jahren dar.

Es wurden und werden immer weiter verfeinerte Methoden entwickelt, die die Vorgänge der Auftragsabwicklung abbilden und frühere PPS-Systeme ablösen.

Es wird auf folgende Konzepte eingegangen:

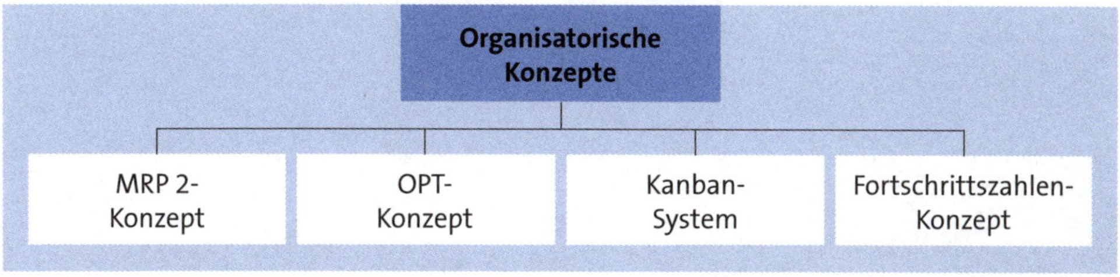

3.3.1 MRP 2-Konzept

Das MRP 2-Konzept ist ein hierarchisches Konzept. Die Ergebnisse einer übergeordneten Planungsebene stellen den Rahmen für die untergeordneten Planungsebenen dar. Wenn für die untergeordneten Ebenen keine befriedigenden Lösungen gefunden werden, sind Rückkoppelungen zwischen den Ebenen vorgesehen. Der Abstimmungsprozess findet „top-down" statt (*Corsten*).

Zu den Verbesserungen des Konzeptes zählen die Möglichkeiten zur Einbindung von Unternehmensplänen und Simulationsmöglichkeiten zum Durchrechnen diverser Alternativszenarien (*Specht/Wolter*).

Eines der Hauptziele des MRP 2-Konzeptes ist die Integration. Man strebt primär die Integration des Produktions-, Vertriebs- und Erfolgsplanes an, um die Disposition der logistischen Materialflusskette zu erleichtern.

Kritik richtet sich auf systemimmanente Mängel, die auch durch moderne EDV-technische Implementierung nicht zu beseitigen sind (*Günther/Tempelmeier*).

Die Grundstruktur des MRP 2-Konzeptes ergibt sich aus der auf Seite 221 abgebildeten Darstellung (*Corsten*).

Wird neben dem Material- und Kapazitätsbedarf auch der Finanzbedarf berücksichtigt, sprechen manche Autoren von **MRP 3**.

Die MRP-Konzeption stößt auf die Kritik, in erster Linie nicht ein Planungssystem, sondern ein Datenverwaltungssystem zu sein, das die wechselseitigen Beziehungen zwischen Produktions- und Absatzplanung nicht berücksichtigt. Der Einsatz von modernen Softwaresystemen ermöglicht feinere Konzepte, wie etwa das „Advances Planning System".

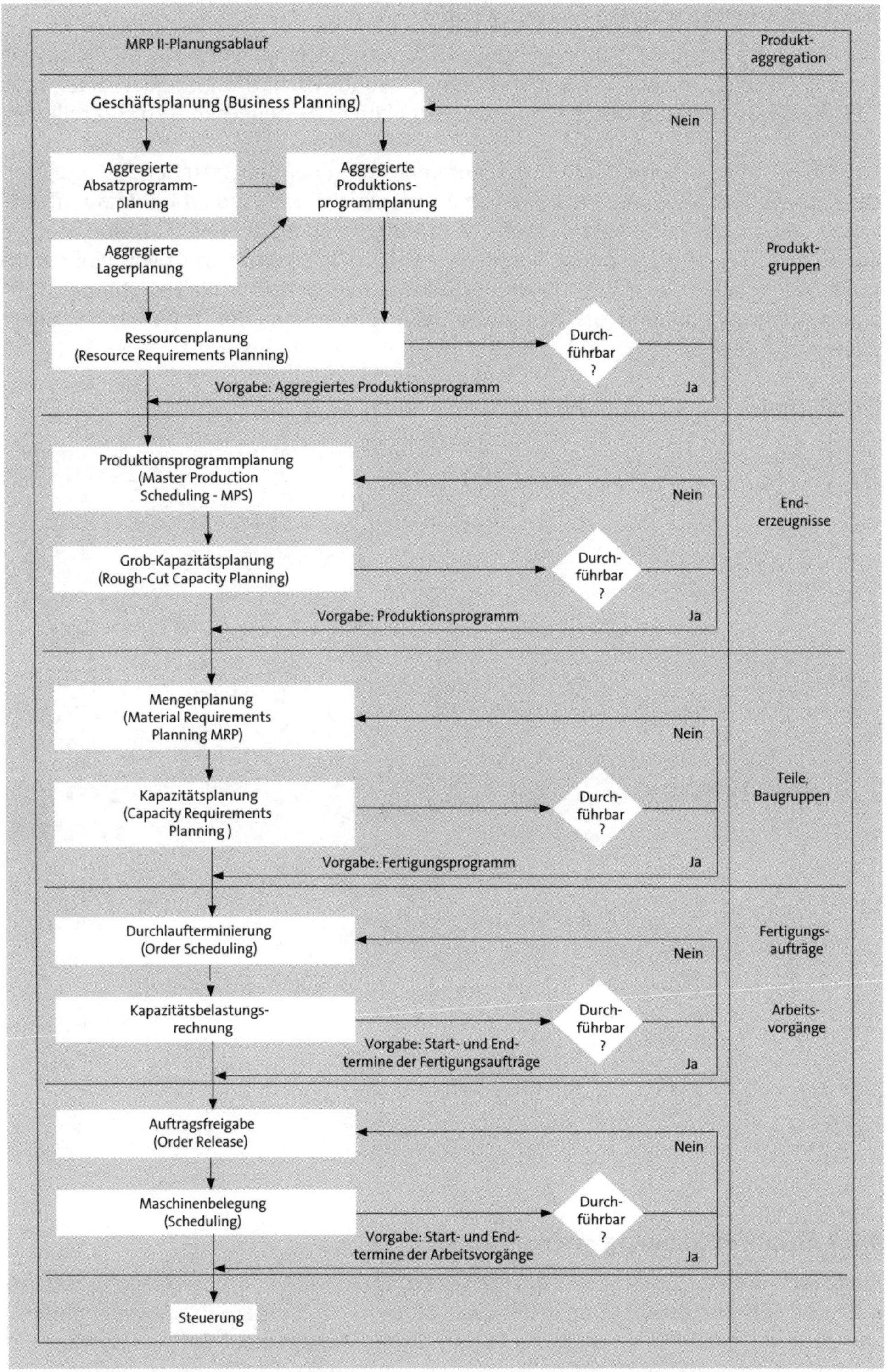
MRP II-Planungsablauf
Produkt-aggregation
Geschäftsplanung (Business Planning)
Nein
Aggregierte Absatzprogramm-planung
Aggregierte Produktions-programmplanung
Aggregierte Lagerplanung
Produkt-gruppen
Ressourcenplanung (Resource Requirements Planning)
Durch-führbar ?
Vorgabe: Aggregiertes Produktionsprogramm
Ja
Produktionsprogrammplanung (Master Production Scheduling - MPS)
Nein
End-erzeugnisse
Grob-Kapazitätsplanung (Rough-Cut Capacity Planning)
Durch-führbar ?
Vorgabe: Produktionsprogramm
Ja
Mengenplanung (Material Requirements Planning MRP)
Nein
Teile, Baugruppen
Kapazitätsplanung (Capacity Requirements Planning)
Durch-führbar ?
Vorgabe: Fertigungsprogramm
Ja
Durchlaufterminierung (Order Scheduling)
Nein
Fertigungs-aufträge
Kapazitätsbelastungs-rechnung
Durch-führbar ?
Arbeits-vorgänge
Vorgabe: Start- und End-termine der Fertigungsaufträge
Ja
Auftragsfreigabe (Order Release)
Nein
Maschinenbelegung (Scheduling)
Durch-führbar ?
Vorgabe: Start- und End-termine der Arbeitsvorgänge
Ja
Steuerung

3.3.2 Enterprise Resource Planning (ERP)

Die Enterprise Resource Planning-Standardsoftwaresysteme gehen aus MRP 2 hervor. Sie erstrecken sich nicht allein auf die Produktion und Beschaffung, sondern haben das Ziel, die Gesamtheit der Geschäftsprozesse zu planen, zu steuern und zu kontrollieren.

Ein ERP-System verkörpert ein aus mehreren Komponenten bestehendes integriertes Anwendungspaket, das mehrere Funktionsbereiche wie Produktion, Materialwirtschaft, Rechnungs- und Finanzwesen, Vertrieb u. Ä. abdecken soll. Einzelne Module bauen auf einer gemeinsamen Datenbasis auf, die Integration wird von einer zentralen Datenbank unterstützt. Die von Softwareanbietern entwickelten Standardsoftwaresysteme sind in der Regel den individuellen Situationen der Unternehmen anzupassen.

Ein ERP-System hat folgende Architektur (*Corsten*):

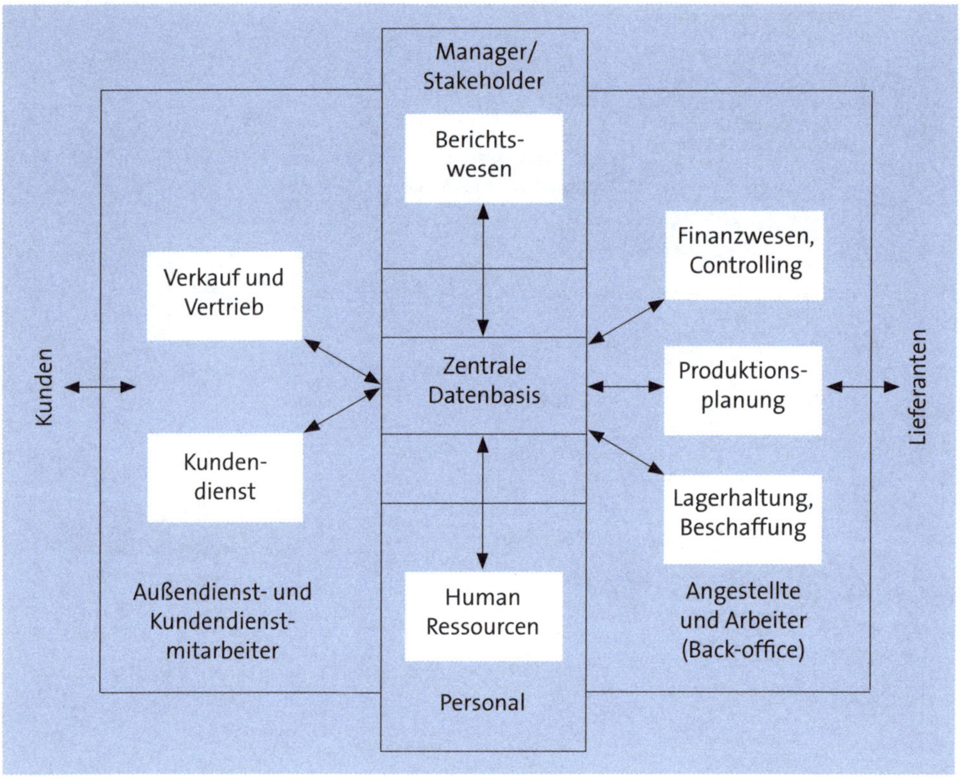

3.3.3 Advanced Planning Systems (APS)

Advanced Planning Systems sind eine Erweiterung der MRP-Konzepte. Im Gegensatz zu MRP und ERP sind die Systeme in der Lage, bereichs- und unternehmensübergreifend zu operieren, weshalb sie auch als **Supply-Chain-Management-Softwaresystem** bezeichnet werden. APS-Systeme bedienen sich mathematischer Optimierungsmodelle.

Ebel stellt die Grundkonzeption von APS wie folgt dar:

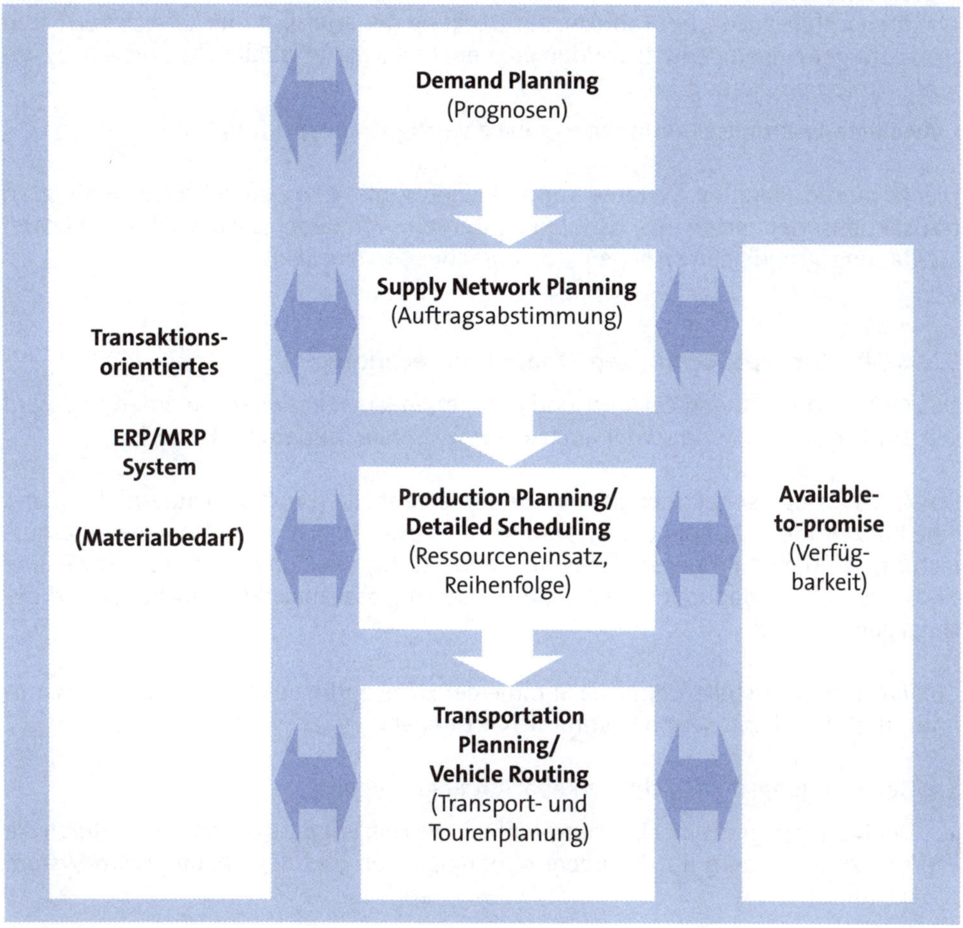

Die dargestellten Module haben folgende Inhalte:

- **Demand Planning** ist der Einsatz quantitativer Prognoseverfahren.
- **Supply Network Planning** bedeutet die Abstimmung von Beschaffungs-, Produktions- und Transportaufgaben. Dabei muss berücksichtigt werden:
  - Auswirkungen zeitlicher Schwankungen und in der Nachfrage
  - Entscheidungen über Vorratsproduktion
  - Entscheidungen über Mehrarbeit
  - Entscheidungen über Produktionsverfahren
  - Entscheidungen über Outsourcingmaßnahmen.
- **Production Planning/Detailed Scheduling** ist die eigentliche Auftragsplanung, die die Ressourcen den Aufträgen zuordnet und die Reihenfolge bestimmt.

- **Transportation Planning/Vehicle Routing**, also die Planung der Transportvorgänge geschieht simultan mit der Ressourcenplanung. Es wird entschieden, wie die Kapazitäten unterschiedlicher Fabriken zur Deckung der räumlich und zeitlich verteilten Nachfragemengen genutzt werden können. Es existieren zahlreiche Softwaresysteme zur Tourenplanung.
- **Available-to-promise** nimmt eine globale Verfügbarkeitsprüfung vor.

Die Advanced Planning Systeme kommunizieren mit den parallel dazu benötigten transaktionsorientierten PPS- bzw. ERP-Systemem, von denen sie die aktuellen Daten als Planungsgrundlagen beziehen (ausführlicher *Corsten, Ebel*).

3.3.4 OPT-Konzept (Optimized Production Technologie)

Das OPT-Konzept ist von *Goldratt* und anderen in Israel entwickelt worden und wird seit 1982 in den USA und später auch in europäischen Ländern praktiziert.

Das OPT-Konzept ist bestrebt, das Unternehmen auf Flussprinzipien auszurichten und eine Konzentration auf die Engpasskapazität zu erreichen. Man will eine bessere Auslastung sämtlicher Betriebsmittel, eine Reduzierung der Durchlaufzeiten sowie eine Bestandssenkung dadurch erreichen, dass die Engpasskapazität identifiziert und optimal genutzt wird.

Goldratt u. a. unterstellen, dass die Summe der Einzeloptima nicht gleich dem Gesamtoptimum ist und entwickeln bestimmte **OPT-Regeln**:

1. Den Fertigungsfluss, nicht die Kapazität abgleichen.
2. Der Nutzungsgrad einer Leistungseinheit, die kein Engpass ist, wird nicht durch die Kapazität, sondern durch andere Abhängigkeiten und Begrenzungen im System bestimmt.
3. Bereitstellung und Nutzung einer Kapazität sind nicht gleichbedeutend.
4. Eine im Engpass verlorene Stunde bedeutet eine verlorene Stunde für das gesamte System.
5. Eine Stunde, die da gewonnen würde, wo sich kein Engpass befindet, ist bedeutungslos (ein „Wunder").
6. Engpässe bestimmen den Durchlauf und die Bestände.
7. Das Transportlos soll nicht mit dem Verarbeitungslos identisch sein und darf es in vielen Fällen auch nicht (es sollte in der Regel kleiner sein).
8. Die Produktionslose sollen variabel und nicht festgelegt sein.
9. Wenn Pläne aufgestellt werden, sind alle Voraussetzungen gleichzeitig zu überprüfen. Durchlaufzeiten sind das Ergebnis eines Plans und können nicht im Voraus festgelegt werden.

Das OPT-Konzept besteht aus mehreren Stufen:

Zu Beginn erfolgt die **Primärbedarfsplanung**, die **Kapazitätsbedarfsplanung**, in der Engpässe identifiziert werden, schließt sich an.

In der nächsten Stufe wird das **Produktionsnetzwerk** in einen **unkritischen** und einen **kritischen** Bereich aufgeteilt, letzterer verkörpert die Engpasskapazitäten. Die Planung konzentriert sich auf den kritischen Bereich und ist bestrebt, die Auslastung des Engpasses optimal zu gestalten z. B. durch Losgrößenvariationen und eine optimale Ablaufplanung.

Die Feinterminierung des nichtkritischen Bereichs erfolgt retrograd. Stellt man in der Feinterminierung Engpässe fest, führt dies zu Veränderungen des Produktionsnetzwerkes.

Das OPT-Konzept eignet sich besonders für tief strukturierte Fertigungen mit geringen Änderungen im Produktionsmix.

3.3.5 Kanban-System

3.3.5.1 Wesen des Kanban-Systems

Das Kanban-System kann als ein dezentrales Steuerungssystem auf der Basis selbststeuernder Regelkreise bezeichnet werden (*Bichler/Schröter*). Hauptziel ist eine „Just-in-Time-Production". Sie soll erreichen, dass

- die Ablaufgestaltung in der Produktion effektiver wird
- die Fertigungstermine strikt eingehalten werden
- die Lagerbestände gering gehalten werden.

Das Materialflussssystem hat den Aufbau einer Kette selbststeuernder Regelkreise. Zwischen den einzelnen Bearbeitungsstufen befinden sich Pufferlager, die über den Mindestbedarf des nachfolgenden Bereichs verfügen. Die verbrauchende Fertigungsstufe deckt ihren Bedarf aus dem Pufferlager, das von der produzierenden Stelle wieder aufgefüllt wird (*Bichler/Schröter*).

Ein **Regelkreis** besteht aus drei Stellen, aus

- der materialverbrauchenden Stelle = **Senke**
- der materialbereitstellenden bzw. produzierenden Stelle = **Quelle**
- dem **Pufferlager**, das sich zwischen der Quelle und der Senke befindet.

Wildemann stellt ein durch Kanban gesteuertes Produktionssystem wie folgt dar:

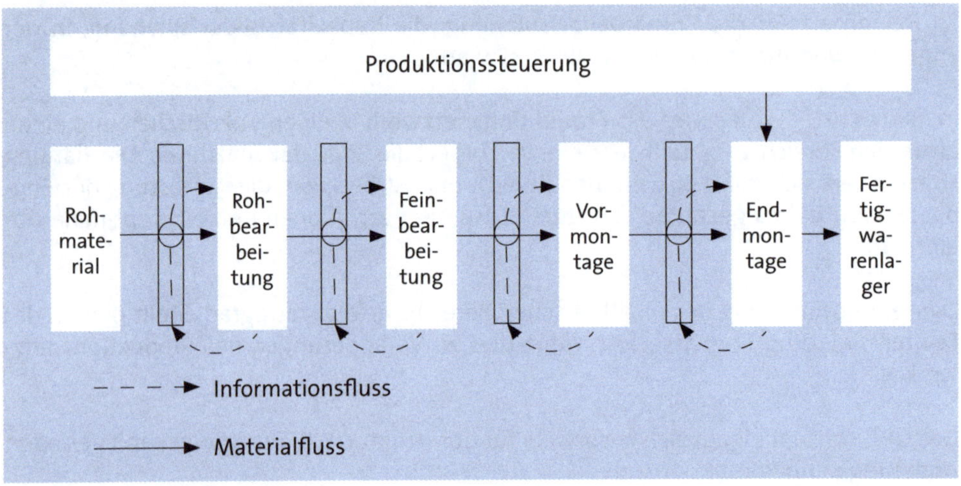

Der Bedarf wird von der Senke zur Quelle durch Kanban (Kanban = Karte, Schild) gemeldet. Dieser stellt einen einfachen, aber wirkungsvollen Datenträger dar. Sein Inhalt ist von Unternehmen zu Unternehmen unterschiedlich, enthält jedoch folgende Mindestinformationen:

- Teileidentifikation
- Produzierende Stelle (Quelle)
- Pufferlager
- Verbrauchende Stelle (Senke)
- Behältertyp, Standardmenge eines Behälters
- Kartennummer
- Ausgabedatum.

Die Anzahl der Kanban-Karten ist identisch mit der Zahl der Behälter, von ihr wird der maximale Lagerbestand und die Höhe des Materialumlaufs beeinflusst.

Die Realisierung der sich steuernden vermaschten Regelkreise ist von der Einhaltung der folgenden Regeln abhängig (*Weber/Kummer*):

- Jede Senke holt die von ihr benötigten Teile vom Pufferlager ab (Holpflicht).
- Jede Senke darf nur so viel Material aus dem Pufferlager holen, wie sie gerade benötigt.
- Jede Quelle darf nur produzieren und bereitstellen, wenn ihr ein Kanban zugeht.
- Jede Quelle muss genau die Menge bereitstellen, die auf dem Kanban angegeben ist.
- Es dürfen nur einwandfreie Teile (Gutteile) weitergegeben werden.

In der heutigen Zeit ist es eine Selbstverständlichkeit, dass die Informationen nicht auf Datenträgern wie Karten oder Schildern erfolgen müssen, sondern elektronisch oder akustisch übermittelt werden.

Der **Ablauf der Kanban-Steuerung** kann wie folgt skizziert werden (*Weber/Kummer)*:

Im Pufferlager wird ein bestimmter Meldebestand erreicht, der Quelle wird ein Kanban übergeben, dieser ist für die Quelle ein Fertigungsauftrag. Die Quelle produziert die angeforderte Teilmenge und liefert diese in dem entsprechenden Behälter mit dem Kanban an das Pufferlager. Wird ein neuer Meldebestand erreicht, setzt ein neuer Zyklus ein.

Das Kanban-System ist an bestimmte Voraussetzungen geknüpft:

- Anordnung der Betriebsmittel nach dem Fließprinzip
- Harmonisierung des Produktionsprogramms, um einen gleichmäßigen Teileverbrauch zu erreichen
- Harmonisierung der Kapazitätsquerschnitte
- hohe Verfügbarkeit der Produktionsmittel
- qualifizierte und motivierte Mitarbeiter
- Verwirklichung von Qualitätsstandards.

Das Kanban-Prinzip ist das erste stark verbreitete Prinzip, bei dem das Pull-Prinzip (Holprinzip) im Gegensatz zum Push-Prinzip (Bringprinzip) praktiziert wird.

3.3.5.2 Kanban-Arten

Folgende Kanban-Arten sind am stärksten verbreitet:

- Zwei-Karten-Kanban-System
- Ein-Karten-Kanban-System
- Signal-Kanban-System.

Beim **Zwei-Karten-Kanban-System** sind Transport-Kanbans und Produktions-Kanbans zu unterscheiden. Der **Transport-Kanban** wird zwischen Senke und Pufferlager, der Produktions-Kanban zwischen Pufferlager und Quelle eingesetzt.

In der Grundform wird bei einem Bedarf an der Senke der Transport-Kanban an das Pufferlager geschickt. Die Transport-Kanban-Karte wird dort am leeren Ladehilfsmittel durch eine **Produktions-Kanban-Karte** ersetzt. Die Produktions-Kanban-Karte am leeren Ladehilfsmittel gelangt zur Quelle, wo sie als Auftrag dient, die entsprechenden Teile zu produzieren und an das Pufferlager zu schicken. Die freigewordene Transport-Kanban-Karte kommt zu einem vollen Ladehilfsmittel und geht zur Senke.

Beim **Ein-Karten-Kanban-System** ordnet man den Puffer direkt der erzeugenden oder verbrauchenden Stelle zu. Im Gegensatz dazu ist im Zwei-Karten-Kanban-System das Pufferlager eine eigenständige Einheit im Materialfluss. Im Ein-Karten-Kanban-System ist eine Bestandsüberwachung der Quelle auch ohne ein zwischengeschaltetes Pufferlager per Augenschein möglich (*Bichler/Schröter*).

Die Zuordnung des Puffers zur erzeugenden oder verbrauchenden Stelle erfolgt betriebsindividuell.

Die verwendeten Kanban-Karten werden sowohl als Transport- als auch als Produktions-Kanban-Karten eingesetzt. Leere Ladehilfsmittel gelangen zur Quelle und werden dort zu Aufträgen. Volle Behälter gehen an die Senke.

Beim **Signal-Kanban** werden keine Karten eingesetzt. Ein Puffer liegt jeweils in unmittelbarer Nähe zur Quelle und Senke. Die Quelle hat die Aufgabe, die Pufferbestände zu überwachen.

Das Signal-Kanban-System kann nur funktionieren, wenn

- man für jede Materialart einen festen Lagerplatz im Pufferlager reserviert
- minimaler und maximaler Bestand im Puffer durch ortsfeste Signal-Kanban-Karten markiert werden.

Beim Unterschreiten des Mindestbestandes im Puffer beginnt die Quelle mit der Produktion in einer vorher fixierten Standardmenge, wird die Höchstmenge erreicht, stoppt die Produktion (*Bichler/Schröter*).

Es sei noch einmal erwähnt, dass selbstverständlich auf Belege herkömmlicher Art verzichtet werden kann. Es lassen sich auch optische und akustische Signale verwenden; der Auftrag kann auf elektronischem Weg in die Quelle gelangen und die Bestandsentnahme in der Senke registriert werden (*Schulte*).

Aufgabe 39 > Seite 279

3.3.6 Fortschrittszahlenkonzept

Das Fortschrittszahlenkonzept ist ein System zur Planung und Steuerung der Produktion. Es wurde für die montageorientierte Serienfertigung entwickelt und spielt in der Automobilindustrie eine große Rolle.

Der Kern des Konzeptes besteht darin, dass von der kumulierten Zahl der Kundenaufträge und den entsprechenden Lieferterminen ausgegangen wird und man entlang der logistischen Kette Planungsvorgaben als **Soll-Fortschrittszahlen** macht.

Fertigungsbegleitend werden die **Ist-Fortschrittszahlen** jeder Fertigungsstufe ermittelt und mit den entsprechenden Soll-Fortschrittszahlen verglichen. Auf der Grundlage des Soll-/Istvergleichs werden Maßnahmen für die rollende Planung und Steuerung ergriffen.

Fortschrittszahlen lassen sich für zahlreiche Größen im Logistikprozess bilden. Die Automobilindustrie bildet u. a. folgende Fortschrittszahlen (ACTIS):

- Eingangs-Fortschrittszahl für Fertigteile
- Ausgangs-Fortschrittszahl für Fertigteile
- Abruf-Fortschrittszahl
- Liefer-Fortschrittszahl
- Eingangs-Fortschrittszahl für Zubehör und Rohmaterial
- Ausgangs-Fortschrittszahl für Zubehör und Rohmaterial
- Bedarfs-Fortschrittszahl
- geplante Eingangs-Fortschrittszahl
- Montage-Fortschrittszahl
- Arbeitsgang-Fortschrittszahl.

Die Bildung der Fortschrittszahlen kann mithilfe der Methoden der deterministischen Bedarfsauflösung vorgenommen werden. Die Fortschrittszahlen sind kumulierte Werte jeweils für einen bestimmten Zeitpunkt. Befindet sich der Istwert für die Fertigung eines bestimmten Bauteils oberhalb des zugehörigen Sollwertes, ist die Fertigung im Vorlauf (*Specht/Ahrens/Wolter*).

Die **Erkenntnismöglichkeiten** des Fortschrittszahlenkonzeptes für Disposition und Fertigungssteuerung können der folgenden Darstellung entnommen werden (*Specht/Ahrens/Wolter*).

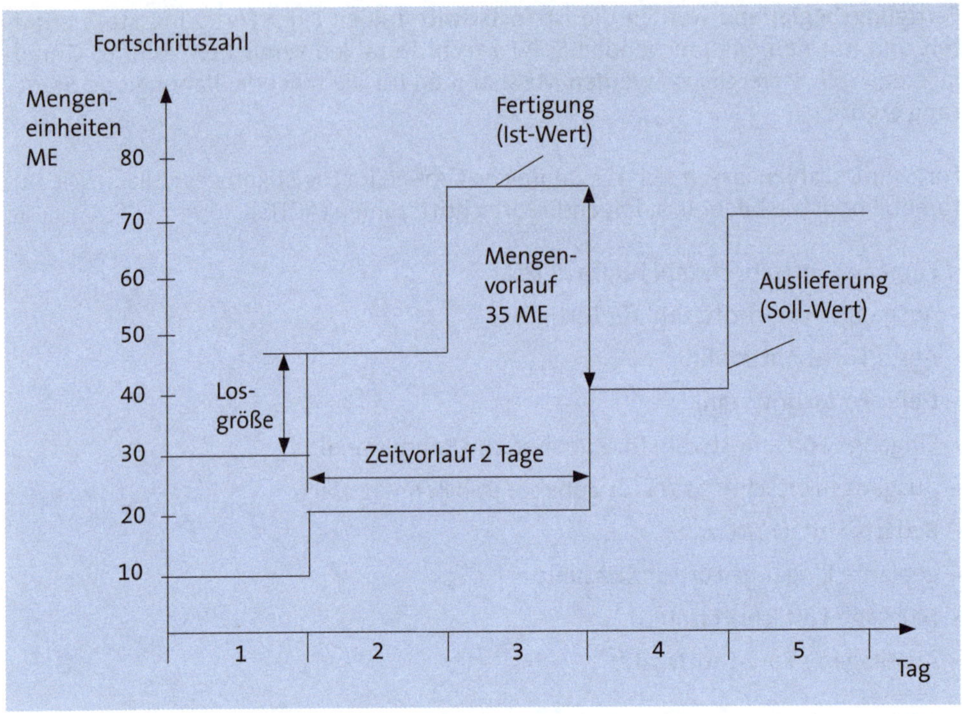

Das Fortschrittszahlen-System wird den Anforderungen eines schnellen und intensiven Informationsaustausches zwischen Kunden und Lieferanten besonders gerecht. Bei der überbetrieblichen Steuerung von Abrufaufträgen kommt der Arbeit mit Fortschrittszahlen besondere Bedeutung zu (weiterführend u. a. *Heinemeyer, Schmidt, Schulte).*

3.3.7 Just-in-Time-Produktion

Das Just-in-Time-Konzept wurde bereits im Kapitel C.2.4.1 im Rahmen der Beschaffungslogistik behandelt. Es wurde in dem Zusammenhang erläutert, dass Just-in-Time nicht lediglich ein Konzept zur Bestandsminimierung ist, sondern dass die Just-in-Time-Idee Auswirkungen auf wesentliche Bereiche des Betriebsgeschehens hat.

Wildemann führt aus, dass die **Just-in-Time-Strategie** die Absicht verfolgt, eine Vereinfachung und Rationalisierung des unternehmensinternen und -externen Informations- und Materialflusses herbeizuführen, mit der Absicht, möglichst nachfragegenau zu produzieren und die Beschaffung produktionssynchron durchzuführen.

Eine Just-in-Time-Produktion ist nur möglich, wenn eine Reihe von Voraussetzungen erfüllt wird. Die wichtigsten Voraussetzungen sind:

- ein hoher und permanenter Qualitätsstandard
- eine ablauforientierte Gestaltung der Produktion mit minimalen Transportwegen

- eine Fertigung in geringen Losgrößen
- die Schaffung von Kapazitätsreserven, um Schwankungen des Bedarfs und Störungen ausgleichen zu können
- eine integrierte Datenverarbeitung (*Bichler/Schröter*).

Das Entscheidende bei Just-in-Time ist, dass bei der Produktion über alle Stufen des Produktionsprozesses eine Optimierung der Bereitstellung der Teile und des Materials und die Realisierung der Produktion mit dem geringsten Aufwand an Lager und Puffer erfolgt.

Aufgabe 40 > Seite 279

F. Marketinglogistik

Die Marketinglogistik wird aus der modernen Marketingkonzeption abgeleitet. Diese hat die Aufgabe, die Bedürfnisse und Wünsche der Käufer zu ermitteln und durch deren optimale Befriedigung Gewinne zu erzielen. Im Vordergrund der Überlegungen stehen an erster Stelle die Bedürfnisse des Kunden, nicht die des Unternehmens.

Das Marketing darf nicht mehr (wie früher die absatzpolitische Konzeption) am Ende des Leistungsprozesses stehen, sondern bei ihm handelt es sich um ein Konzept, das vom Beginn bis zum Ende des Leistungsprozesses wichtige Entscheidungen durchdringt (vgl. *Ehrmann*: Marketing-Controlling, *Weis*: Marketing).

Die Marketinglogistik geht weit über eine „physical distribution“ hinaus, sie soll sämtliche logistischen Maßnahmen enthalten, die zur optimalen Bedürfnisbefriedigung der Kunden erforderlich sind.

Die Marketinglogistik erfasst den vom Kunden sichtbaren bzw. erkennbaren Teil der Logistik, der gewährleistet, dass er die richtige Ware, zur richtigen Zeit, in der richtigen Menge und in der richtigen Qualität erhält.

Die **Anforderungen** an die Marketinglogistik müssen aus zweierlei Sicht betrachtet werden, aus

- Kundensicht
- Unternehmenssicht.

Aus **Kundensicht** sind die Anforderungen Qualität, Schnelligkeit und Zuverlässigkeit, aus **Unternehmenssicht** Effizienz und Wirtschaftlichkeit.

Im Kapitel F. werden folgende Bereiche der Marketinglogistik behandelt:

Marketinglogistik	Marketingstrategien
	Logistikrelevante Marketingentscheidungen ► Distributionskanäle ► Akteure ► Make-or-buy-Überlegungen
	Auftragsabwicklung
	Warenausgang
	Warentransport
	Ersatzteillogistik

Da bestimmte Inhalte der Logistik mehreren Bereichen zugeordnet werden können und aus Gründen der Systematik wurde auf folgende Gebiete bereits eingegangen:

- Auftragsabwicklung in den Kapiteln D.6.3.1, D.6.3.2
- Warenausgang im Kapitel D.6.3.3
- Warentransport in den Kapiteln B.2.2.1, B.2.2.2
- Lagerstandorte in den Kapiteln D.5, D.8.

Bei der Behandlung der genannten Bereiche wird auf die entsprechenden Ausführungen hingewiesen.

1. Marketingstrategien

Marketingstrategien stehen im Dienste der Erfüllung der Kunden- und Gewinnziele.

Bei den Marketingstrategien handelt es sich um grundlegende Strategien, die sämtliche Unternehmensbereiche tangieren, sie setzen wichtige Pflöcke.

Die Generierung und Formulierung von Marketingstrategien stellt einen schöpferischen Prozess dar, der erleichtert werden kann, wenn man über **Orientierungshilfen** verfügt. Solche sind nach *Nieschlag/Dichtl/Hörschgen* bestimmte **strategische Dimensionen.** Aus verschiedenen Dimensionen können mehrere Kombinationen gebildet werden. Entweder finden sämtliche Dimensionen gleichberechtigten Eingang in eine Strategie oder eine Dimension dominiert gegenüber den anderen Dimensionen.

Häufig erhält eine Strategie von der dominierenden Dimension ihren Namen.

2. Überblick über die Inhalte der Marketinglogistik

Die Marketinglogistik hat sowohl strategische als auch operative Komponenten.

Der **strategischen Ebene** zuzurechnen sind u. a.:

- die Bestimmung der Distributionskanäle
- die Entscheidung über wichtige Akteure
- Make-or-buy-Überlegungen
- die Bestimmung der Lagerstandorte
- die Festlegung von Mindestauftragsgrößen
- die Ersatzteillogistik (soweit nicht der operativen Ebene zuordenbar).

Auf der **operativen Ebene** angesiedelt sind:

- die Auftragsabwicklung
- der Warentransport
- die Ersatzteillogistik (soweit nicht der strategischen Ebene zuordenbar).

Es sei in diesem Zusammenhang noch einmal erwähnt, dass die Auffassungen über die Inhalte der Marketinglogistik differieren und einige Autoren den rein physischen Aspekt (physical distribution) in den Vordergrund rücken.

Aufgabe 41 > Seite 280

3. Logistikrelevante Marketingentscheidungen

Dieses Kapitel befasst sich mit Logistikinhalten der strategischen Ebene; im Einzelnen werden behandelt:

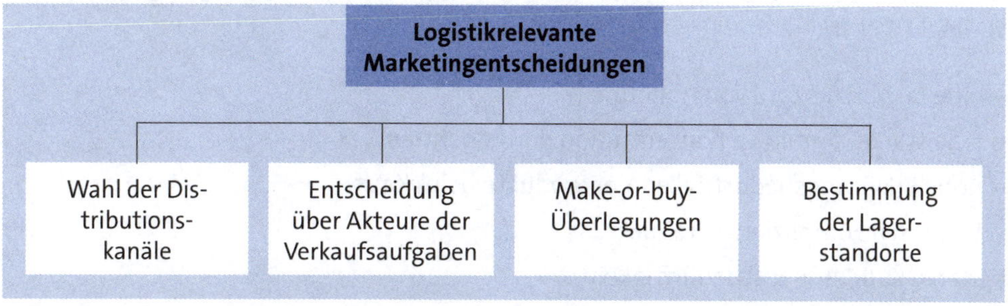

3.1 Wahl der Distributionskanäle

Die Festlegung der Distributionskanäle hat eindeutig strategischen Charakter und muss nicht unbedingt als eine primär logistische Aufgabe angesehen werden. Da die zu treffenden Entscheidungen jedoch wichtige Konsequenzen für die Logistik haben, sollte diese in den Prozess der Entscheidungsfindung unbedingt einbezogen werden.

Es existieren mehrere Möglichkeiten, wie Bedarfsträger (Verbraucher, Verwender, Weiterverarbeiter, Investoren) beliefert werden. Neben der direkten Belieferung oder der indirekten über den Handel haben sich in den letzten Jahren neben den klassischen Formen einige Sonderformen herauskristallisiert, die immer mehr an Bedeutung gewinnen. Es gilt demnach:

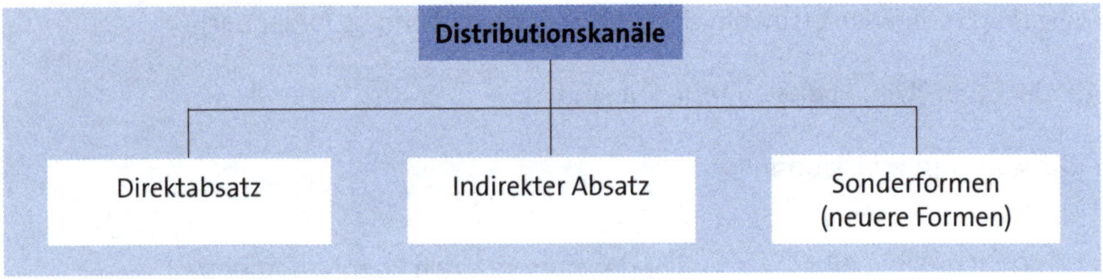

3.1.1 Direktabsatz

Vom Direktabsatz spricht man, wenn der Hersteller seine Erzeugnisse ohne Einschaltung des Handels an die Bedarfsträger verkauft.

Einige Autoren sprechen vom Direktabsatz, wenn überhaupt keine Dritte, also auch keine Vertreter u. Ä. eingeschaltet werden.

Der Direktabsatz findet durch unternehmenseigene Absatzorgane oder durch unternehmensfremde Absatzorgane statt.

Der Direktabsatz bietet sich immer dann an, wenn eine der folgenden Bedingungen vorliegt (*Weis*):

- eine begrenzte Zahl von Abnehmern
- eine starke räumliche Konzentration der Abnehmer
- hohe Erklärungsbedürftigkeit der Produkte beim Kauf
- technisch komplizierte Produkte
- starke Kundendienstbedürftigkeit
- konstante Nachfrage.

Die Entscheidung für den direkten Absatz wird durch die **absatzpolitischen Ziele der Anbieter** und die **beschaffungspolitischen Ziele der Abnehmer** wesentlich beeinflusst.

Bei einem Direktabsatz kann der Anbieter das marketingpolitische Instrumentarium nach eigenem Ermessen einsetzen und jederzeit die ihm erforderlichen Maßnahmen ergreifen.

Eine nicht unerhebliche Zahl von Abnehmern, vor allem bei größerem Bedarf, wendet sich unmittelbar an den Hersteller. Es findet häufig eine permanente Kommunikation per moderne Informationskanäle statt, die bei einem indirekten Absatz kaum möglich ist.

3.1.2 Indirekter Absatz

Der Trend geht zwar eindeutig zum direkten Absatz, doch spielt in einigen Branchen der indirekte Absatz noch eine wichtige Rolle.

Bei flächenmäßig weit verteilter Nachfrage, bei Gebrauchs- und Verbrauchsgütern kann ebenso wenig auf den Handel verzichtet werden wie bei Unternehmen, die nicht willens oder in der Lage sind, ein effizientes Marketing zu praktizieren.

Folgende Gründe lassen sich für den indirekten Absatz anführen:

- Die weit verstreuten Endverbraucher können vom Hersteller nicht ohne Weiteres versorgt werden.
- Bestimmte Erzeugnisse benötigen einen Sortimentsverbund, einzeln sind sie nicht verkäuflich.
- Erzeugnisse von Herstellern, die sehr spezialisiert sind, müssen in das Sortiment des Handels eingeordnet werden.
- Hersteller können selbst kein effizientes Marketing betreiben.
- Der „gute Ruf" des Handels wirkt sich verkaufsfördernd aus.
- Hersteller beabsichtigen die Zahl der Kontakte zu den Abnehmern zu reduzieren.

Beispiel

Ein veranschaulichendes Beispiel von *Weis* zeigt, dass auf einem Markt bei 3 Anbietern und 5 Nachfragern die Anbieter 3 mal 5 Kontakte aufnehmen müssen, wenn zu allen Beteiligten Kontakt aufgenommen werden soll. Bei Einschaltung des Handels verringern sich die Kontakte auf 3 + 5 = 8 Kontakte.

Die Anzahl der Kontakte sinkt von m • n auf m + n Kontakte. Grafisch stellt sich das wie folgt dar:

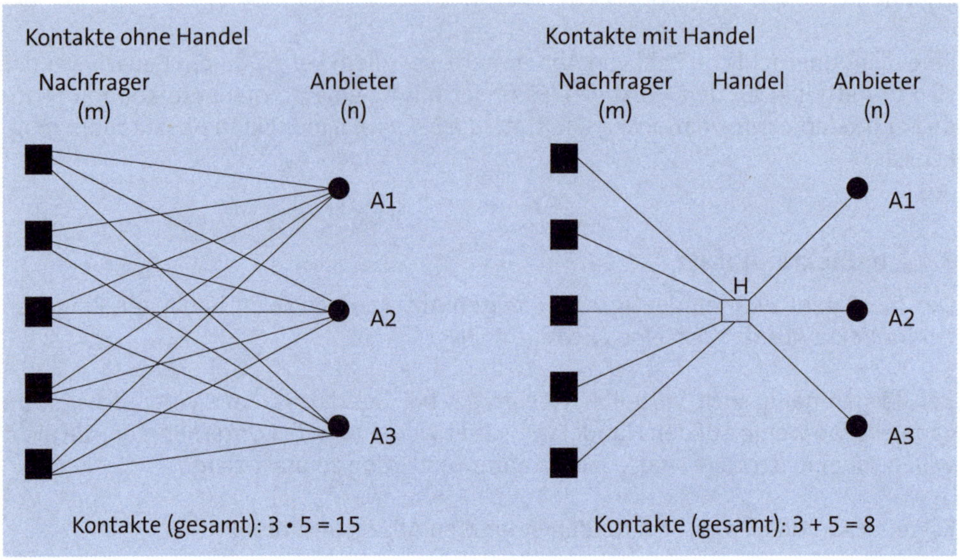

Quelle: *Weis*

Vorteile des indirekten Absatzes können sein:

- geringe Außendienstkosten
- geringe Lagerkosten
- geringere Finanzierungskosten
- niedrige Kapitalbindung
- geringere Kosten der Verkaufsabwicklung
- geringere Kosten des Kundendienstes bei Übernahme des Kundendienstes durch den Handel
- geringere Verwaltungskosten
- hohe geografische Präsenz der Produkte.

Ein weiterer Vorteil, der sich vor allem kostenmäßig niederschlägt, kann darin liegen, dass der Handel Servicefunktionen übernimmt.

Nachteile des indirekten Absatzes bestehen darin, dass der Hersteller auf den Einsatz bestimmter Instrumente mit Wirkung auf den Endverbraucher verzichtet. *Weis* nennt folgende Instrumente:

- Preisfestlegung im Hinblick auf den Endverbrauchspreis
- Kundendienstleistung und -qualität

- Auslieferungsservice
- Verkaufsbemühungen im Hinblick auf den Endverbraucher
- Handelswerbung (Umfang und Ort)
- Kundengewinnungsaktivitäten
- Bedienungsform.

Die Entscheidung für den direkten oder indirekten Absatz bzw. die Kombination beider führt zu **logistischen Konsequenzen** insbesondere im Hinblick auf

- die Beschaffung
- die Auftragsgröße
- die Lagergröße und Lagereinrichtung
- die Lagerbewegungen
- die Versandbewegungen.

3.1.3 Sonderformen (neuere Formen)

In den letzten Jahren wurden insbesondere auf dem Konsumgütersektor neue Distributionskanäle erschlossen. Die Gründe dafür liegen zum einen in der stärker gewordenen Position von Handelsunternehmen durch Unternehmenszusammenschlüsse und der größeren Kooperationsbereitschaft zahlreicher Unternehmen und zum anderen in der Verbesserung und Verbreitung der Informationstechnologie.

Die folgende Übersicht vermittelt einen Überblick über einige neuere Distributionskanäle.

Factory-Outlet-Center	Es handelt sich um Verkaufszentren, die in der Regel durch Kooperation mehrerer Hersteller entstehen. Ihre Waren werden ohne Einschaltung des Zwischenhandels angeboten. Häufig wird ein „Erlebniseinkauf“ arrangiert. Gasthäuser, Kinos, Bäder oder bestimmte Vergnügungsveranstaltungen sollen die Kunden anlocken.
Quick Response	Quick Response ist ein in den USA entwickeltes Strategiekonzept, um die Durchlaufzeit durch den gesamten Logistikkanal zu verkürzen. Es wird definiert als *„ein partnerschaftliches und nachfragesynchrones Belieferungssystem aller in einem Logistikkanal beteiligten Unternehmen, das auf einem permanenten Informationsaustausch basiert“* (*Schulte*). Unternehmensübergreifende Datenaustauschsysteme haben in der Textilindustrie zu einer erheblichen Senkung der Reaktionsgeschwindigkeit und der Lieferzeiten geführt. Das Konzept kann als eine handelsspezifische Form der Just-in-Time-Belieferung angesehen werden.

Efficient Consumer Response (ECR-Systeme)	Das Konzept ist eine Weiterentwicklung von „Quick Response" für die Konsumgüterindustrie. ECR ist ein *„strategisches Konzept der interorganisatorischen Zusammenarbeit zwischen Herstellern, Groß- und Einzelhändlern im Distributionskanal. Durch eine integrierte Steuerung der gesamten Versorgungskette wird das Ziel verfolgt, die Reaktionsfähigkeit auf Veränderungen des Marktes, d. h. auf Kundenwünsche, zu erhöhen und gleichzeitig die Sortimente, die Warenbeschaffung und Bestandsführung, die Werbemaßnahmen sowie die Produktneueinführung unternehmensübergreifend zu optimieren, sodass die Kosten im gesamten Distributionssystem gesenkt werden"* (*Pfohl*). Zu der Betrachtung des Warenflusses bei Quick Response kommen die effiziente Absatzförderung, die effiziente Sortimentsgestaltung und die effiziente Produktneueinführung.
E-Commerce	E-Commerce ist eine spezifische Ausgestaltung des klassischen Versandhandels. Sämtliche Prozesse des Einkaufs, des Marketing, der Werbung, des Kundendienstes und der Zahlungsabwicklung werden durch das Internet unterstützt. Die Auslieferung der Waren wird ergänzt durch komplette Dienstleistungen (*Heiserich*).

Aufgabe 42 > Seite 280

3.2 Entscheidung über Akteure der Verkaufsaufgaben

Es wurde bereits im Kapitel F.3.1.1 (Direktabsatz) erwähnt, dass als Absatzorgane unternehmenseigene und unternehmensfremde Personen bzw. Institutionen infrage kommen. Im folgenden Kapitel soll auf einige ausgesuchte Akteure der Verkaufsaufgaben eingegangen werden.

Grundsätzlich werden in Industrieunternehmen folgende Akteure mit Verkaufsaufgaben betraut:

- unternehmenseigene Akteure:
  - Mitglieder der Geschäftleitung
  - Mitglieder der Marketing- bzw. Vertriebsleitung
  - Reisende
- unternehmensfremde Akteure
  - Handelsvertreter
  - Kommissionäre
  - Makler
  - Mitglieder ausgegliederter Verkaufsbereiche
  - Mitglieder von „Gemeinschaftseinrichtungen".

3.2.1 Unternehmenseigene oder unternehmensfremde Akteure

Ob unternehmenseigenen oder unternehmensfremden Akteuren der Verkaufsaufgaben der Vorzug gegeben werden soll, hängt von mehreren Faktoren ab und kann nicht allgemein gültig entschieden werden. Wichtige Entscheidungskriterien sind

- die anfallenden Kosten
- das Know-how
- die Produkte
- die geografische Lage der Verkaufsgebiete
- die Käuferstruktur
- die Branchenüblichkeit
- rechtliche Vorschriften
- die Unternehmensphilosophie.

Die Entscheidung zwischen unternehmenseigenen und unternehmensfremden Akteuren unter Kostengesichtspunkten wird im folgenden Kapitel am Beispiel des Reisenden und des Handelsvertreters verdeutlicht.

3.2.2 Vertreter oder Reisende

Die rechtliche und wirtschaftliche Stellung des Handelsvertreters und des Reisenden wird als bekannt vorausgesetzt (zur Wiederholung und Vertiefung vgl. *Weis*). Im Folgenden wird lediglich dargestellt, wie hoch ihr Anteil am Verkaufserfolg ist und welche fixen Kosten sie jeweils verursachen.

Geht man davon aus, dass Vertreter und Reisende ungefähr die gleichen Verkaufserfolge erzielen, kann man bei bekannten Distributionskosten eine **grafische Entscheidungshilfe** einsetzen, die dem Break-even-Diagramm ähnlich ist.

Man kann davon ausgehen, dass Vertreter normalerweise niedrigere fixe Kosten verursachen als Reisende, die proportionalen Kosten hingegen sind in der Regel bei ihnen höher; man traut ihnen einen größeren Verkaufserfolg mit einer damit verbundenen höheren Provision zu.

In einer grafischen Darstellung wird dies wie folgt ausgedrückt:

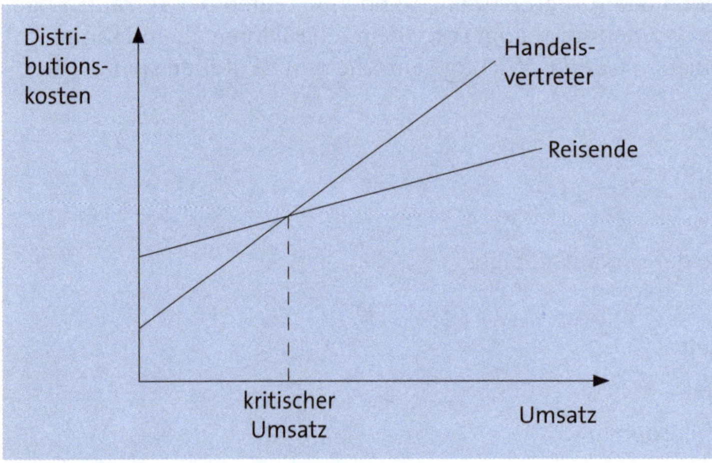

Der kritische Umsatz gibt die Kostengleichheit der beiden Umsatzmittler an.

Nimmt man an, dass Vertreter und Reisende stark voneinander abweichende Verkaufserfolge aufweisen, kann mithilfe der Deckungsbeitragsrechnung der wirtschaftliche Einsatz ermittelt werden. Der Deckungsbeitrag wird errechnet, indem man von dem prognostizierten Umsatz die geplanten Distributionskosten abzieht. Der Vergleich der Deckungsbeiträge ergibt die Priorität für Reisende oder Handelsvertreter.

Beispiel

Praxisbeispiel:

Ein Zulieferer der Werkzeugmaschinenindustrie erstellt ein Diagramm, das die Kosten für eine Handelsvertretung und einen Reisenden in Abhängigkeit des erzielten Umsatzes bei unterschiedlichen Provisionssätzen wiedergibt. Es hat folgendes Aussehen:

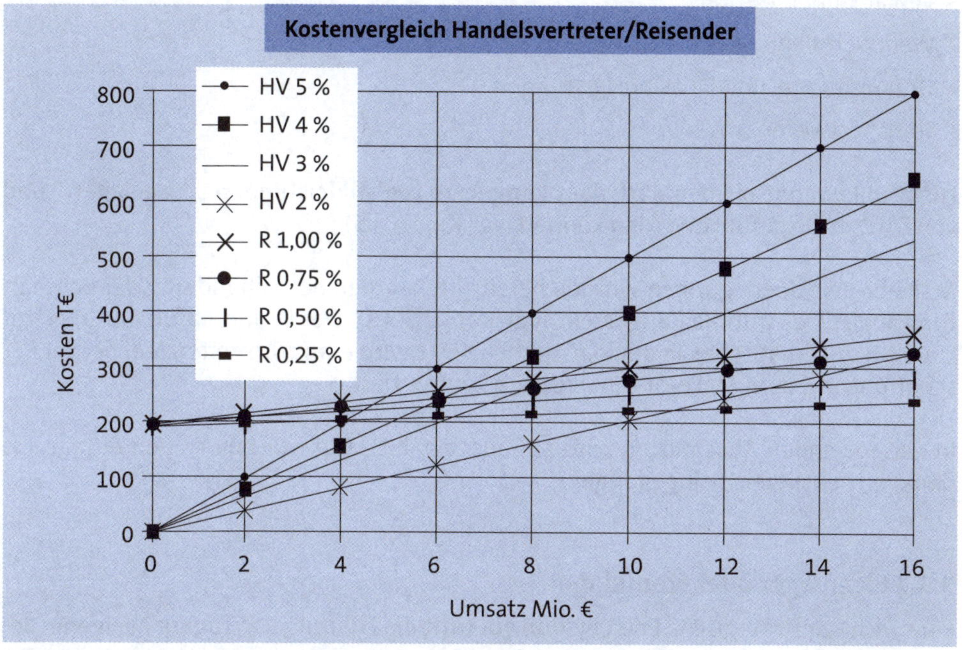

Geht man z. B. davon aus, dass ein Reisender dem Unternehmen jährlich 200.000 € fixe Kosten und 0,5 % Provision verursacht und eine Handelsvertretung eine Provision in Höhe von 4 % des Umsatzes erhält, müsste der Reisende, der eine Handelsvertretung voll ersetzen soll, einen Umsatz von 5,7 Mio. € pro Jahr bewegen. Das entspricht nach dem gegenwärtigen Stand etwas mehr als einem Viertel des Unternehmensumsatzes.

Aufgabe 43 > Seite 280

3.3 Make-or-buy-Überlegungen

Make-or-buy-Überlegungen münden immer in die Entscheidung, bestimmte Leistungen selbst zu erbringen oder Dritte in Anspruch zu nehmen.

Die Entscheidung Eigenleistung oder Fremdbezug tangiert nahezu sämtliche Unternehmensbereiche. Betroffen davon sind in erster Linie die Bereiche

- Fertig- und Unfertigerzeugnisse
- Energie
- Reparatur- und Wartungsleistungen
- Verkaufsorganisation
- Werksverpflegung
- Organisations- und Revisionsleistungen
- Transportwesen u. Ä.

Nicht unerwähnt bleiben darf, dass **komplette Logistikleistungen** „ausgelagert" und von Dritten ausgeführt werden können (vgl. Kap. A.4.5).

Make-or-buy-Überlegungen wurden bereits im Rahmen der Behandlung der Beschaffungslogistik ausführlich angestellt (vgl. Kap. C.2.3.1). Der Grund dafür war in erster Linie ein systematischer, in der logistischen Kette wird man zum ersten Mal bei der Beschaffung mit dem Make-or-buy-Problem konfrontiert.

In den folgenden Abschnitten wird auf ausgewählte Make-or-buy-Fragen primär aus dem Vertriebsbereich eingegangen.

3.3.1 Eigenlager oder Fremdlager

Eine wichtige strategische Entscheidung betrifft die Führung von Lägern in eigener Regie oder die Einschaltung Dritter, die mit der Lagerung im weiteren Sinne betraut werden.

3.3.1.1 Entscheidungskriterien

Ein wichtiges Entscheidungskriterium sind die Kosten, doch muss auch eine Reihe anderer Kriterien berücksichtigt werden. Insgesamt muss von folgenden Kriterien ausgegangen werden:

- **Investitionskosten**
  Jede Investition verursacht Anschaffungs- bzw. Herstellkosten und laufende Kosten, demzufolge sollte bei jeder Investitionsentscheidung eine Wirtschaftlichkeitsuntersuchung mithilfe der Investitionsrechnung und/oder der Nutzwertanalyse durchgeführt werden.
- **Laufende Lagerkosten**
  Die Lagerkosten können je nach Einrichtung und Automatisierungsgrad sehr hoch sein, und bei einer schlechten Lagerauslastung entstehen Leerkosten als Kosten der nichtgenutzten Kapazität.

- **Know-how**
  Läger mit einer modernen Einrichtungstechnik erfordern eine gute Organisation und hoch qualifiziertes Personal. Manche Unternehmen verfügen nicht über das entsprechende Know-how. Der Aufbau einer effizienten Lagerorganisation und der Einsatz gut geschulter Mitarbeiter ist einerseits mit nicht unerheblichen Kosten verbunden, zum anderen ist entsprechend geschultes Personal auch nicht ohne weiteres zu bekommen. Logistikzentren bzw. Dienstleistungszentren können in diesem Falle einen oft auch im Vergleich kostengünstigeren Ausweg darstellen.
- **Abhängigkeit**
  Tendieren Unternehmen zu Fremdlägern, sollten sie unbedingt berücksichtigen, dass sie sich in Abhängigkeit Dritter begeben und sich auf deren Zuverlässigkeit verlassen müssen. Störungen beim Dienstleister können zu verheerenden Störungen im eigenen Unternehmen mit schlimmen Folgen in den Kundenbeziehungen führen.
- **Prestige**
  Wenn es sich beim Prestige auch nicht um ein Hauptkriterium handelt, sollte es dennoch Beachtung finden. Für manche Unternehmen stellt das eigene Lager durchaus einen Prestigefaktor dar.
- **Informationsfluss**
  Die Zwischenschaltung von Dritten zwischen Hersteller und Kunden kann zu einer Beeinträchtigung des Kommunikationsprozesses führen. Dies bezieht sich sowohl auf den Auftragseingang, als auch auf die Auftragsabwicklung. Gravierende Folgen ergeben sich, wenn sich der Hersteller nicht nur als Lieferant, sondern auch als Dienstleister sieht, wie es in modernen Logistikkonzepten der Fall ist.

Bei Nutzung von Fremdlägern ist unbedingt dafür Sorge zu tragen, dass informationstechnische Maßnahmen getroffen werden, die einen ungestörten Informationsfluss zwischen Hersteller und Abnehmer gewährleisten.

3.3.1.2 Entscheidung unter Berücksichtigung des Kostenkriteriums

Werden Kostenüberlegungen angestellt, müssen die Eigenlagerkosten mithilfe der bekannten Verfahren (*Ehrmann; Olfert:* Kostenrechnung) in ihre fixen und proportionalen Bestandteile aufgeteilt werden.

Bei den Lagerkosten fallen folgende Kostenblöcke an:

- Personalkosten
- Energiekosten
- Reparatur- und Instandhaltungskosten
- Versicherungskosten
- diverse Materialkosten
- Abschreibungen
- Zinsen

- Wagniskosten
- anteilige Verwaltungskosten und Leitungskosten
- Steuern
- ggf. Mietkosten.

Das im Folgenden dargestellte Diagramm bietet eine Grundlage für die Entscheidung Eigenlager/Fremdlager. Vorausgesetzt wird die Kenntnis der Eigen- und Fremdlagerkosten sowie der Kapazität.

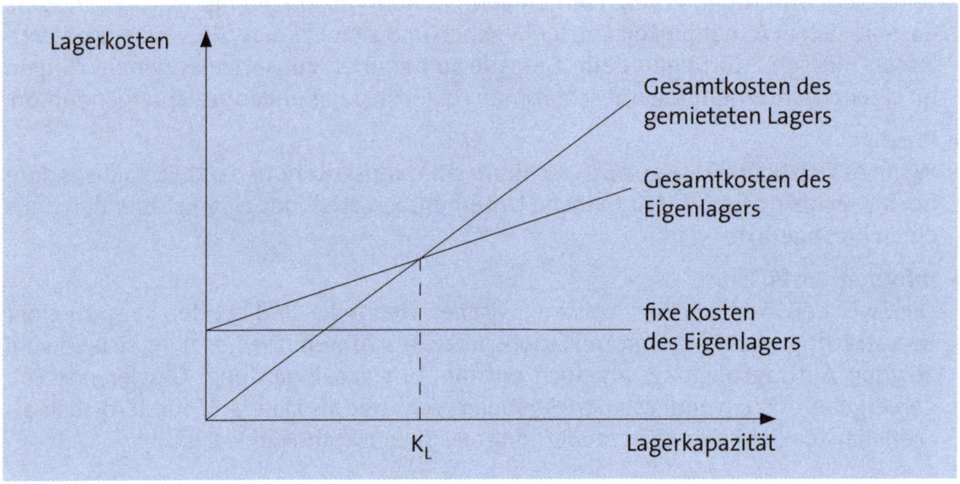

Der Grafik ist zu entnehmen, dass sich ein Eigenlager erst lohnt, wenn die Lagerkapazität den Schnittpunkt K_L nachhaltig überschreitet.

Stehen mehrere Läger zur Diskussion, ist die Vorgehensweise im Prinzip dieselbe, die Entscheidung wird jedoch insofern erschwert, als eine Vielzahl von Alternativen zu berücksichtigen ist. Der Einsatz eines experimentellen Verfahrens des „Operations Research" bietet sich zur Lösung an.

Aufgabe 44 > Seite 280

3.3.2 Eigentransport oder Fremdtransport

Wie bei der Entscheidung Eigenlager/Fremdlager sind neben den im Folgenden genannten relevanten Kosten weitere Entscheidungskriterien zu berücksichtigen. Insgesamt handelt es sich um folgende Kriterien:

- **Kostenkriterien:**
  - Investitionskosten für den Fuhrpark
    Der Einsatz der Investitionsrechnung, der Nutzwertanalyse und von Berechnungen, die grundsätzlich bei Make-or-buy-Überlegungen infrage kommen, gibt

wichtige Anhaltspunkte über die Vorteilhaftigkeit des Eigentransports bzw. des Fremdtransports.

In die Berechnungen sind auch die Kosten für die Einrichtung von Garagen, Abstellplätzen, unternehmenseigenen Betankungsanlagen u. Ä. einzubeziehen.

- Laufende Kosten,
  bei denen es sich im Wesentlichen um folgende Blöcke handelt:
  - Treibstoffe
  - Öle, Schmierstoffe
  - Wartungskosten
  - Reparaturkosten/Instandhaltungskosten
  - Kfz-Steuer und Versicherungen
  - Personalkosten
  - Abschreibungen der Fahrzeuge und der baulichen Einrichtungen
  - Abschreibungen der Verschleißteile bzw. sonstige Erfassung des Verschleißes
  - Zinsen
  - Wagniskosten
  - anteilige Verwaltungskosten
  - anteilige Leitungskosten.
- Abgaben,
  in erster Linie für
  - Lizenzen
  - Straßenbenutzungsgebühren u. Ä.

  Die genannten Kosten werden über die Kostenarten- und Kostenstellenrechnung ermittelt und einem Kostenträger zugerechnet. Dieser ist so zu wählen, dass er mit der Kalkulationseinheit des Spediteurs verglichen werden kann.

  Beim Vergleich der Kosten Eigentransport/Fremdtransport muss die Frage in die Überlegungen einbezogen werden, ob der Fremdleister lediglich Transportleistungen oder darüber hinausgehende Logistikleistungen erbringt.

► **Weitere Entscheidungskriterien**

- Know-how
  Es muss überlegt werden, ob die vorhandenen Mitarbeiter das erforderliche Wissen und Können für die Durchführung des gesamten Transports haben.
- Abhängigkeit
  Es ist zu untersuchen, in welchem Ausmaße sich das Unternehmen in Abhängigkeit Dritter begibt und wie negativen Folgen, die sich aus der Abhängigkeit ergeben können, zu begegnen ist.
- Werbewirksamkeit eines eigenen Fuhrparks
  Vom Marketing ist zu untersuchen, ob und mit welchem Wirkungsgrad ein Werbeeffekt von einem eigenen Fuhrpark ausgehen kann.

- Steuererleichterungen, Subventionen
  Wenn nicht bereits im Rahmen der Kostenüberlegungen berücksichtigt, ist festzustellen, ob Steuererleichterungen bzw. Subventionen gewährt werden, wenn bestimmte Transportmittel verwendet werden, bestimmte Routen bevorzugt werden u. Ä.

Aufgabe 45 > Seite 280

3.4 Lagerstufen und Lageranzahl

3.4.1 Lagerstufen

In den Unternehmen sind folgende Lagerstufen zu unterscheiden (*Schulte*):

Werksläger	Fertigwarenläger in der Nähe der Produktion. Sie enthalten nur die im örtlichen Betrieb produzierten Erzeugnisse, dienen dem kurzfristigen Mengenausgleich.
Zentralläger	Zentralläger sind die zweite Lagerstufe. Ihre Anzahl ist begrenzt, sie nehmen die gesamte Sortimentsbreite des Unternehmens auf. Sie sorgen bei vorhandenen nachgeordneten Lagerstufen für ein Auffüllen der Bestände. Liegt eine zentralisierte Distributionsstruktur vor, stellen Zentralläger die Waren in den von den Abnehmern bestellten Mengen zur Auslieferung bereit.
Regionalläger	Regionalläger schaffen innerhalb einer bestimmten Absatzregion einen Puffer zu Produktion und Absatzmarkt; durch eine Bestandshaltung werden vor- und nachgelagerte Lagerstufen entlastet. Regionalläger nehmen nur Teile des Sortiments auf.
Auslieferungsläger	Auslieferungsläger befinden sich auf der untersten Stufe dezentral im gesamten Verkaufsgebiet. *„Ihre Aufgabe besteht in einer Vereinzelung der Mengen zu den von den Abnehmern georderten Einheiten und deren Bereitstellung zur Kundenbelieferung“*. Auslieferungsläger ordnet man einem bestimmten Verkaufsbezirk und den dortigen Kunden direkt zu. Sie enthalten entweder das gesamte Sortiment oder die absatzstarken Produkte.

3.4.2 Anzahl der Läger auf jeder Stufe

Die Entscheidung über die Anzahl der Läger je Stufe hängt ab von

- den Produktionsstandorten
- den Lagerkosten
- den Transportkosten zwischen den Produktionsstandorten und den Lägern
- den Auslieferungskosten
- den Bestellmengen und den Bestellhäufigkeiten.

Oft wird das Problem der Lageranzahl nur unter dem Aspekt der Transportkostenabwicklung betrachtet.

Dabei ist Folgendes zu berücksichtigen:

- Die Auslieferungskosten zum Kunden können in der Regel durch eine Erhöhung der Zahl der Auslieferungsläger gesenkt werden, da die Nähe zu den Kunden eine günstigere Belieferung ermöglicht.
- Die Transportkosten vom Produktionsstandort zu den Lägern steigen. Diese Steigerung fällt umso höher aus, je kleiner die Läger werden und je geringer der Warenumschlag ist.

Grundsätzlich kann die Aussage getroffen werden, dass die Einrichtung eines zusätzlichen Lagers dann von Vorteil ist, wenn die Kosten des Lagers niedriger sind als Transportkosteneinsparungen.

Die folgende Darstellung gibt diesen Zusammenhang grafisch wieder:

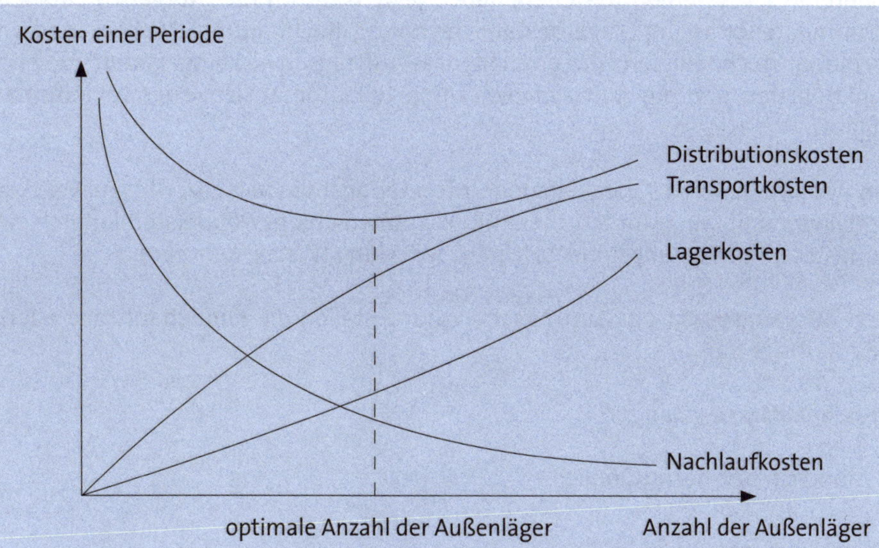

Nachlaufkosten: Bei Lieferung vom Außenlager zum Kunden
Transportkosten: Beförderungskosten vom Werk zum Außenlager

Quelle: *Eisele*

Das Problem der Lageranzahl darf nicht nur auf das Transportkostenproblem reduziert werden, sämtliche vorher genannten Entscheidungskriterien müssen Berücksichtigung finden.

In diesem Zusammenhang sind die Verfahren zur Standortbestimmung von Bedeutung.

In der Betriebswirtschaftslehre werden zahlreiche Verfahren zur Standortbestimmung beschrieben, beginnend bei einfachen Verfahren mit Standortkatalogen bzw. Checklisten bis zu komplizierten mathematischen Modellen.

Es wird auf die umfangreiche Literatur hingewiesen z. B. auf *Domschke/Schildt, Domschke/Drexel, Tempelmeier.*

4. Auftragsabwicklung

Unter Auftragsabwicklung versteht man die Steuerung des Materialflusses von der Fertigung bzw. vom Lager bis zum körperlichen Versand.

Auf wichtige Elemente der Auftragsabwicklung wurde bereits im Kapitel D.6.3 eingegangen. An dieser Stelle wird die Auftragsabwicklung von den Ablaufphasen her beleuchtet.

Die Unternehmen entwickeln individuelle **Auftragsabwicklungssysteme**, die aus mehreren Teilsystemen bestehen, denen jeweils bestimmte Aufgaben zufallen (z. B. Stammdatenerfassung, Lagerbestandsrechnung, Buchhaltung). Mithilfe moderner Informationstechnologien wird erreicht, dass Auftragsabwicklungssysteme reibungslos funktionieren und die Auftragsabwicklung teilautomatisiert oder vollautomatisiert abläuft.

Ein dem Materialfluss voraneilender Informationsfluss versorgt die am Materialfluss Beteiligten mit den erforderlichen Informationen und gewährleistet dadurch eine reibungslose, verzögerungsfreie Auftragsabwicklung (*Weber/Kummer*).

Den **Ausgangspunkt** der Auftragsabwicklung stellen die Kundenaufträge oder internen Aufträge dar.

Kundenaufträge gelangen

- mündlich bzw. fernmündlich
- schriftlich
- per Datenfernübertragung

zu den Informationsempfängern.

Der Datenfernübertragung wird immer mehr der Vorzug gegeben; dadurch wird eine Zeit- und Arbeitsersparnis erreicht, und es werden Übertragungsfehler vermieden.

Unternehmensübergreifende Systemverbindungen zwischen Lieferanten, Herstellern, Kunden und Spediteuren dienen der Beschleunigung des Materialflusses.

Aufträge gelangen ins Lager, die Bestellungen werden kommissioniert und in entsprechend bereitgestellte Behälter positioniert. Bei einer **vollautomatischen Bearbeitung** werden die Versandbehälter automatisch adressiert und erhalten Angaben über Versandart, den Spediteur u. Ä., häufig per Strichcode. Ein anderes Rechnersystem erstellt die Versandpapiere.

Der Ablauf variiert je nach dem Automatisierungsgrad der Auftragsabwicklung und der Organisation des Informationsflusses.

„Intelligente Maßnahmen" sollen dazu beitragen, dass der Wunsch zahlreicher Kunden nach immer kürzeren Lieferzeiten bei höherer Lieferfrequenz erfüllt wird. Diese Maßnahmen müssen auch verhindern, dass der Wert je Auftrag bei zunehmenden Auftragszahlen sinkt und die Logistikkosten ansteigen.

Eine Forderung, die vielfach bereits realisiert wurde, ist die Abwendung vom „Papier" und eine intensive Nutzung standardisierter Datennetze. Ein solches ist beispielsweise **EDIFACT** [(**E**lectronic **D**ate **I**nterchange **f**or **A**dministration, **C**ommerce and **T**ransport) (Standardisierter Datenaustausch zwischen Computersystemen)]. Darüber hinaus wird die Automatisierung von Abläufen in der Auftragsbearbeitung und die Veränderung der Distributions- und Logistikprozesse angestrebt.

EDIFACT ermöglicht einen schnellen online-Datenverkehr zwischen den EDV-Systemen eines Distributionszentrums, der produzierenden Betriebe eines Unternehmens, der Zulieferer und Kunden. Alle Teilnehmer im Netz sind in der Lage, auf relevante Daten zurückzugreifen.

Durch die Öffnung von Logistik-Systemen nach außen, können vor allem Kunden daran partizipieren. Über ein Logistik-Netzwerk ist es den Kunden möglich, mit ihren eigenen Auftragsnummern ihre Aufträge zu verfolgen, Bestände abzufragen oder auch einfache Nachrichten zu übermitteln. Ein solches Netzwerk darf natürlich keine „Einbahnstraße" sein, vielmehr müssen auch in der Umkehrung Informationen gesendet werden.

Im Folgenden werden Grundlagen der Auftragsabwicklung und des Zusammenwirkens einzelner EDV-Systeme in einem größeren Industrieunternehmen in stark vereinfachter Form wiedergegeben.

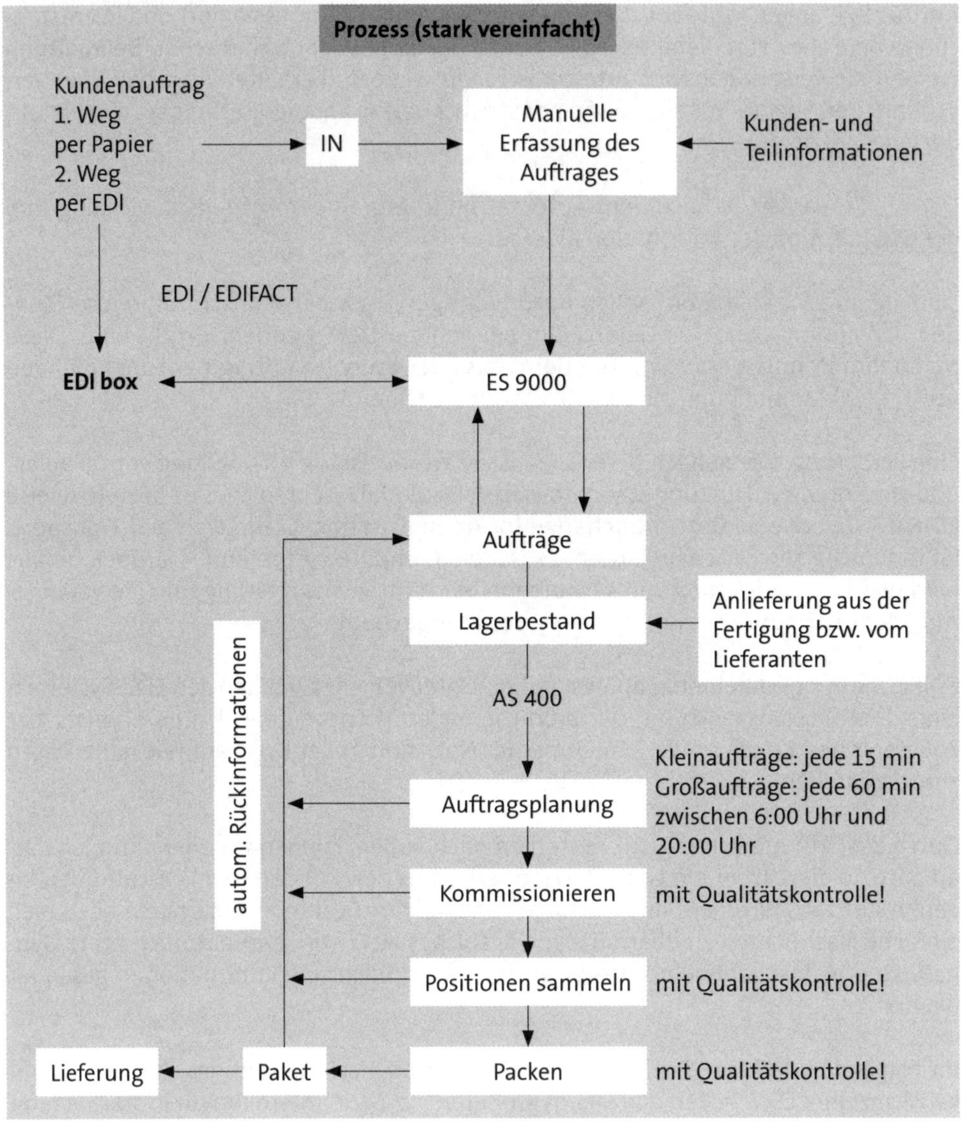

Aufgabe 46 > Seite 281

5. Warenausgang

Der Warenausgang im weitesten Sinne umfasst

- die Warenanforderung (Auftragsvorbereitung)
- die Kommissionierung

- die Verpackung
- den Transport
- Serviceleistungen.

Auf die beiden ersten Bereiche wurde im Rahmen der Lagerlogistik im Kapitel D.6.3.3 (Materialausgang) ausführlich eingegangen. Es wird auf diese Ausführungen hingewiesen.

Die **Verpackung** hat in den letzten Jahren eine Änderung ihrer Funktionen erfahren. Aus der gegenwärtigen Sicht verfügt die Verpackung über folgende Funktionen:

- technische Funktionen, insbesondere
  - Schutzleistung
  - Lagerleistung
  - Transportleistung
- absatzwirtschaftliche Funktionen, insbesondere
  - Informationsleistung
  - Verkaufsleistung
  - Verwendungsleistung
- ökologische Funktionen, insbesondere
  - Umweltverträglichkeit
  - Recyclingfähigkeit
  - Mehrwegverpackungen
  - Verpackungseinsparungen
  - Nachfüllpackungen (*Becker*).

Aus **Sicht der Logistik** sind vor allem die technischen Funktionen und danach die ökologischen Funktionen von Bedeutung.

Die Logistik muss dazu beitragen, dass die Verpackungen so gewählt werden, dass die genannten Funktionen optimal zum Zuge kommen.

Auf den Warentransport und Serviceleistungen wird in den beiden folgenden Kapiteln eingegangen.

Aufgabe 47 > Seite 281

6. Warentransport

Dieses Kapitel befasst sich mit folgenden Fragen:

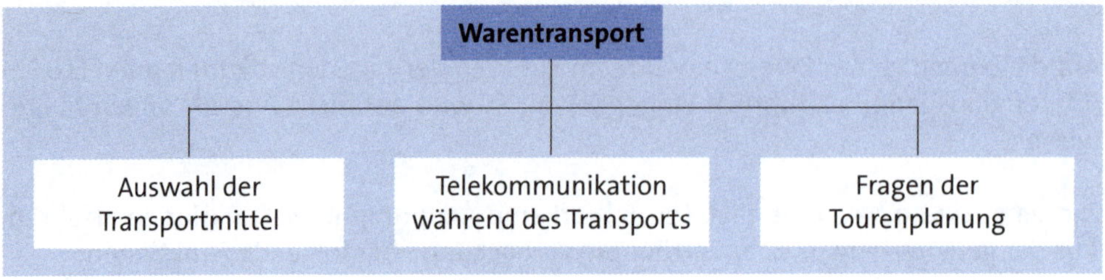

6.1 Auswahl der Transportmittel

Bei der Auswahl der Transportmittel ist eine Reihe von Kriterien zu berücksichtigen, nämlich

- rechtliche Kriterien
- Infrastruktur
- Kostenkriterien
- Leistungskriterien.

Diese wurden bereits im Kapitel B.2.2.1 beschrieben.

6.2 Telekommunikation während des Transports

Zur Steuerung und Überwachung der transportierten Güter und eingesetzten Fahrzeuge sowie im Interesse der ständigen Auskunftsbereitschaft über den Zustand und den jeweiligen Standort der Güter gegenüber dem Kunden wurden Systeme der Telekommunikation während des Transports geschaffen.

Heiserich nennt folgende Systeme der Telekommunikation:

Erdgestützte Systeme	
Funktelefonsysteme	Die Kommunikation erfolgt zwischen einer Mobilstation und einem stationären oder mobilen Partner.
Betriebs-/Bündelfunk	Es handelt sich um den klassischen Betriebsfunk mit Gegensprechbetrieb ohne Zugang zu anderen Netzen. Er steht in begrenzten Bereichen mehreren Benutzern zur Verfügung.
Funkrufdienste	Sie sind für die einseitige Übertragung kurzer Nachrichten von einem stationären Sender an einen mobilen Empfänger gedacht.
Mobile Datenkommunikation	Sie ist eine Erweiterung der Bündelfunk- und Funktelefondienste durch eine Non-voice-Komponente zur Datenübertragung.
Satellitengestützte Systeme	
Geostationäres System (geostationary satellite orbit)	Die Satelliten befinden sich in einer erdfernen Umlaufbahn (36.000 km) über dem Äquator.
Erdnahes Satellitensystem (low earth orbit)	Es setzt sich aus einer größeren Anzahl erdnaher Satelliten zusammen. Sie befinden sich auf verschiedenen Umlaufbahnen und ermöglichen eine weltweite Datenübertragung. Solche Systeme sind: ► EUTELSAT (European Telecommunication Satellite Organisation) ► INMARSAT (International Maritime Satellite Organisation) ► GPSC (Global Positioning System) ► GLONASS (Global Navigation Satellite System).

6.3 Fragen der Tourenplanung

Immer wenn ein Unternehmen eine größere Zahl von Abnehmern oder Lägern beliefern muss, stellt sich die Aufgabe der Tourenplanung.

Wird nur **eine Tour** geplant, wird der Ausdruck **„traveling salesman problem“** verwendet, steht die **simultane Planung** einer größeren Zahl von Touren an, spricht man von **„vehicel scheduling problem“**. Letztere Form wird als die eigentliche Tourenplanung angesehen.

Bei der Tourenplanung ergibt sich folgendes **Standardproblem:** Von einem Depot werden innerhalb eines Planungszeitraumes bestimmte Knoten (Kunden, u. U. Kundengruppen) beliefert. Der Bedarf der jeweiligen Knoten kann mit einer Lieferung gedeckt werden. Das Depot verfügt über gleichartige Fahrzeuge mit der gleichen Kapazität.

Es ergibt sich die Aufgabe, einen Tourenplan als eine Menge von Touren, die jeweils von einem Fahrzeug bewältigt werden, vom Depot ausgehen und im Depot enden, zusammenzustellen. Jeder Kunde wird von einer Tour beliefert und jede Tour muss die Fahrzeugkapazität einhalten.

Die Tourenplanung erfolgt unter den Zielsetzungen:

- Minimierung der Transportstrecke
- Minimierung der Transportzeit
- Minimierung der proportionalen Kosten
- Minimierung der Zahl der Fahrzeuge.

Die Tourenplanung hat ein **Grundproblem,** das in zwei **Teilprobleme** zerfällt. Darüber hinaus entstehen noch weitere die Planung erschwerende Probleme.

Eine Zusammenstellung der Probleme hat folgendes Aussehen (*Fleischmann*):

Grundproblem (Aufteilung in Teilprobleme)	a)	Zuordnung der Kunden zu den Touren
	b)	Festlegung der Reihenfolge der Kunden innerhalb der Tour
Zusätzliche Probleme	a)	Kapazitätsbeschränkungen Die Mengeneinheiten der Aufträge und der Fahrzeugkapazität sind nach den Dimensionen Gewicht und Volumen zu differenzieren, die jede für sich restriktiv wirken können. Die Dauer einer Tour ist auch arbeitsrechtlich begrenzt.
	b)	Heterogener Fuhrpark In den Grundverfahren wird von einer unbegrenzten Anzahl gleicher Fahrzeuge ausgegangen.
	c)	Kundenzeitfenster Bei Lieferungen sind die oft engen Annahmezeiten beim Kunden zu beachten. Folglich sind die früheste und die späteste Ankunftszeit beim Kunden zu berücksichtigen.
	d)	Fahrzeugfenster Die einzelnen Fahrzeuge können zu unterschiedlichen Zeiten verfügbar sein.
	e)	Mehrfacher Einsatz der Fahrzeuge pro Tag Ein Fahrzeug kann u. U. mehrere Touren pro Tag fahren.

Bei der Tourenplanung sind **zwei Situationen** zu berücksichtigen:

- tägliche Touren
- Standardtouren.

Die **tägliche Tourenplanung** erstreckt sich auf bestimmte Aufträge für einen Tag. Sie kann am Vorabend oder zu Beginn des Tages der Tourenausführung durchgeführt werden.

Die Planung von **Standardtouren** lässt sich in größeren Abständen auf der Basis typischer Auftragsprogramme vornehmen.

Will man sämtliche Probleme der Tourenplanung berücksichtigen, führt dies zu einem großen Rechenaufwand. Die Praxis begnügt sich deshalb vielfach mit Näherungslösungen heuristischer Art.

Häufig eingesetzte Verfahren sind:

- das Verfahren des besten Nachfolgers
- die sukzessive Einbeziehung von Stationen
- Savings-Verfahren (die besten Teilrouten).

Die moderne Informationstechnologie hat zur Verfeinerung der Verfahren und zur intensiveren Nutzung mathematischer Verfahren der Tourenplanung beigetragen.

Den Unternehmen werden zahlreiche **Softwaresysteme** zur Tourenplanung angeboten. Die exakten Lösungsverfahren, die im Wesentlichen Branch-and-Bound-Verfahren sind, werden mittlerweile schon häufig eingesetzt. Die meisten Softwareprogramme benutzen heuristische Lösungsverfahren. Die Teilprobleme Touren- und Routenbildung werden entweder sukzessiv (z. B. Sweep-Verfahren) oder simultan (z. B. Savings-Verfahren) gelöst (*Weber/Kummer*).

In den letzten Jahren wurden einige neuere Verfahren zur Tourenplanung diskutiert wie etwa Tabu Search Heuristiken, Genetische Algorithmen, Künstliche Neuronale Sätze oder die Fuzzy-Logik.

Der Rahmen dieses Buches würde bei weitem gesprengt, ginge man auf die Vielzahl der von der Unternehmensforschung entwickelten Verfahren der Tourenplanung und die reichlich vorhandene Software ein. Es wird auf die umfangreiche Literatur hingewiesen z. B. *Clarke/Wright, Fleischmann, Gillett/Miller, Weber/Kummer*.

Aufgabe 48 > Seite 281

7. Ersatzteillogistik

7.1 Inhalt der Ersatzteillogistik

Die Ersatzteillogistik hat seit einiger Zeit so an Bedeutung gewonnen, dass sie vielfach als ein selbstständiger Bereich der Logistik angesehen wird. Es handelt sich bei ihr um eine Logistik der Nachkaufphase. Die Auffassung hat sich durchgesetzt, dass der Kontakt zu den Kunden in der Nachkaufphase wesentlich zur Kundenzufriedenheit beitragen kann.

DIN 24420 bezeichnet Ersatzteile als *„Teile, Gruppen oder vollständige Erzeugnisse, die dazu bestimmt sind, beschädigte, verschlissene oder fehlende Teile, Gruppen oder Erzeugnisse zu ersetzen"*.

Ersatzteile werden entweder von Mitarbeitern des Herstellers im Rahmen von Instandsetzungen beim Kunden benützt oder werden vom Kunden unmittelbar oder über Dritte (Handwerker, Handel) vom Hersteller angefordert. Im Folgenden wird auf diese Variante eingegangen.

7.2 Problemfelder

Die Problemfelder der Ersatzteillogistik bestehen aus

- der Lagerhaltung
- der Auftragsabwicklung
- dem Transport.

Die **Lagerhaltung** hängt vom prognostizierten Ersatzteilbedarf ab. Die in Kapitel C.2.1 behandelten Verfahren der Bedarfsermittlung haben grundsätzlich auch für Ersatzteile Gültigkeit. Es muss allerdings beachtet werden, dass der Ersatzteilbedarf z. T. anders determiniert ist als der Materialbedarf für die Fertigung von Primärprodukten.

Eine Zusammenstellung der Einflussgrößen der Bedarfsprognose von Ersatzteilen von *Pfohl* sieht wie folgt aus:

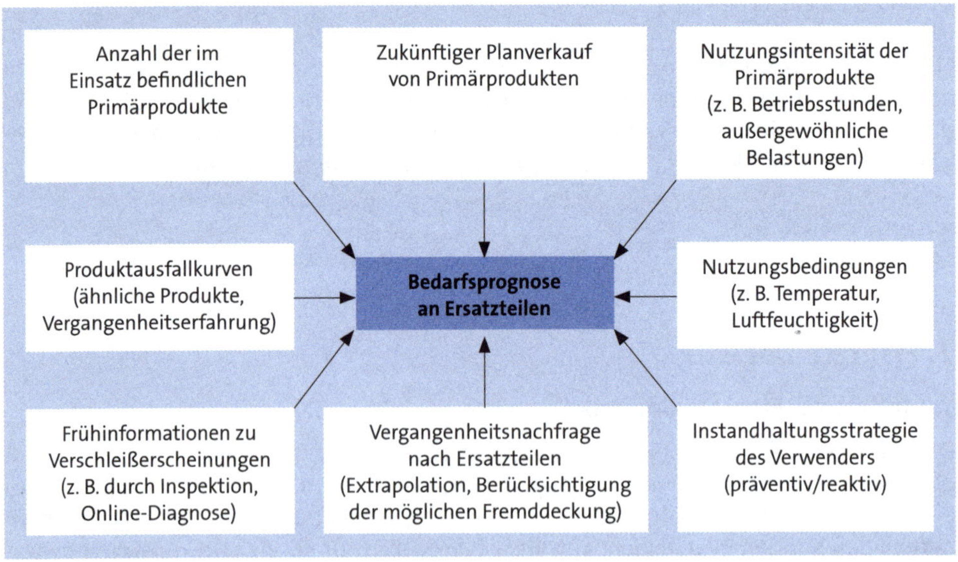

Die **ABC-Analyse** wird mit Erfolg bei der Feststellung der Frequentiertheit von Ersatzteilen eingesetzt. Konsequenzen aus den Ergebnissen ergeben sich für den Zentralisierungsgrad der Ersatzteilläger. Die am **stärksten frequentierten** Ersatzteile sollten **dezentral**, die **weniger frequentierten zentral** gelagert werden.

Die Konsequenzen einer nicht bedarfsgerechten Lagerhaltung können für das Unternehmen verheerend sein:

- Eine zu hohe Lagerhaltung ist mit einer hohen Kapitalbindung mit entsprechenden Kapital- und Lagerkosten verbunden.
- Eine zu niedrige Lagerhaltung verursacht zusätzliche, kostenintensive Fertigungsvorgänge oder die Deckung des Ersatzteilebedarfs bei anderen Herstellern, u. U. den Verlust von verärgerten Kunden.

Wegen der erforderlichen Promptheit der Belieferung hat ein gut funktionierendes **Auftragsabwicklungssystem** eine große Bedeutung.

Die Anforderungen, die an eine Ersatzteillieferung gestellt werden, können nur erfüllt werden, wenn geeignete organisatorische Maßnahmen getroffen werden. Diese bestehen darin, dass

- der Hersteller rund um die Uhr „angesprochen“ werden kann
- die Bestellungen „papierlos“ eingehen, d. h. eine Verknüpfung der Informationssysteme von Hersteller und Kunden existiert
- die Bestellung vom Lager möglichst vollautomatisch ausgeführt wird.

Der Auftragsabwicklung muss sich unverzüglich der Transport anschließen.

Da Ersatzteillieferungen i. d. R. sehr dringlich sind, kommt der Wahl der Transportmittel große Bedeutung zu.

Beim Ersatzteiltransport dürfen ausnahmsweise nicht grundsätzlich Kostenüberlegungen dominieren. Da die Wahl des schnellsten Verkehrsmittels häufig über die Qualität der Kundenbeziehung entscheidet, muss auf höchste Wirtschaftlichkeit gelegentlich verzichtet werden.

Die Verwendung von Taxis oder der hohe Kosten verursachende Einsatz von Kurierdiensten sind keine Seltenheit. Es sind sogar Fälle bekannt geworden, in denen Hubschrauber auf Kosten des Lieferanten gechartert wurden, um Ersatzteile rechtzeitig liefern zu können.

Die Einführung eines 24-Stunden-Ersatzteilservices ist in vielen Unternehmen eine Selbstverständlichkeit.

Eine funktionierende Ersatzteillogistik bedeutet einen großen Wettbewerbsvorteil, der sich zwar nicht eindeutig quantifizieren lässt, sich aber letztlich in Umsätzen und Gewinnen niederschlägt.

Aufgabe 49 > Seite 282

8. Entsorgungslogistik

Ein Bereich der Logistik, der zwar nicht unmittelbar der Marketinglogistik zuzurechnen ist, dennoch zu ihr in einer Beziehung steht, ist die Entsorgungslogistik; im weitesten Sinne stellt Entsorgung auch eine Art „Warenausgang“ dar.

Die Entsorgung ist in den letzten Jahren zu einem wichtigen Aufgabengebiet der Unternehmen geworden. Folgende Gründe sind dafür maßgeblich:

- das steigende Umweltbewusstsein
- zahlreiche rechtliche Vorschriften
- das Bestreben vieler Käufer, umweltfreundliche Produkte zu erwerben
- der Umweltschutz als Wettbewerbsfaktor
- steigende Rückstände in der Produktion
- hohe Kosten der Rückstandsbeseitigung.

Die Ziele der Entsorgungslogistik sind sowohl ökonomischer als auch ökologischer Art.

In Anlehnung an *Schulte* können folgende **Ziele** genannt werden:

- **Ökonomische Ziele**
  Die Gewährleistung einer attraktiven Entsorgungslogistikleistung im Sinne von benötigter Entsorgungszeit, Termintreue und Flexibilität sowie Minimierung der gesamten Kosten der Entsorgungslogistik.
- **Ökologische Ziele**
  Die ökologischen Ziele ergeben sich aus der Beachtung der rechtlichen Vorschriften und bestehen in der Reduzierung des Einsatzes natürlicher Ressourcen.

Die **Aufgaben** der Entsorgungslogistik sind vielfältig und tangieren eine Reihe von Unternehmensbereichen. Sie lassen sich in zwei Komplexe einteilen, in

- generelle Aufgaben
- Einzelaufgaben.

Die Beantwortung der folgenden Fragen führt zu den **generellen Aufgaben**:

- Welche Entsorgungsobjekte fallen an?
- An welchen Stellen fallen die Entsorgungsobjekte an?
- In welchen Mengen fallen die Entsorgungsobjekte an?
- Wann fallen die Entsorgungsobjekte an?
- Was soll mit den Entsorgungsobjekten geschehen?
- Zu welchem Zeitpunkt soll die Entsorgung erfolgen?
- Welche Zielorte sind vorgesehen?
- Welche Kosten verursacht die Entsorgung?

Werden diese Fragen beantwortet, erhält man die Basis für die Gestaltung des entsorgungslogistischen Flusses.

Die **Einzelaufgaben** der Entsorgungslogistik können zu drei Aufgabenkomplexen zusammengefasst werden:

- Kernleistungen
- Zusatzleistungen
- Informationsleistungen.

Unter den **Kernleistungen** werden die Lagerung, der Transport und der Umschlag verstanden. **Zusatzleistungen** sind die Sammlung und Trennung sowie Verpackung.

Informationsleistungen ergeben sich bei der Auftragsabwicklung.

Objekte der **Entsorgung** sind in mehreren Unternehmensbereichen zu finden; es handelt sich um

- bewegliche Sachen
- Abluft
- Abwasser
- Leergut.

Im Rahmen der zu entsorgenden Objekte sind die **Rückstände**, die in mehreren Formen auftreten können, zu beachten. Es handelt sich um:

- Rückstände aus Produktionsprozessen: nicht mehr verwendbare Werkstoffe, Roh-, Hilfs- und Betriebsstoffe, Luft-, Wasser- und Bodenemissionen, die aus dem betrieblichen Leistungserstellungsprozess resultieren
- Rückstände aus Konsumtionsprozessen: von dem Konsumenten nicht mehr gebrauchte bzw. verwendungsfähige Produkte und einsatzfähige Verpackungen
- Rückstände, die nicht wieder eingesetzt werden: zu beseitigende Abfälle
- Rückstände, die ganz oder in Teilen wieder in der Produktion oder im Konsum einsetzbar sind: Wertstoffe.

Als **Formen der Entsorgung** sind anzutreffen:

- Entsorgung im engeren Sinne = Abfallbeseitigung
- Entsorgung im weiteren Sinne = Abfallbeseitigung, Verwendung und Verwertung.

Verwendung und Verwertung treten in folgenden Formen auf:

Verwendung	Die Gestalt des Wertstoffes bleibt weitgehend erhalten.
► **Wiederverwendung**	Der Wertstoff wird für den ursprünglichen Verwendungszweck wieder eingesetzt.
► **Weiterverwendung**	Der Wertstoff wird nicht für den ursprünglichen, sondern für einen abweichenden Verwendungszweck eingesetzt.
Verwertung	Die Gestalt des Wertstoffes wird aufgelöst.
► **Wiederverwertung**	Aus den Wertstoffen entstehen gleiche bzw. weitgehend gleichwertige Stoffe für einen Wiedereinsatz in der Produktion.
► **Weiterverwertung**	Aus den Wertstoffen entstehen nach einem anderen als dem ursprünglichen Produktionsprozess Stoffe oder Produkte mit anderen Eigenschaften und/oder anderer Gestalt für einen anderen Verwendungszweck (*Isermann/Houtmann*).

Im Interesse eines sparsamen Umgangs mit den Ressourcen der Umwelt und in Befolgung gesetzlicher Vorschriften gilt:

- Vermeidung
- vor Verminderung
- vor Verwertung
- vor Beseitigung.

Die entsorgungslogistischen Prozesse haben inzwischen eine solche Bedeutung erlangt, dass sie innerhalb der Unternehmenslogistik selbstständige Logistikbereiche bilden können, die etwa neben der Beschaffungslogistik, Lagerlogistik, Produktionslogistik oder Marketinglogistik fungieren. Unterschiede zu diesen logistischen Teilsystemen liegen selbstverständlich vor, in erster Linie in

- den Objekten
- der Flussrichtung der Objekte
- den sehr stark ökologisch ausgerichteten Zielen
- der Pflicht, Zukunftsentwicklungen und Zukunftshandlungen zu berücksichtigen
- dem Zwang zu Kooperation mit anderen Unternehmen.

Die Entsorgungslogistik bildet zwar einen gleichrangigen Bereich neben anderen Logistikbereichen, darf aber wegen der vielen Schnittstellen zu diesen nicht isoliert gesehen werden, sondern ist im Rahmen von Gesamtkonzepten zu betrachten.

Rechtliche Fragen spielen im großen Komplex der Entsorgung eine wichtige Rolle. Zahlreiche Entsorgungsvorschriften sind zu beachten. Sie sind Gegenstand des Umweltverfassungsrechts, des Allgemeinen Umweltverwaltungsrechts, der Vorschriften zu Natur- und Bodenschutz, zum Gewässerschutz, zur Vermeidung, Verwertung und Beseitigung von Abfällen. Ebenfalls erstrecken sich Gesetze auf den Immissionsschutz, den Strahlenschutz, auf Energieeinsparungsmaßnahmen oder auf das Umweltstrafrecht.

Gesetze und Verordnungen mit enormer Bedeutung für die Unternehmen mit zum Teil weitreichender Konsequenz für die Verbraucher sind

- das Gesetz zur Förderung der Kreislaufwirtschaft und Sicherung der umweltverträglichen Beseitung von Abfällen (KrWG)
- die Verpackungsverordnung
- die Gewerbeabfallverordnung
- die Technische Anleitung Siedlungsabfall
- die Deponieverordnung,

um nur einige wichtige Vorschriften zu nennen.

Das deutsche Bundesgesetz mit der wohl größten Bedeutung für die Abfallwirtschaft ist das **KrWG**. Es regelt die Verfahrensweisen mit den Abfällen und deren Entsorgung. Es trat 1994 in Kraft und wurde mehrfach geändert. Die aktuelle Fassung stammt von 2012.

„Zweck des Gesetzes ist es, die Kreislaufwirtschaft zur Schonung der natürlichen Ressourcen zu fördern und den Schutz von Mensch und Umwelt bei der Erzeugung und Bewirtschaftung von Abfällen sicherzustellen (§ 1)“.

Das Gesetz ist in folgende Teile **gegliedert:**

Teil 1	Allgemeine Vorschriften
Teil 2	Grundsätze und Pflichten der Erzeuger und Besitzer von Abfällen sowie der öffentlich rechtlichen Entsorgungsträger
Teil 3	Produktverantwortung
Teil 4	Planungsverantwortung
Teil 5	Absatzförderung und Abfallberatung
Teil 6	Überwachung
Teil 7	Entsorgungsfachbetriebe
Teil 8	Betriebsorganisation, Betriebsbeauftragter für Abfall und Erleichterungen für auditierte Unternehmungen
Teil 9	Schlussbestimmungen

Geltungsbereich des Gesetzes
Die Vorschriften des Gesetzes gelten für

1. die Vermeidung von Abfällen
2. die Verwertung von Abfällen
3. die Beseitigung von Abfällen
4. die sonstigen Maßnahmen zur Abfallbewirtschaftung.

Diese Aufzählung des § 2 KrWG wird ergänzt durch eine Liste von Stoffen, die nach anderen Vorschriften zu entsorgen sind.

Begriffsbestimmungen
Wichtige Begriffsbestimmungen finden sich in § 3. Unter Anderem sind zu nennen:

- **Abfälle**

  „Abfälle ... sind alle Stoffe oder Gegenstände, deren sich ihr Besitzer entledigt, entledigen will oder entledigen muss. Abfälle zur Verwertung sind Abfälle, die verwertet werden; Abfälle, die nicht verwertet werden, sind Abfälle zur Beseitigung."

  Eine **Entledigung** im Sinne des Absatzes 1 ist anzunehmen, wenn der Besitzer Stoffe oder Gegenstände einer **Verwertung** im Sinne der Anlage 2 oder einer Beseitigung im Sinne der Anlage 1 zuführt oder die tatsächliche Sachherrschaft über sie unter Wegfall jeder weiteren Zweckbestimmung aufgibt.
- **Kreislaufwirtschaft** ist die Vermeidung und Verwertung von Abfällen.
- **Abfallbewirtschaftung** ist die Bereitstellung, die Überlassung, die Sammlung, die Beförderung, die Verwertung und die Beseitigung von Abfällen einschließlich der Überwachung dieser Verfahren (§ 3 Ziff. 14).

Abfallhierarchie
Die Regelungen über die Abfallhierarchie des § 6 nehmen eine Schlüsselstellung ein. Sie erstrecken sich auf die Rangfolgen der Abfallbehandlung, bestehend aus folgenden fünf Stufen:

1. Vermeidung
2. Vorbereitung oder Wiederverwendung
3. Recycling
4. sonstige Verwertung, insbesondere energetische Verwertung und Verfüllung
5. Beseitigung.

Im § 6 Absatz 2 heißt es: *„Ausgehend von der Rangfolge nach Absatz 1 soll nach Maßgabe der §§ 7 und 8 diejenige Maßnahme Vorrang haben, die dem Schutz von Mensch und Umwelt bei der Erzeugung und Bewirtschaftung von Abfällen unter Berücksichtigung des Vorsorge- und Nachhaltigkeitsprinzips am besten gewährleistet. Für die Betrachtung der Auswirkungen auf Mensch und Umwelt nach Satz 1 ist der gesamte Lebenszyklus des Abfalls zugrunde zu legen. Hierbei sind insbesondere zu berücksichtigen:*

1. *die zu erwartenden Emissionen,*
2. *das Maß der Schonung der natürlichen Ressourcen,*
3. *die einzusetzende oder zu gewinnende Energie sowie*
4. *die Anreicherung von Schadstoffen in Erzeugnissen, in Abfällen zur Verwertung oder in daraus gewonnenen Erzeugnissen.*

Die technische Möglichkeit, die wirtschaftliche Zumutbarkeit und die sozialen Folgen der Maßnahmen sind zu beachten."

Grundpflichten der Kreislaufwirtschaft
Von den zahlreichen neuen bzw. neu formulierten Bestimmungen des Kreislaufwirtschaftsgesetzes sei noch auf die in § 7 enthaltenen Grundpflichten der Kreislaufwirtschaft eingegangen.

§ 7 Abs. 2 schreibt vor, dass die Erzeuger oder Besitzer von Abfällen zur Verwertung ihrer Abfälle verpflichtet sind. Die Verwertung von Abfällen hat dabei Vorrang vor ihrer Beseitigung. Der Vorrang wird nicht wirksam, wenn die Beseitigung der Abfälle den Schutz von Mensch und Umwelt nach Maßgabe des § 6 Absatz 2 Satz 2 und 3 am besten gewährleistet.

Absatz 3 fordert die ordnungsgemäße und schadlose Verwertung von Abfällen, insbesondere durch ihre Einbindung in Erzeugnisse. *„Die Pflicht zur Verwertung von Abfällen ist zu erfüllen, soweit dies technisch möglich und wirtschaftlich zumutbar ist."* Dies gilt insbesondere, wenn für einen gewonnenen Stoff oder gewonnene Energie ein Markt vorhanden ist oder geschaffen werden kann (§ 7 Abs. 4).

Ausführlicher siehe *Ehrmann, Heiserich, Isermann/Houtmann.*

Die zweite Rechtsvorschrift mit großen, auch finanziellen Auswirkungen ist die Verpackungsverordnung von 1998 in ihrer letzten Fassung von 2009. Sie bezweckt die Auswirkungen von Abfällen aus Verpackungen auf die Umwelt zu vermeiden oder zu verringern. Der Rahmen dieses Buches würde bei weitem gesprengt, ginge man auf diese Vorschrift und die sie ergänzenden Regelungen näher ein. An dieser Stelle soll nur ein Überblick über wichtige Grundlagen vermittelt werden. Im Übrigen darf auf die mittlerweile recht umfangreiche Literatur hingewiesen werden.

Die **Verpackungsverordnung** geht davon aus, dass jeder Hersteller oder Händler, der verpackte Waren in Verkehr bringt, die leeren Verpackungen zurücknehmen und einer Verwertung zuführen muss.

Die 5. Novelle der Verpackungsverordnung schreibt vor, dass Unternehmen, die mit Waren befüllte Verkaufsverpackungen als erste in Verkehr bringen, sich an einem flächendeckenden Rücknahmesystem (Duales System) beteiligen müssen. Zurzeit befinden sich zehn solcher Systeme auf dem Markt. Die bisher als „Selbstversorger" auftretenden Unternehmen fallen weitgehend weg. Online-Händler, Ebay-Power-Seller und Importeure fallen auch unter die neue Regelung.

Bringt jemand größere Verpackungsmengen in Verkehr, ist er verpflichtet, eine **Vollständigkeitserklärung** in **elektronischer Form** abzugeben. Die Vollständigkeitserklärungen werden, nachdem sie von einem Wirtschaftsprüfer, Steuerberater oder Sachverständigen validiert wurden, in einem Register hinterlegt. Lieferanten und Kunden im gewerblichen Bereich können nach wie vor individuelle Regelungen vereinbaren.

Für die Verpackungsverordnung gilt durchgehend der Grundsatz: Die Auswirkungen von Abfällen aus Verpackungen auf die Umwelt sind zu vermeiden oder zu verringern. *„Verpackungsabfälle sind in erster Linie zu vermeiden; im Übrigen wird der Wiederverwendung von Verpackungen der stofflichen Verwertung sowie den anderen Formen der Verwertung Vorrang vor der Beseitigung von Verpackungsabfällen eingeräumt"* (§ 1 Verpack VO). Die Verpackungsverordnung hat folgenden **Aufbau**:

Begriffsbestimmungen (§ 3)

- Verpackungen, Verkaufsverpackungen, Umverpackungen, Transportverpackungen, Getränkeverpackungen, Verbundverpackungen, schadstoffhaltige Füllgüter, restentleerte Verpackungen.
- Rücknahmepflicht für Verpackungen (§§ 4 - 9)
- Pfanderhebungs- und Rücknahmepflicht für Einweggetränkeverpackungen (§ 9)
- Vollständigkeitserklärung für Verkaufsverpackungen, die in den Verkehr gebracht werden
- Herstellen, Inverkehrbringen und Kennzeichnen von Verpackungen (§§ 12 - 14)
- Ordnungswidrigkeiten.

Die **Pfanderhebungs- und Rücknahmepflicht für Einweggetränkeverpackungen** ist eine Vorschrift, die von vielen Unternehmen beachtet werden muss und auch für die Endverbraucher von Bedeutung ist. Die entsprechende Vorschrift wird deshalb vorgestellt (§ 9 VerpackV).

(1) Vertreiber, die Getränke in Einweggetränkeverpackungen mit einem Füllvolumen von 0,1 Liter bis 3 Liter in Verkehr bringen, sind verpflichtet, von ihrem Abnehmer ein Pfand in Höhe von mindestens 0,25 € einschließlich Umsatzsteuer je Verpackung zu erheben. Satz 1 gilt nicht für Verpackungen, die nicht im Geltungsbereich

der Verordnung an Endverbraucher abgegeben werden. Das Pfand ist von jedem weiteren Vertreiber auf allen Handelsstufen bis zur Abgabe an den Endverbraucher zu erheben. Vertreiber haben Getränke in Einweggetränkeverpackungen, die nach Satz 1 der Pfandpflicht unterliegen, vor dem Inverkehrbringen deutlich lesbar und an gut sichtbarer Stelle als pfandpflichtig zu kennzeichnen und sich an einem bundesweit tätigen Pfandsystem zu beteiligen, das Systemteilnehmern die Abwicklung von Pfanderstattungsansprüchen untereinander ermöglicht. Das Pfand ist bei Rücknahme der Verpackungen zu erstatten. Ohne eine Rücknahme der Verpackungen darf das Pfand nicht erstattet werden. Hinsichtlich der Rücknahme gilt § 6 Abs. 8 entsprechend. Bei Verpackungen, die nach Satz 1 der Pfandpflicht unterliegen, gilt an Stelle des § 6 Abs. 8 Satz 4, dass sich die Rücknahmepflicht nach § 6 Abs. 8 Satz 1 auf Verpackungen der jeweiligen Materialarten Glas, Metalle, Papier/Pappe/Karton oder Kunststoff einschließlich sämtlicher Verbundverpackungen mit diesen Hauptmaterialien beschränkt, die der Vertreiber in Verkehr bringt. Beim Verkauf aus Automaten hat der Vertreiber die Rücknahme und Pfanderstattung durch geeignete Rückgabemöglichkeiten in zumutbarer Entfernung zu den Verkaufsautomaten zu gewährleisten. Die zurückgenommenen Einweggetränkeverpackungen im Sinne von Satz 1 sind vorrangig einer stofflichen Verwertung zuzuführen.

(2) Absatz 1 findet nur Anwendung auf nicht ökologisch vorteilhafte Einweggetränkeverpackungen im Sinne von § 3 Abs. 4, die folgende Getränke enthalten:

1. Bier (einschließlich alkoholfreies Bier) und Biermischgetränke,
2. Mineral-, Quell-, Tafel- und Heilwässer und alle übrigen, trinkbaren Wässer,
3. Erfrischungsgetränke mit oder ohne Kohlensäure (insbesondere Limonaden einschließlich Cola-Getränke, Brausen, Bittergetränke und Eistee). Keine Erfrischungsgetränke im Sinne von Satz 1 sind Fruchtsäfte, Fruchtnektare, Gemüsesäfte, Gemüsenektare, Getränke mit einem Mindestanteil von 50 % an Milch oder an Erzeugnissen, die aus Milch gewonnen werden, und Mischungen dieser Getränke sowie diätetische Getränke im Sinne des § 1 Abs. 2 Buchst. c der Diätverordnung, die ausschließlich für Säuglinge oder Kleinkinder angeboten werden,
4. alkoholhaltige Mischgetränke, die
   a) hergestellt wurden unter Verwendung von
      aa) Erzeugnisse, die nach § 130 Abs. 1 des Gesetzes über das Branntweinmonopol der Branntweinsteuer unterliegen, oder
      bb) Fermentationsalkohol aus Bier, Wein oder weinähnlichen Erzeugnissen, auch in weiterverarbeiteter Form, der einer technischen Behandlung unterzogen wurde, die nicht mehr der guten Herstellungspraxis entspricht, und einen Alkoholgehalt von weniger als 15 Volumenprozent aufweisen, oder
   b) weniger als 50 % Wein oder weinähnliche Erzeugnisse, auch in weitererarbeiteter Form, enthalten.

(3) Hersteller und Vertreiber von ökologisch vorteilhaften Einweggetränkeverpackungen sowie von Einweggetränkeverpackungen, die nach Absatz 2 keiner Pfandpflicht unterliegen, sind verpflichtet, sich an einem System nach § 6 Abs. 3 zu beteiligen, soweit es sich um Verpackungen handelt, die beim privaten Endverbraucher anfallen.

Nach der Fünften Novelle der Verpackungsordnung besteht für Erstinverkehrbringer, die Verpackungen in Umlauf bringen, die Anschlusspflicht zu einem Dualen System (§ 6 Abs. 1 VerpackV).

Aufgabe 50 > Seite 282

Aufgabe 1:

Es wurde dargestellt, dass die Logistik ihren Ursprung im militärischen Bereich hat. Dieser und Wirtschaftsunternehmen unterscheiden sich wesentlich voneinander.

Wie ist es dennoch möglich, dass Unternehmen das logistische Gedankengut und auch konkrete Verfahren vom Militär übernehmen konnten?

Lösung s. Seite 283

Aufgabe 2:

Wie Sie diesem Kapitel entnehmen konnten, stehen fast alle Unternehmensbereiche in Verbindung mit logistischen Überlegungen und Maßnahmen, die in eine Logistikkonzeption Eingang finden.

Stellen Sie Überlegungen an, in welchen Bereichen ein effizientes Logistikkonzept zu wesentlichen Verbesserungen beitragen kann.

Lösung s. Seite 283

Aufgabe 3:

Versuchen Sie ähnlich wie die Matrixorganisation grafisch dargestellt wurde, für

- die objektorientierte Organisation
- die funktionsorientierte Organisation

ein Schaubild zu entwerfen.

Lösung s. Seite 283

Aufgabe 4:

Um die Zersplitterung von Logistikaufgaben zu vermeiden, sind Aufgabenkomplexe zu bilden und Instanzen festzulegen.

Stellen Sie die Bestimmungsfaktoren der Organisationsformen dar und skizzieren Sie die Vorgehensweise bei der Eingliederung der Logistik in die Aufbauorganisation.

Lösung s. Seite 284

Aufgabe 5:

Geben Sie an,

a) was unter Logistikservice zu verstehen ist
b) aus welchen Elementen er sich zusammensetzt
c) welche Bedeutung er für die Logistik hat.

Lösung s. Seite 284

Aufgabe 6:

Ein noch nicht sehr erfahrener Betriebswirt erhält die Aufgabe im Unternehmen ein wirkungsvolles Informationssystem aufzubauen, das selbstverständlich auch den Logistikbereich umfasst.

Helfen Sie ihm bei dieser Aufgabe, indem Sie ihm einige Vorschläge für seine Vorgehensweise machen.

Lösung s. Seite 285

Aufgabe 7:

Die Planung spielt wie in allen wichtigen Unternehmensbereichen auch in der Logistik eine bedeutende Rolle. Dies bezieht sich sowohl auf die strategische als auch auf die operative Planung.

Stellen Sie dar, welche Merkmale bei der Unterscheidung beider Planungsarten zu beachten sind.

Lösung s. Seite 285

Aufgabe 8:

Logistik und Controlling werden häufig als zwei unterschiedliche Gebiete dargestellt.

Stellen Sie Überlegungen an, was ein Unternehmen veranlassen kann, ein Logistik-Controlling zu installieren.

Geben Sie auch eine Begründung, wenn Sie zu dem Ergebnis kommen, dass ein Logistik-Controlling überflüssig ist.

Lösung s. Seite 285

Aufgabe 9:

Erläutern Sie, was unter folgenden Begriffen zu verstehen ist:

- Materialfluss
- Wertfluss
- Informationsfluss
- Logistikkonzeption
- Flussdenken
- Querschnittsfunktionsdenken
- Organisation
- Aufbauorganisation
- Sektoralorganisation
- Lieferbeschaffenheit
- strategische Logistikziele
- operative Logistikziele
- Information
- Informationssystem
- Informationsfluss
- Informationsmanagement
- EDI
- Planungsvorbereitung

- Funktionalorganisation
- Objektorganisation
- Matrixorganisation
- Logistikservice
- Logistikkosten
- Lieferzuverlässigkeit
- Lieferflexibilität
- strategische Planung
- operative Planung
- Planungsablauf
- Kennzahlen
- Kennzahlenanalyse
- Balanced Scorecard.

Lösung s. MiniLex Seite 295 ff.

Aufgabe 10:

Es wurde in diesem Abschnitt dargestellt, dass den Unternehmen eine Vielfalt von Methoden und Verfahren, die in der Logistik eingesetzt werden können, zur Verfügung steht. Beim Einsatz dieser logistischen Software besteht eine große Wahlfreiheit.

Können Sie sich vorstellen, in welchen Bereichen der Logistik die Kennzahlenanalyse angebracht ist?

Lösung s. Seite 285

Aufgabe 11:

Der Straßengüterverkehr ist mit einer Reihe von Nachteilen verbunden. Witterungseinflüsse, Verkehrsstörungen, das eingeschränkte Transportvolumen oder rechtliche Einschränkungen sind einige dieser Nachteile. Stellen Sie dar, weshalb der Güterverkehr auf der Straße trotz dieser Handicaps und auch Angriffe von mehreren Seiten immer weiter zunimmt.

Lösung s. Seite 285

Aufgabe 12:

Erläutern Sie kurz folgende Begriffe

a) Linienschifffahrt

b) Trampschifffahrt

c) Container

d) Short-Sea-Verkehr.

Lösung s. Seite 286

Aufgabe 13:

Unterscheiden Sie

Stetigförderer – Unstetigförderer
Hebezeuge – Flurförderzeuge
Frontstapler – Schubmaststapler.

Lösung s. Seite 286

Aufgabe 14:

Die sog. „einfachen Läger" bieten eine Reihe von Vorteilen, die sich vor allem kostenmäßig auswirken. In einer Vielzahl von Fertigungsunternehmen kann festgestellt werden, dass diese Lagerarten nicht sehr beliebt sind. Welche Gründe könnten dafür maßgeblich sein?

Lösung s. Seite 286

Aufgabe 15:

In einem Unternehmen wird geplant ein neues Lager zu errichten. Da sehr viel mit Paletten gearbeitet wird, kommt nur ein Palettenlager infrage. Es wird lange überlegt, ob einem Paletten-Flachregallager oder einem Palettenhochregallager der Vorzug zu geben ist. Helfen Sie den Entscheidungsträgern, indem Sie ihnen einige wichtige Vor- und Nachteile der beiden Lagerformen nennen.

Lösung s. Seite 287

Aufgabe 16:

Es war in diesem Kapitel vom Automatisierungsgrad der Läger die Rede. Es wurden die Wesensmerkmale der manuellen, mechanisierten und automatisierten Läger herausgestellt. Auf die Nachteile wurde nicht eingegangen. Können Sie sich vorstellen, welche Nachteile mit automatisierten Lägern verbunden sind?

Lösung s. Seite 287

Aufgabe 17:

Erläutern Sie, was unter folgenden Begriffen zu verstehen ist:

- logistische Software
- logistische Hardware
- Materialfluss-Analyse
- Transportsysteme
- Straßengüterverkehr
- Güterkraftverkehr
- Flurförderzeuge
- Stapler
- Krane
- Förderhilfsmittel
- Lagertechnik
- Bodenlager

- Transportkosten
- Informationssysteme
- kombinierter Transport
- Rohrleitungstransport
- Fördermittel
- Stetigförderer
- Unstetigförderer
- Hebezeuge
- Blocklager
- Zeilenlager
- Regallager
- manuelle Läger
- mechanisierte Läger
- automatisierte Läger
- Informationstechnologie.

Lösung s. MiniLex Seite 295 ff.

Aufgabe 18:

Es wurde in diesem Kapitel angedeutet, dass der Bedarf an Material möglichst genau zu ermitteln ist, um bestimmten Gefahren zu begegnen.

Versuchen Sie einige Risiken herauszuarbeiten, die

a) bei der Beschaffung einer zu geringen Materialmenge
b) bei der Beschaffung einer zu großen Materialmenge

entstehen.

Lösung s. Seite 288

Aufgabe 19:

Die Bedarfsermittlung kann programmorientiert (deterministisch) und verbrauchsorientiert (stochastisch) durchgeführt werden.

Stellen Sie heraus,

a) für welche Güterarten die programmorientierte Bedarfsermittlung infrage kommt und
b) auf welchen Grundlagen sie aufbaut.

Lösung s. Seite 288

Aufgabe 20:

Die verbrauchsorientierte Materialbedarfsermittlung ist dann angebracht, wenn beim Verbrauch Schwankungen festgestellt werden und der Verbrauch möglichst exakt vorhergesagt werden soll.

Beantworten Sie die Frage, bei welchen Gütern und in welchen Situationen die verbrauchsorientierte Bedarfsermittlung infrage kommt.

Lösung s. Seite 288

Aufgabe 21:

Bei der Frage Make-or-buy spielen auch Kostenüberlegungen eine wichtige Rolle.

Stellen Sie dar,

a) welche Situationen bei den Kostenüberlegungen zu berücksichtigen sind.

b) weshalb Kostenüberlegungen in der Regel bei der Entscheidung nicht den Ausschlag geben werden.

Lösung s. Seite 289

Aufgabe 22:

In einem größeren Unternehmen der Fahrradindustrie wird überlegt, ob man beim Bezug vorgefertigter Felgen weiterhin auf den bisherigen, einzigen Lieferanten setzen oder ob man den Einkauf international ausdehnen soll.

Welche Gründe können für die letztgenannte Vorgehensweise sprechen?

Lösung s. Seite 289

Aufgabe 23:

Bei der Auswahl der Lieferanten werden zahlreiche Überlegungen angestellt. In einer Diskussion bezweifelt ein junger Betriebswirt deren Sinn. Er behauptet, dass drei Entscheidungskriterien zu berücksichtigen seien, die Produktqualität, der Preis, die Lieferpünktlichkeit.

Können Sie dieser Auffassung zustimmen?

Lösung s. Seite 289

Aufgabe 24:

Das Just-in-Time-Konzept wird häufig lediglich als ein Verfahren der fertigungssynchronen Beschaffung gesehen.

Geben Sie an, bei welchen Aufgaben Just-in-Time noch eine nicht zu unterschätzende Rolle spielen kann.

Lösung s. Seite 289

Aufgabe 25:

Die optimale Beschaffungsmenge ist eine Größe, die durchaus anzustreben ist, sich in der Praxis jedoch nicht mehr sehr häufig realisieren lässt.

Geben Sie an,

a) wann eine Bestellmenge optimal ist.

b) welche Verfahren der Beschaffungsmengenoptimierung Ihnen bekannt sind.

Lösung s. Seite 290

Aufgabe 26:

Bei der Ermittlung der Beschaffungstermine kommen mehrere Verfahren infrage. Beim Bestellpunkt-Verfahren wird die Bestellung ausgelöst, wenn der Lagerbestand eine vorher definierte Menge, die als Bestellpunkt bezeichnet wird, erreicht hat.

Stellen Sie dar, wie Bestellpunkte ermittelt werden können.

Lösung s. Seite 290

Aufgabe 27:

In einem Fertigungsunternehmen der Konsumgüterindustrie wird der Aufbau eines Logistikbereichs diskutiert. Es wird lange überlegt, ob die Kosten einer Logistikabteilung durch den erreichbaren Nutzen kompensiert werden.

Ein Unternehmensberater empfiehlt die Einschaltung von transportlogistischen Knoten.

Welche Einrichtungen werden unter dieser Bezeichnung zusammengefasst?

Lösung s. Seite 290

Aufgabe 28:

Geben Sie an, welche Prüfungen hinsichtlich des Vollständigkeitsgrades zu unterscheiden sind.

a) Stellen Sie die Hauptmerkmale der Prüfungsformen heraus.

b) Gehen Sie kurz auf die Hauptvorteile und Hauptnachteile ein.

Lösung s. Seite 290

Aufgabe 29:

Erläutern Sie, was unter folgenden Begriffen zu verstehen ist:

- Beschaffungsstrategien
- Bedarfsermittlung
- Primärbedarf
- Sekundärbedarf
- Tertiärbedarf
- Bruttobedarf
- Nettobedarf
- optimale Losgröße
- Stücklisten
- Durchlaufterminierung
- Make-or-buy
- Global Sourcing
- Single Sourcing
- Modular Sourcing
- Beschaffungsformen
- Just-in-Time
- Beschaffungskosten
- Direktgeschäft
- Streckengeschäft
- Vermittlungsgeschäft
- Güterverkehrszentren
- Güterverteilzentren
- logistische Dienstleistungszentren
- Zentren für Produktionslogistik
- Materialprüfung.

Lösung s. MiniLex Seite 295 ff.

Aufgabe 30:

In einem Unternehmen der Elektroindustrie, das eine Vielzahl von Artikeln herstellt und vertreibt sind die Lagerkapazitäten begrenzt. Es wird diskutiert ein neues Lager selbst zu errichten oder Fremdläger in Anspruch zu nehmen. Unter Berücksichtigung der Investitionskosten, laufenden Kosten, des Personalbedarfs, des Spezialisten-Know-how, des Grades der Abhängigkeit u. Ä. kommt man zum Ergebnis, dass ein Eigenlager zurzeit nicht infrage kommt.

Machen Sie einen Vorschlag für eine wirtschaftliche Lösung.

Lösung s. Seite 291

Aufgabe 31:

In einem betriebswirtschaftlichen Seminar werden Fragen der Materialeinlagerung besprochen. Ein Seminarteilnehmer behauptet das ideale Lager für ihn wäre ein chaotisches Lager. Ein Mitdiskutant zeigt große Empörung und meint das fehle noch, ein Lager, in dem Chaos herrsche sei das Letzte, was ein Unternehmen brauchen könne.

Klären Sie den wohl nicht ideal ausgebildeten Seminarteilnehmer über das Wesen eines chaotischen Lagers auf.

Lösung s. Seite 291

Aufgabe 32:

Die Inventur wurde in diesem Abschnitt als ein Rechnungssystem des Lagers bezeichnet. Stellen Sie dar, welche Aufgaben die Inventur hat und welche Inventurarten Sie kennen.

Lösung s. Seite 291

Aufgabe 33:

Die Rechnungssysteme im Lager bestehen aus der Bestandsrechnung, der Verbrauchsrechnung, der Inventur sowie der Bewertungsrechnung.

Können Sie sich vorstellen, welche Bedeutung diese „Rechnungen"

a) für die Kostenrechnung

b) für die Bilanzierung

haben?

Lösung s. Seite 291

Aufgabe 34:

Erläutern Sie, was unter folgenden Begriffen zu verstehen ist:

- Lagerung
- Lagerlogistik
- Lagerstrategien
- Ausgleichsfunktion
- Sicherungsfunktion
- Spekulationsfunktion
- Veredlungsfunktion
- Fremdlager
- Lagerstandort
- Lagerbewegungen
- Lagerstufen
- Magazinierprinzip
- Lokalisierprinzip
- Kommissionierung
- Lagersysteme.

Lösung s. MiniLex Seite 295 ff.

Aufgabe 35:

Stellen Sie dar, wie sich die Fertigungsprinzipien

- Verrichtungsprinzip
- Objektprinzip

auf die klassischen Fertigungsstrukturen auswirken.

Lösung s. Seite 292

Aufgabe 36:

In einem Unternehmen, das Geräte des Haushaltsbedarfs herstellt und vertreibt, ist man sehr stolz, dass man über eine große Teilevielfalt verfügt und einen hohen Anteil an singulären Teilen hat. Es gehört zur Unternehmenstradition, kundenindividuelle Erzeugnisse im Programm zu haben.

Dem neu eingestellten Leiter des Controlling, dem auch das Logistikcontrolling untersteht, fällt bereits nach kurzer Zeit auf, dass die sehr logistikintensiven Erzeugnisse das Logistikbudget stark belasten.

Welche Maßnahmen zur Senkung der Logistikkosten kann er der Unternehmensleitung empfehlen?

Lösung s. Seite 292

Aufgabe 37:

In einem jungen, mittelgroßen Unternehmen, das traditionelle Landmaschinen herstellt, wird dem technischen Direktor von der Geschäftsleitung der Vorwurf gemacht, er habe bei der Layoutplanung das Hauptziel, eine materialflussgerechte Fabrik zu konzipieren, wohl nicht erreicht, da eine Minimierung der Logistikkosten im Produktionsbereich noch in weiter Ferne liege. Der Angegriffene wehrt sich mit der Behauptung, die Planungen seien so vorgenommen worden, dass sowohl die Transportkosten als auch die Standortwechselkosten und die Zwischenlagerungskosten einen Tiefstand erreicht hätten.

Hat der technische Direktor etwas übersehen?

Lösung s. Seite 292

Aufgabe 38:

Es war in diesem Abschnitt mehrere Male von der CIM-Konzeption die Rede.

Geben Sie an,

a) was CIM bedeutet

b) wie CIM definiert werden kann.

Lösung s. Seite 292

Aufgabe 39:

Während eines betriebswirtschaftlichen Streitgesprächs wird heftig über den Einsatz des Kanban-Systems diskutiert. Es kristallisieren sich drei gegensätzliche Auffassungen heraus, nämlich

- das Kanban-System wurde in Japan für japanische Verhältnisse entwickelt und eignet sich nicht für deutsche Unternehmen
- das Kanban-System verfügt zwar über sehr interessante Elemente, doch ist es zu theoretisch ausgerichtet
- das Kanban-System lässt sich auch auf deutsche Verhältnisse übertragen.

Welcher Auffassung könnten Sie sich anschließen?

Lösung s. Seite 292

Aufgabe 40:

Erläutern Sie, was unter folgenden Begriffen zu verstehen ist:

- Layout
- Werkstattfertigung
- Fließfertigung
- Baustellenfertigung
- Serienfertigung
- Sortenfertigung
- Massenfertigung
- Fertigungssegmentierung
- modulare Fabrik
- fraktale Strukturierung
- LAPLAS
- PPS-Systeme
- CIM
- CAD
- MRP-Konzepte
- OPT-Konzept
- Kanban-System
- Senke
- Quelle
- Fortschrittszahlenkonzept
- Just-in-Time-Produktion.

Lösung s. MiniLex Seite 295 ff.

Aufgabe 41:

Sie verfügen mittlerweile über ein logistisches Grundlagenwissen und können über Fragen der Logistik mitreden.

Suchen Sie nach Argumenten gegen die Auffassung, die Logistik sei in erster Linie eine „physical distribution".

Lösung s. Seite 293

Aufgabe 42:

Zurzeit stehen „Factory-Outlet-Centren" im Mittelpunkt zahlreicher Diskussionen.

Führen Sie aus,

a) was darunter zu verstehen ist

b) weshalb die „Centren" bei einigen Leuten so umstritten sind.

Lösung s. Seite 293

Aufgabe 43:

Die Audorfer Maschinenfabrik GmbH stellt Spezialmaschinen für den Werkzeugbau her und verkauft sie an Industrie und Handel. Sie hat den Vertrieb bisher primär über den Handel durchgeführt und überlegt nun den Einsatz von Reisenden.

Was kann das Unternehmen zu diesen Überlegungen veranlasst haben?

Lösung s. Seite 293

Aufgabe 44:

Die Lindenholz AG, Hersteller von Sportgeräten mit Kunden in der ganzen Bundesrepublik, beabsichtigt ihre Eigenläger aufzugeben und die Lagerung entsprechenden Dienstleistern zu übertragen.

Nach Überprüfung der eigenen Kosten und der eingeholten Angebote wird festgestellt, dass Eigenläger kostengünstiger abschneiden.

Können andere Faktoren die Entscheidung noch beeinflussen?

Lösung s. Seite 293

Aufgabe 45:

Die Firma Kleinmann, Hersteller von Küchengeräten, wurde vor drei Jahren gegründet. Es ist ihr in der kurzen Zeit gelungen, einen Kundenstamm aufzubauen, er besteht in erster Linie aus dem Großhandel; Einzelhandelsgeschäfte werden auch beliefert (Anteil ca. 20 % des Absatzes).

Bisher erfolgte der Warentransport mithilfe von Speditionen. Die Geschäftsleitung will überprüfen, ob der Eigentransport infrage käme.

Welche Entscheidungskriterien muss sie heranziehen?

Lösung s. Seite 293

Aufgabe 46:

In einer Textilfabrik gelangen die Aufträge in der Regel schriftlich von den Kunden zu den zuständigen Sachbearbeitern.

Da die Kunden immer öfter auf rasche Erledigung ihrer Bestellungen bestehen, wird überlegt, wie die Bearbeitungszeiten verkürzt werden können.

Geben Sie dem Unternehmen einen Tipp.

Lösung s. Seite 293

Aufgabe 47:

Beim Nahrungsmittelhersteller LICA mit breitem Sortiment spielte die Warenverpackung bisher keine große Rolle. Man ging Jahre lang vom Prinzip aus „unsere Ware muss bei guter Qualität preisgünstig sein" und sah in den Verpackungskosten ein Einsparungspotenzial.

Nach einem nicht unerheblichen Umsatzrückgang wurde eine Marktanalyse angestellt, die u.a. das Ergebnis brachte, dass die unattraktive Verpackung mit für den Rückgang verantwortlich war.

Die Geschäftsleitung plant neue Verpackungen, was muss sie dabei aus logistischer Sicht beachten?

Lösung s. Seite 294

Aufgabe 48:

Die Großbäckerei Amadeus-Brot beliefert Kunden im Umkreis von 350 km. Sie setzt eigene Fahrzeuge ein und fährt seit über fünf Jahren die nahezu gleichen Touren. Ein neu eingestellter junger Betriebswirt gibt der Unternehmensleitung zu bedenken, dass bei den Touren sicher ein Kosteneinsparungspotenzial bestünde.

Wo sehen Sie Einsparungsmöglichkeiten?

Lösung s. Seite 294

Aufgabe 49:

Die Audorfer Vincentwerke sind Zulieferer der Automobilindustrie. Sie haben sich verpflichtet, bestimmte Ersatzteile innerhalb von 12 Stunden nach Anforderung zu liefern. Entscheidend ist nicht der Absendungszeitpunkt, sondern der Anlieferungszeitpunkt im Werk des Abnehmers.

Welche logistischen Maßnahmen können dazu beitragen, diese Verpflichtung zu erfüllen?

Lösung s. Seite 294

Aufgabe 50:

Erläutern Sie, was unter folgenden Begriffen zu verstehen ist:

- Marketingstrategien
- Direktabsatz
- indirekter Absatz
- Make-or-buy
- Eigenlager
- Fremdlager
- Lagerstufen
- Auftragsabwicklung
- Warenausgang
- Warentransport
- Telekommunikation
- Funktelefonsysteme
- satellitengestützte Systeme
- Tourenplanung
- Ersatzteillogistik.

Lösung s. MiniLex Seite 295 ff.

Lösung zu 1:

Sowohl im militärischen Bereich als auch in Unternehmen werden Personen, Sachen und Informationen bewegt. Dabei ist ein zielgerichtetes, planmäßiges Vorgehen erforderlich, und es sind Strukturen dafür zu schaffen.

Auch wenn sich der Militärbereich und Wirtschaftsunternehmen dem Wesen nach unterscheiden, können dennoch gemeinsame Aufgaben und Probleme festgestellt werden.

Lösung zu 2:

Ein effizientes Logistikkonzept leistet einen Beitrag, um

- schneller als Konkurrenten mit neuen Produkten und Leistungen auf den Markt zu kommen
- die Durchlaufzeiten in der Fertigung zu verringern
- durch geeignete Lager- und Verteilsysteme die Zeit vom Bestelleingang bis zur Lieferung zu verkürzen
- die Liefertermine zuverlässiger und pünktlicher als bisher einzuhalten
- kleinere Produktionslose zu fertigen u. Ä.

Lösung zu 3:

Die grafische Darstellung der funktionsorientierten und der objektorientierten Organisation kann folgendes Aussehen haben:

Funktionsorientierte Organisation:

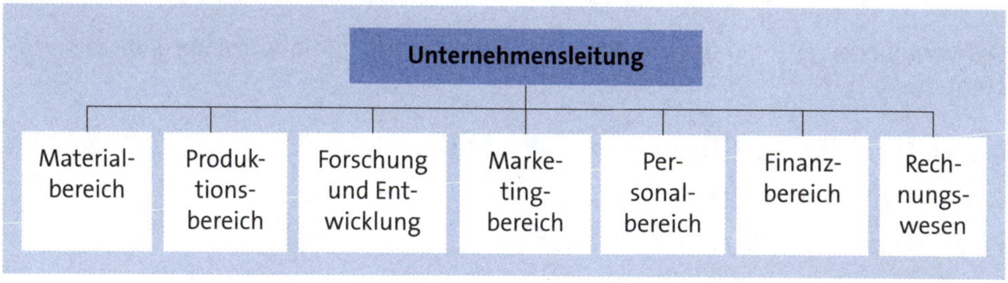

Objektorientierte Organisation:

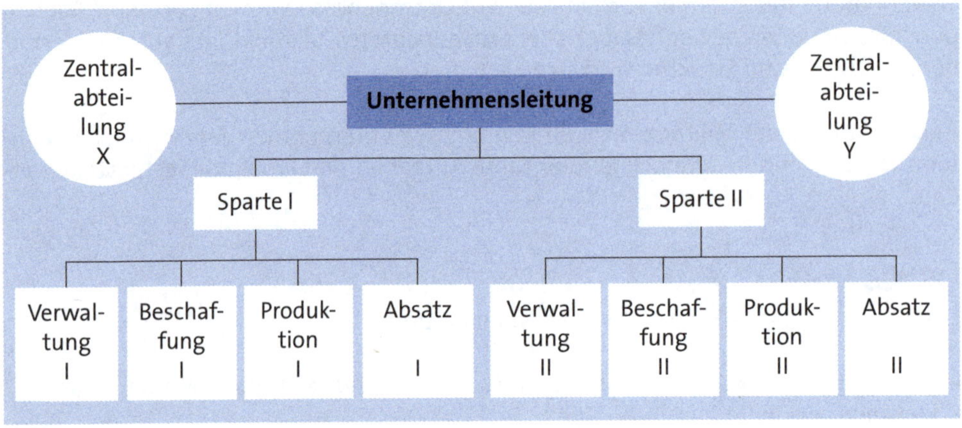

Lösung zu 4:

Bei den Bestimmungsfaktoren der Organisationsform handelt es sich um

- die Branche
- die Betriebsgröße
- die Produktstruktur
- die Fertigungsstruktur
- die Kundenstruktur
- die Lieferantenstruktur
- die Lieferzeit
- die Lieferbereitschaft
- die Lieferhäufigkeit
- die Lieferungsmodalitäten
- die Lieferzuverlässigkeit
- die Logistikkosten
- die vorhandene Organisation.

Die Vorgehensweise bei der Eingliederung der Logistik in die Aufbauorganisation besteht aus

- der Information der Betroffenen
- der Bildung einer Projektgruppe
- der Erfassung und Analyse des Istzustandes
- dem Aufdecken von Schwachstellen
- der Entwicklung alternativer Konzepte.

Lösung zu 5:

a) Unter Logistikservice versteht man die vom Kunden wahrgenommene Logistikleistung.

b) Die Elemente des Logistikservice sind die Lieferzeit, die Lieferzuverlässigkeit, die Lieferflexibilität, die Lieferbeschaffenheit.

c) Die Logistikleistung ist eine auf den Kunden ausgerichtete Leistung, somit steht der Logistikservice im Mittelpunkt der Logistikbemühungen.

Lösung zu 6:

Der junge Betriebswirt muss die Elemente der Informationsflüsse feststellen und diese anschließend zu Informationsflussketten zusammenfügen. Es folgt die Festlegung der Art der Informationsverarbeitung.

Lösung zu 7:

Bei der Unterscheidung zwischen strategischer und operativer Planung sind die Merkmale Planungsträger, zeitliche Reichweite, inhaltliche Reichweite, Konkretisierungsgrad der Aussagen, Sicherheitsgrad, Zentralisierungsgrad und benötigte Informationen zu beachten.

Lösung zu 8:

Controlling ist ein Instrument, das Management unterstützende Aufgaben ausübt. Die Logistikaufgaben sind so komplex und teilweise kompliziert, dass das Logistikmanagement unbedingt Hilfe von Stellen benötigt, die über bereichsübergreifende Kenntnisse verfügen.

Lösung zu 9:

Siehe MiniLex (S. 295 ff.)

Lösung zu 10:

Die Kennzahlenanalyse ist ein Instrument, das sowohl in der Umwelt- und Unternehmensanalyse als auch in der Zielvorgabe und Kontrolle eingesetzt werden kann.

Lösung zu 11:

Der Straßengüterverkehr hat gegenüber anderen Verkehrsträgern eine Reihe von Vorteilen wie

- hohe Flexibilität
- Flächen deckende Güterverteilung im 24-Stunden-Takt
- Eignung zur Haus-zu-Haus-Beförderung
- relativ große Schnelligkeit
- güter- und mengenangepasster Einsatz von Fahrzeugen
- relativ niedrige Stillstands- und Wartezeiten
- relativ geringes Transportrisiko.

Lösung zu 12:

a) Unter Linienschifffahrt ist der planmäßige Verkehr auf festgelegten Routen mit fixierten Frachtraten für eine bestimmte Zeit zu verstehen.

b) Trampschifffahrt ist eine Transportart für Massengüter im Gelegenheitsverkehr. Der Preis wird vom Markt geregelt.

c) Bei Containern handelt es sich um genormte Transportbehälter lt. ISO-Empfehlung 668 (DIN 30791), die in dem Schifftransport häufig verwendet werden. Sie sind von guter Beschaffenheit, widerstandsfähig, für den Wiederholungsgebrauch geeignet, für den mechanischen Umschlag leicht be- und entladbar und können auf mehreren Transportmitteln ohne Umpackung der Ladung eingesetzt werden.

d) Short-Sea-Verkehr ist die Bezeichnung für den Transport entlang der Küsten sowie auf Flüssen und Kanälen innerhalb Europas.

Lösung zu 13:

Stetigförderer Stetigförderer sind Transportmittel, die bei festen Transportstrecken, die einen kontinuierlichen Materialfluss gewährleisten, eingesetzt werden.	**Unstetigförderer** Unstetigförderer sind Transportmittel, die ihre Fahrtrichtung weitgehend selbst bestimmen und ihre Transportwege unterbrechen können.
Hebezeuge Hebezeuge zählen zu den Unstetigförderern und befördern Personen und Güter in vertikaler Richtung. Sie sind entweder ortsfest (Aufzüge, Hebebühnen) oder fahrbar (Krane).	**Flurförderzeuge** Flurförderzeuge benötigen Wege, auf denen sie sich zwischen den gelagerten Gütern bewegen. Sie sind frei fahrbar oder geführt fahrbar. Die am meisten verbreiteten Flurförderzeuge sind die Stapler.
Frontstapler Frontstapler befördern die Last freitragend vor den Vorderrädern, der Fahrer sitzt in Richtung des Fördergutes.	**Schubmaststapler** Schubmaststapler setzt man vorwiegend zum Transport von Paletten in Gebäuden ein. Zur Aufnahme und Abgabe der Lasten wird der Mast bis an die Vorderräder geschoben und während des Transports wieder in die Ausgangslage gebracht. Der Fahrer sitzt quer zur Fahrtrichtung.

Lösung zu 14:

Die „einfachen" Läger bieten keine Möglichkeit der Produktentnahme an mehreren Stellen, verfügen über wenig Transparenz bei einer großen Artikelzahl, haben nur geringe Automatisierungsmöglichkeiten, die Bestandsführung und -kontrolle ist erschwert und es besteht Beschädigungsgefahr beim Handling.

Lösung zu 15:

Die **Hauptvorteile** der **Paletten-Flachregalläger** bestehen in

- ihrer Anpassungsfähigkeit an die unterschiedlichsten Lagergüter
- ihrer Erweiterungsmöglichkeit
- der guten Zugriffsmöglichkeit
- der Übersichtlichkeit
- der guten Bestandsüberwachung
- der Automatisierungsmöglichkeit.

Nachteilig wirken sich aus:

- der hohe Platzbedarf
- die langen Wegstrecken
- das Ausfallrisiko bei Automatisierung.

Die **Vorteile** der **Paletten-Hochregalläger** sind z. T. mit denen der Flachregalläger identisch. Im Einzelnen sind zu nennen:

- ihre Anpassungsfähigkeit an unterschiedliche Lagergüter
- die gute Zugriffsmöglichkeit
- die Übersichtlichkeit
- die gute Bestandsüberwachung
- der hohe Automatisierungsgrad
- der niedrige Personalbedarf
- die hohe Umschlagsleistung.

Hauptnachteile sind

- der hohe Investitionsaufwand
- die geringe Ausbaumöglichkeit
- der große Fördermittelbedarf
- die Störanfälligkeit beim Ausfall wichtiger Elemente.

Lösung zu 16:

Ein Hauptnachteil automatischer Läger kann eine mögliche Störanfälligkeit sein. Liegt eine „Fehlerquelle“ im technischen Bereich, kann ein Ausfall wichtiger Elemente zu einer Katastrophe führen. Es besteht die Gefahr, dass es nicht nur zu einem Stopp wichtiger physischer Aktionen kommt, sondern, dass auch der Informationsfluss völlig zum Erliegen kommt. Es entsteht im Unternehmen ein Zustand „ohne Lager“.

Lösung zu 17:

Siehe MiniLex (S. 295 ff.)

Lösung zu 18:

Beschaffung einer zu geringen Materialmenge	Die geplanten Produktionsmengen können nicht rechtzeitig realisiert werden. Mögliche Konsequenzen: ► Absatzverpflichtungen können nicht fristgerecht erfüllt werden. ► Maschinenkapazitäten werden vorübergehend nicht ausgelastet. ► Arbeitsplätze können gefährdet werden. ► Das Image des Unternehmens nimmt Schaden.
Beschaffung einer zu großen Materialmenge	Lagerbestände mit folgenden Konsequenzen: ► Erhöhung der Kapitalbindung ► Erhöhung der Lagerkosten ► Erhöhung der Zinskosten ► Erhöhung des Verderb-/Untergangsrisikos.

Lösung zu 19:

a) Die programmorientierte Bedarfsermittlung eignet sich in der Regel für Güter des Sekundärbedarfs (außer Ersatzteilen) als A-Güter und B-Güter.

b) Die programmorientierte Bedarfsermittlung basiert auf

- dem Fertigungsprogramm
- dem Produkt.

Lösung zu 20:

Die verbrauchsorientierte Materialbedarfsermittlung kommt infrage

a) bei als C-Güter angesehenen Hilfs- und Betriebsstoffen und Werkzeugen

b) wenn die programmorientierte Bedarfsermittlung nicht infrage kommt, weil es sich um Ersatzteilbedarf, eingeplante Entnahmen, hohen Ausschuss bei neuen Produkten und Techniken handelt,

c) wenn die programmorientierte Bedarfsermittlung zu unwirtschaftlich ist.

Lösung zu 21:

a) Bei Kostenüberlegungen sind folgende Situationen zu berücksichtigen:
   - kurzfristige Entscheidungen
     - bei Unterbeschäftigung
     - in der Engpasssituation
   - langfristige Entscheidungen.

b) Es existiert noch eine Reihe von Kriterien mit Auswirkungen auf die Eigenfertigung oder den Fremdbezug, die sich auf das eigene Unternehmen und auf den Lieferanten erstrecken.

Berücksichtigte man diese nicht, bestünde die Gefahr von Fehlentscheidungen.

Lösung zu 22:

Für eine Ausdehnung des Einkaufs auf mehrere Länder sprechen einige Gründe, u. a. lassen sich dadurch Konjunktur-, Wachstums- und Inflationsunterschiede nutzen, wird die Abhängigkeit von inländischen Lieferanten vermindert, wird die Anknüpfung von Kontakten möglich, die auch dem Absatz dienen, und man erhält mehr Transparenz über global angebotene Leistungen.

Lösung zu 23:

Die Qualität, der Preis und die Lieferpünktlichkeit sind sehr wichtige Kriterien, doch reichen diese Kriterien mittel- und langfristig nicht zur Beurteilung von Lieferanten aus.

Die genannten Beurteilungskriterien können u. U. nicht erfüllt werden, wenn etwa die Kapitalbasis des Lieferanten nicht ausreichend ist, eine schlechte Organisation bei ihm vorhanden ist, die Ertragslage schlecht ist, die Qualität des Managements nicht hoch ist, nur geringe Flexibilität herrscht oder langfristig keine ausreichende Kooperationsbereitschaft besteht.

Lösung zu 24:

Just-in-Time trägt zum Erreichen folgender Ziele bei:

- Minimierung der Wartezeiten
- Minimierung des Arbeitszeitbedarfs
- Minimierung der Rüstzeiten
- minimale Losgrößen
- Minimierung der Qualitätsfehler
- Minimierung der Fertigungsschwankungen
- schnellste Fehlerbeseitigung und vorbeugende Instandhaltung.

Lösung zu 25:

a) Eine Beschaffungsmenge ist optimal, wenn die Kosten für Beschaffung und Lagerung zum Minimum werden.

b) Bekannte Methoden zur Beschaffungsmengenoptimierung sind:
   - die Probiermethode
   - die klassische Losgrößenformel
   - die erweiterte Losgrößenformel
   - das gleitende Beschaffungsmengenverfahren
   - das Kostenausgleichsverfahren.

Lösung zu 26:

Der Bestellpunkt kann als fester Bestellpunkt und als gleitender Bestellpunkt ermittelt werden. Ein fester Bestellpunkt wird zu Beginn einer Periode fixiert.

Beim gleitenden Bestellpunkt-Verfahren wird der Lagerbestand bei jedem Abgang kontrolliert. Damit lässt sich eine Anpassung an Veränderungen des Bedarfs und der Wiederbeschaffungszeit erreichen.

Lösung zu 27:

Bei den transportlogistischen Knoten handelt es sich um Zentren, die Verkehrs-, Logistikleistungen und andere Dienstleistungen teilweise oder ganz durchführen. Bekannte Zentren sind

- Güterverkehrszentren
- Güterverteilzentren
- logistische Dienstleistungszentren
- Zentren für Produktionslogistik.

Darüber hinaus existieren noch weitere Logistische Zentren, die das Unternehmen in Anspruch nehmen kann, beispielsweise Einrichtungen der Deutschen Bahn AG.

Lösung zu 28:

Hinsichtlich des Vollständigkeitsgrades der Prüfung unterscheidet man

- die vollständige Prüfung
- die Stichprobenprüfung.

Die vollständige Prüfung erstreckt sich auf sämtliche Einheiten einer Sendung. Ihr Vorteil liegt in der zu erlangenden Sicherheit, dass die verlangten Prüfungsstandards eingehalten werden. Die Prüfung ist sehr zeitaufwändig und kostenintensiv.

Die Stichprobenprüfung ist eine Teilprüfung. Aus einer Lieferung als Grundgesamtheit wird eine repräsentative Stichprobe entnommen.

Stichprobenprüfungen sind in der Regel weniger zeitaufwändig als vollständige Prüfungen und verursachen normalerweise auch weniger Kosten. Ein Nachteil von Stichprobenprüfungen liegt in der nicht immer völligen Verlässlichkeit der Ergebnisse.

Lösung zu 29:

Siehe MiniLex (S. 295 ff.)

Lösung zu 30:

Eine Lösung wäre das **Speditionslagermodell**. Bei diesem Verfahren liefert der Lieferant die vom Abnehmer bei ihm abgerufenen Waren in das Speditionslager. Der Spediteur kommissioniert die kurzfristig benötigten Artikel auf Abruf vom Abnehmer und liefert sie just-in-time. Dem Spediteur werden Aufgaben der Warenannahme, Lagerhaltung, Bestandsführung, Kommissionierung und des Transports übertragen. Weitere vertragliche Vereinbarungen sind möglich.

Lösung zu 31:

Der Seminarteilnehmer irrt gewaltig. Chaotisches Lager bedeutet nicht, dass Chaos im Lager herrscht. Es handelt sich vielmehr um eine Lagerungsform in Verfolgung des Lokalisierungsprinzips, bei dem das System den Lagerplatz bestimmt.

Lösung zu 32:

Die Inventur hat die Hauptaufgabe, die tatsächlichen Bestände festzustellen.

Man unterscheidet folgende Inventurarten: Stichtagsinventur, permanente Inventur, vom Bilanzstichtag abweichende Inventur, Stichprobeninventur.

Lösung zu 33:

a) Für die Kostenrechnung ist die Verbrauchsrechnung von großer Bedeutung, weil sie den mengen- und wertmäßigen Verzehr der Güter erfasst, die in die Produktion münden. Dieser Verzehr stellt Kosten dar. Die Bestandsrechnung und die Ergebnisse der Inventur benötigt man für die Ermittlung der Kosten der verkauften Produkte in der kurzfristigen Erfolgsrechnung.

b) Für die Bilanzierung sind die Zahlen der Bestandsrechnung, die Inventurergebnisse sowie die Bewertungsrechnung von größter Relevanz. Die Bestandsrechnung bzw. die Inventur ermitteln die mengenmäßigen Bestände, die Bewertungsrechnung die in Geldeinheiten ausgedrückten Bestände, die in der Bilanz ausgewiesen werden müssen. Die Verbrauchsrechnung dient als Basis bestimmter Bewertungsverfahren.

Lösung zu 34:

Siehe MiniLex (S. 295 ff.)

Lösung zu 35:

Die Werkstattfertigung erfolgt nach dem Verrichtungsprinzip, die Fließfertigung und die Baustellenfertigung sind durch das Objektprinzip gekennzeichnet, und die Gruppenfertigung ist eine Fertigung nach einer Kombination von Verrichtungs- und Objektprinzip.

Lösung zu 36:

Der Leiter des Controlling muss der Unternehmensleitung dringend empfehlen, sämtliche Rationalisierungspotenziale zu nutzen. Dazu zählen auch die Standardisierung und Komplexitätsreduzierung. Der flussbezogene Koordinationsaufwand sollte durch ablauf-organisatorische Änderungen reduziert werden.

Lösung zu 37:

Neben den genannten Kostenminimierungen müssen noch weitere Bereiche auf Kostensenkungspotenziale untersucht werden. So sollte u. a. das Augenmerk auf die Minimierung der Durchlaufzeiten der zu bearbeitenden Teile, auf eine störungsarme Produktion, auf gute Kontrollmöglichkeiten oder auf eine hohe Flexibilität gerichtet werden.

Lösung zu 38:

a) CIM bedeutet Computer Integrated Manufactoring.

b) CIM wird zum einen definiert als der integrierte Einsatz der Datenverarbeitung in allen mit der Fertigung zusammenhängenden Unternehmensfunktionen und zum anderen als die duchgängige, gesamtheitliche Rechnerunterstützung von der Entstehung bis zum Vertrieb eines Produktes.

Lösung zu 39:

Die dritte Auffassung dürfte die realistischste sein. Ein Kanban-System hat eine effiziente Ablaufgestaltung von Informationen und Materialfluss zum Ziel. Wenn wichtige Voraussetzungen wie Qualifikation der Mitarbeiter, entsprechende Motivation der Mitarbeiter, Strategien zur Qualitätssicherung, Harmonisierung des Produktionsprogramms und eine materialflussorientierte, übersichtliche „Werkstattorganisation“ erfüllt werden, kann das System weltweit praktiziert werden.

Lösung zu 40:

Siehe MiniLex (S. 295 ff.)

Lösung zu 41:

Die Logistik hat die Aufgabe, einen optimalen Material-, Wert- und Informationsfluss im Rahmen des betrieblichen Leistungserstellungsprozesses zu gewährleisten. Eine Einengung der Logistik auf die „physical distribution" schließt sich damit von selbst aus.

Lösung zu 42:

a) Unter dem Begriff „Factory-Outlet-Center" versteht man Verkaufszentren, die in der Regel durch Kooperation mehrerer Hersteller entstehen. Die Waren werden ohne Einschaltung des Zwischenhandels angeboten.

b) In erster Linie wehren sich der Handel und dessen Interessenvertretungen gegen diese Absatzform.

Lösung zu 43:

In erster Linie dürften Kostenüberlegungen eine Rolle gespielt haben, aber auch die Frage der rechtlichen Stellung der Reisenden.

Lösung zu 44:

Neben den Kosten sind noch weitere Entscheidungskriterien zu berücksichtigen wie das Know-how, mögliche Abhängigkeiten, das Prestige oder der Informationsfluss zwischen Hersteller und Kunden.

Lösung zu 45:

Als Entscheidungskriterien kommen infrage:

- die Investitionskosten für den Fuhrpark
- die Höhe der laufenden Kosten
- der Umfang der zu erbringenden Leistungen
- die Befähigung der Mitarbeiter
- die Außenwirkung.

Lösung zu 46:

Der Einsatz der Datenfernübertragung kann wesentlich zur Verkürzung der Bearbeitungszeiten beitragen.

Unternehmensübergreifende Systemverbindungen zwischen Lieferanten, Herstellern, Kunden und Spediteuren bieten sich in diesem Zusammenhang an.

Lösung zu 47:

Die Verpackungen sollten aus logistischer Sicht dem Schutze der Waren dienen, die Lagerung und den Transport erleichtern bzw. nicht behindern.

Lösung zu 48:

Es ist zu überprüfen, ob die Transportstrecke und die Transportzeiten verkürzt werden können und sich die Zahl der Fahrzeuge verkleinern lässt.

Lösung zu 49:

Ein „Rund um die Uhr-Service" ist einzurichten und es ist Sorge dafür zu tragen, dass in kürzester Zeit Transportmöglichkeiten verfügbar sind. Die Einrichtung von regionalen Ersatzteillägern ist zu erwägen.

Lösung zu 50:

Siehe MiniLex (S. 295 ff.)

Das MiniLex enthält die wichtigsten Begriffe, die in diesem Buch behandelt werden. Weitere Begriffe finden sich in: *Olfert/Rahn/Zschenderlein*, Lexikon der Betriebswirtschaftslehre, Kiehl

Ausgleichsfunktion
Es handelt sich um eine Lagerfunktion. Man versteht darunter die Beseitigung der Dissonanzen von Materialbedarf und Materialzufluss. Diese Dissonanzen treten sowohl zeitlich als auch mengenmäßig auf.

Automatische Läger
Bei automatischen Lägern erfolgt die Bedienung durch ferngesteuerte Anlagen. Dem Menschen fallen höchstens Überwachungs- und Steuerungsaufgaben zu.

Balanced Scorecard
„Die Balanced Scorecard übersetzt Mission und Strategie in Ziele und Kennzahlen und ist dabei in vier verschiedene Perspektiven unterteilt, die finanzwirtschaftliche Perspektive, die Kundenperspektive, die interne Prozessperspektive und die Lern- und Entwicklungsperspektive" (*Kaplan/Norton*).

Balanced Scorecard kann als ein strategisches Managementsystem betrachtet werden, das die Unternehmensstrategien aus unterschiedlichen Blickwinkeln verfolgt.

Baustellenfertigung
Diese Fertigung entspricht dem Objektprinzip. Die Betriebsmittel werden bei den zu fertigenden Produkten zentralisiert. Dies ist im Hoch- und Tiefbau oder im Brücken- und Schiffbau der Fall.

Bedarfsermittlung
Der Begriff wird vor allem bei der Ermittlung des Materialbedarfs verwendet. Es handelt sich um den

- Primärbedarf (Bedarf des Marktes an Fertigerzeugnissen, verkaufsfähigen Gruppenteilen sowie Ersatzteilen)
- Sekundärbedarf (Bedarf an Baugruppen, Einzelteilen und Rohstoffen für die Fertigung des Primärbedarfs)
- Tertiärbedarf (Bedarf an Hilfsmitteln, Betriebsstoffen und Verschleißwerkzeugen).

Beschaffungskosten
Es handelt sich um die

- eigentlichen Beschaffungskosten
- Lagerkosten
- Finanzierungskosten
- Fehlmengenkosten.

Beschaffungsmenge
Die Beschaffungsmenge wird mit dem Ziel geplant, die wirtschaftliche Losgröße zu ermitteln. Sie hängt ab von den Beschaffungskosten, den Lagerhaltungskosten, den Losgrößeneinheiten und dem Finanzvolumen.

Beschaffungsstrategien
Sie sind funktionsorientierte Strategien und sollen u. a. eine Verbesserung der Beschaffungsmethoden, eine günstige Lieferantenauswahl, eine Verbesserung der Logistik bewirken.

Beschaffungstermine
Die Ermittlung der Beschaffungstermine erfolgt

- verbrauchsgesteuert
- bedarfsgesteuert.

Die verbrauchsgesteuerte Ermittlung bedient sich des Bestellpunkt- und Bestellrhythmus-Verfahrens (siehe dort). Die bedarfsgesteuerte Ermittlung arbeitet mit der Stücklistenauflösung.

Beschaffungswege
Die Beschaffungswege sind so zu wählen, dass die Beschaffungszeiten kurz gehalten werden können und man die Transport-, Lager- und Dispositionskosten minimieren kann. Sie sind

- direkte Beschaffungswege
- indirekte Beschaffungswege.

Bestellpunkt-Verfahren
Wenn der auf dem Lager befindliche Bestand eine vorgegebene Menge, den Bestellpunkt, erreicht hat, wird die Beschaffung ausgelöst.

Bestellrhythmus-Verfahren
Der Lagerbestand wird in konstanten Intervallen überprüft. Wird der Bestellpunkt unterschritten, wird die Beschaffung ausgelöst.

Blocklager
Es ist eine Lagerform, bei der die Lagergüter technisch unkompliziert in großen Blocks auf dem Boden gelagert werden.

Bodenlager
Das auch Flachlager genannte Bodenlager ist die einfachste Lagerform. Die Lagergüter werden verpackt oder unverpackt flach auf dem Boden gelagert.

Bruttobedarf
Der Bruttobedarf ergibt sich aus dem Sekundärbedarf (siehe dort) und dem Zusatzbedarf. Dieser ist der Mehrbedarf für Reparaturen und Wartungen, der Nebenbedarf für Sonderzwecke und der Bedarf an selten verlangten Erzeugnissen.

CAD
Computer Aided Design. Es handelt sich um die computergestützte Konstruktion.

CIM
Computer Integrated Manufactoring. Der Begriff bedeutet die computerintegrierte Fertigungsplanung, -steuerung und -durchführung.

Controlling
Controlling ist ein Führungsinstrument, ein Konzept der Unternehmenssteuerung mit den Hauptfunktionen

- Planung
- Information
- Analyse/Kontrolle
- Steuerung.

Direktabsatz
Von einem Direktabsatz spricht man, wenn der Hersteller seine Produkte ohne Einschaltung des Handels an die Bedarfsträger verkauft. Nach einer anderen Auffassung wird überhaupt kein Dritter eingeschaltet.

Direktgeschäft
Ein solches Geschäft liegt vor, wenn ein Vertragsabschluss unmittelbar zwischen dem Lieferanten und dem Abnehmer erfolgt. Die Ware gelangt auf direktem Weg zum Abnehmer, die Bezahlung erfolgt auch direkt an den Lieferanten.

Durchlaufterminierung
Sie ist neben der Beschaffungszeit eine für die Bedarfsfeststellung relevante Zeit. Sie ist die Zeit, die für ein Erzeugnis von der Bereitstellung über die einzelnen Bearbeitungsstellen bis zum letzten Arbeitsgang benötigt wird.

EDI
Electronic Data Interchange. Es handelt sich um ein System, das die Informationsversorgung durch Datenaustausch praktiziert.

Eigenlager
Es ist ein Lager, das von Unternehmen selbstständig betrieben wird. Dieses trägt die volle Verantwortung und die vollen Kosten der Lagerung.

Entsorgungslogistik
Sie befasst sich mit

- Kernleistungen (Lagerung, Transport, Umschlag)
- Zusatzleistungen (Sammlung und Trennung, Verpackung)
- Informationsleistungen (Auftragsabwicklung).

Erfolgsfaktoren, strategische
Sie sind die Faktoren, die den Erfolg eines Unternehmens oder einer Strategischen Geschäftseinheit beeinflussen. Die Faktoren befinden sich sowohl im Unternehmen als auch außerhalb des Unternehmens, sie müssen ständig erkannt und nutzbar gemacht werden.

Erfolgspotenziale
Sie stehen im Mittelpunkt der strategischen Planung und setzen sich aus den strategischen Erfolgsfaktoren zusammen. Es handelt sich also um die Quellen und Tätigkeiten des Unternehmens, die dessen Erfolg bewirken.

Fertigungssegmentierung
Ein Fertigungssegment ist die Zusammenfassung produktorientierter Organisationseinheiten der Produktion, die mehrere Stufen der logistischen Kette eines Produktes umfassen und mit denen eine spezielle Wettbewerbsstrategie verfolgt wird. Durch die Segmentierung wird ein modularer Aufbau der Fabrik erreicht.

Fließfertigung
Sie ist eine nach dem Objektprinzip ausgerichtete Fertigungsstruktur. Die Maschinen, maschinellen Anlagen und Arbeitsplätze werden räumlich entsprechend dem Fertigungsablauf angeordnet. Dadurch sind die Transportwege kurz. Der Kapitalbedarf ist sehr hoch, die Spezialisierung sehr groß. Die Fließfertigung zwingt wegen der hohen fixen Kosten zu einer hohen Kapazitätsauslastung.

Flurförderzeuge
Sie sind Förderzeuge aus der Gruppe der Unstetigförderer. Sie bewegen sich auf Fluren, d. h. Wegen zwischen den gelagerten Gütern. Die Wege müssen ausreichend dimensioniert sein. Flurförderzeuge werden manuell oder maschinell betrieben und sind entweder frei fahrbar oder geführt fahrbar. Sie haben einen geringen bis mittleren oder einen hohen Automatisierungsgrad.

Förderhilfsmittel
Sie haben die Aufgabe, Ladeeinheiten zu bilden, also mehrere einzelne Güter zu größeren Transporteinheiten zu kombinieren. Sie werden auch Transporthilfsmittel, Ladehilfsmittel, Lagerhilfsmittel, Packmittel genannt.

Fördermittel
Sie sind die im innerbetrieblichen Transport eingesetzten Transportmittel. Man unterscheidet:

- Stetigförderer, die auf festen Transportstrecken verkehren
- Unstetigförderer, die die Transportrichtung größtenteils bestimmen können.

Fortschrittszahlenkonzept
Das Konzept wird in der montageorientierten Serienfertigung eingesetzt. Es ist ein Konzept zur Planung und Steuerung der Produktion.

Es wird von der kumulierten Zahl der Kundenaufträge und den entsprechenden Lieferterminen ausgegangen. Entlang der logistischen Kette werden Planungsvorgaben als Soll-Fortschrittszahlen gemacht.

Fraktale Strukturierung
Sie wird von *Warnecke* beschrieben, der das Konzept der fraktalen Fabrik entwickelte. Fraktal bezeichnet eine selbstständig agierende Unternehmenseinheit, deren Ziele eindeutig beschreibbar sind. Die Fraktale sind gekennzeichnet durch

- Selbstähnlichkeit (jedes Fraktal ist eine kleine Fabrik in sich)
- Selbstorganisation (auf der strategischen, taktischen und operativen Ebene)
- Dynamik/Vitalität (die Fraktale können sich selbstständig an sich ändernde Umweltbedingungen anpassen).

Fremdläger
Es sind im Gegensatz zu den Eigenlägern fremd betriebene Läger. Sie wurden aus dem eigenen Unternehmen ausgegliedert und fremden Unternehmen übertragen.

Funktelefonsystem
Es handelt sich um ein erdgestütztes System der Telekommunikation. Ein Funktelefonsystem erlaubt die Kommunikation zwischen einer Mobilstation und einem mobilen oder stationären Gesprächspartner.

Global Sourcing
Unter diesem Begriff wird die internationale Marktbearbeitung in Form der systematischen Ausdehnung der Beschaffungspolitik auf internationale Beschaffungsquellen mit strategischer Ausrichtung verstanden (*Weber/Kummer)*. Die Auffassung in der Literatur ist nicht einheitlich.

Güterkraftverkehr
Beim Güterkraftverkehr handelt es sich nach GüKG um die geschäftsmäßige oder entgeltliche Beförderung von Gütern mit Kraftfahrzeugen, die einschließlich Anhänger ein höheres zulässiges Gesamtgewicht als 3,5 Tonnen haben.

Güterverkehrszentren (GVZ)
Sie stellen eine Konzentration von Verkehrs-, Logistik- und Dienstleistungsunternehmen an einem verkehrsmäßig günstigen Standort dar. Alle im GVZ tätigen Unternehmen sind gleichrangig und gleichberechtigt. Sie können sich im Zentrum niederlassen, Filialen errichten oder Grundstücke erwerben. Sämtliche beteiligten Unternehmen behalten ihre volle Selbstständigkeit.

Güterverteilzentren (GVtZ)
Sie sind moderne Speditionsanlagen, in denen den Kunden ein umfassendes logistisches Dienstleistungs- und Serviceangebot gemacht wird. Außer dem Transport werden u. a. übernommen

- Just-in-Time-Belieferungen
- das Verpacken
- die Warenauszeichnung
- die Warenplatzierung
- die Gerätebedienung.

Hauptziele
Bei Vorhandensein von Zielen mit Konkurrenzbeziehungen muss eine Gewich-

tung der Ziele vorgenommen werden. Die Leitungsinstanzen müssen entscheiden, welchem Ziel jeweils größere Bedeutung beizumessen ist, es muss also eine Rangordnung der Ziele hergestellt werden. Die stärker gewichteten Ziele erhalten einen höheren Rang, sie sind die Hauptziele.

Hebezeuge
Hebezeuge sind Fördermittel bzw. Unstetigförderer (s. dort). Sie können

- ortsfest wie Aufzüge oder Hebebühnen
- fahrbar in vertikaler Richtung wie Krane

sein.

Indirekter Absatz
Es handelt sich um den Absatz unter Einschaltung des Handels. Er spielt vor allem bei einer flächenmäßig weit verteilten Nachfrage, bei Gebrauchs- und Verbrauchsgütern eine große Rolle. Auch Unternehmen, die kein effizientes Marketing haben, müssen den Handel frequentieren.

Informationen
Sie sind zweckorientiertes Wissen im Sinne von Nachrichten. Sie stellen die Grundlage jedes qualifizierten Handelns im Unternehmen dar.

Informationsfluss
Wie das Material müssen auch Informationen im Unternehmen „zum Fließen" gebracht werden. Ein logistischer Informationsfluss hat die Elemente

- Informationsquellen und -senken im Kontakt mit externen Stellen
- Informationsquellen und -senken am Materialfluss
- Informationsverarbeitungsstellen im Unternehmen
- Informationsübermittlung innerhalb des Unternehmens.

Informationsmanagement
Seine wichtigsten Aufgaben sind der Aufbau und die Pflege von Informationssystemen und die Gestaltung von Informationsflüssen.

Informationsquellen
Sie sind alle Stellen im Unternehmen oder außerhalb des Unternehmens, die Informationen geben. Demnach unterscheidet man

- interne Informationsquellen
- externe Informationsquellen.

Es müssen ständig neue Informationsquellen erschlossen und bestehende Quellen gepflegt werden.

Informationssystem
Unter einem Informationssystem wird das planvolle, zielgerichtete systematische Vorgehen bei dem Initiieren, Organisieren und Steuern von Informationsprozessen verstanden.

Informationsprozesse stellen die Beschaffung, Speicherung, Bearbeitung und Weitergabe von Informationen dar.

Informationstechnologie
Sie kann als Bestandteil der logistischen Hardware angesehen werden. Sie umfasst sämtliche Hilfsmittel, die der Informationsweiterleitung und Informationsverarbeitung dienen.

Integrierte Gesamtplanung
Darunter ist die Planung aller Unternehmensbereiche unter voller gegenseitiger Abstimmung in sachlicher und zeitlicher

Hinsicht zu verstehen. Das Gegenteil ist die nichtintegrierte Teilplanung.

Just-in-Time
Just-in-Time ist ein unternehmensübergreifendes Konzept mit dem Hauptziel, nicht wertschöpferische Tätigkeiten auf ein Minimum zu reduzieren.

Der unternehmensinterne und der -externe Materialfluss und Datenfluss sind möglichst zu vereinfachen und zu rationalisieren, und nur solche Leistungen sind zu produzieren, für die der Kunde bereit ist zu zahlen, es handelt sich dabei um „Arbeiten mit Wertzuwachs". Sämtliche Teile und Produkte werden erst gefertigt, wenn die nachfragenden Leistungseinheiten den Bedarf anmelden. Das benötigte Material wird produktionssynchron beschafft.

Just-in-Time bedeutet nicht nur die fertigungssynchrone Beschaffung, sondern bedeutet u. a. noch

- Minimierung der Wartezeiten (Zero Lead Time)
- Minimierung des Arbeitszeitbedarfs (Zero Handling)
- Minimierung der Rüstzeiten (Zero Set-Up)
- minimale Losgrößen (Zero Lot Size)
- Minimierung der Qualitätsfehler (Zero Defects)
- Minimierung der Fertigungsschwankung (Zero Surging)
- schnellste Fehlerbeseitigung und vorbeugende Instandhaltung (Zero Breakdown).

Kanban
Das Ziel des Kanban-Prinzips ist eine Fertigung auf Abruf in allen Stufen. Für jedes mit Kanban disponierte Erzeugnis wird vor bzw. nach jeder Fertigungsstufe ein Pufferlager eingerichtet, um die Lagerbestände niedrig zu halten (*Olfert/Rahn*).

Das Prinzip des Kanban-Systems wird mit dem eines Supermarktes verglichen. Der Käufer entnimmt einem Regal die Warenmenge, die er gerade benötigt. Im Regal entsteht dadurch eine Lücke, die vom Personal entweder unverzüglich oder beim Erreichen des Meldebestandes wieder aufgefüllt wird. Dieses Prinzip kann ohne Weiteres auf viele Prozesse eines Industrieunternehmens übertragen werden.

Kennzahlen
Kennzahlen stellen Informationen in verdichteter Form über betriebswirtschaftliche Tatbestände, Abläufe und Zusammenhänge dar. Sie sind im Zeit- oder Betriebsvergleich sehr aussagefähige Messinstrumente. Sie können eingesetzt werden in der

- Analyse
- Zielvorgabe
- Kontrolle.

Kennzahlen werden als Grundzahlen oder Verhältniszahlen ermittelt.

Kennzahlensystem
Es ist eine geordnete Gesamtheit von Kennzahlen, die in Beziehung zueinander stehen. Die Gesamtheit ist erst in der Lage, aussagefähig und vollständig über Tatbestände zu informieren.

Die am stärksten verbreiteten Systeme sind:

- Ordnungssysteme
- Rechensysteme.

Ordnungssysteme enthalten Kennzahlen ganz bestimmter Sachverhalte, sie betreffen bestimmte Aspekte des Unternehmens.

Rechensysteme sind durch ein rechnerisches Zerlegen der Kennzahlen charakterisiert, das zu einer Pyramidenbildung führt. Eine Kennzahl an der Pyramidenspitze macht die Kernaussage.

Kombinierter Transport
Bei ihm werden mehrere Transportmittel zu einer Transportkette kombiniert. Man verknüpft die Vorteile des Straßen-, Schienen-, Wasser- und Luftverkehrs. Wichtige Formen sind:

- der Huckepackverkehr
- der kombinierte Containerverkehr
- der Roll-in-Roll-off-Verkehr
- der Lighter-aboard-ship-Verkehr
- Rail Ro Cargo.

Kommissionieren
Kommissionieren ist das Zusammenstellen von bestimmten Teilmengen (Artikeln) aus einer bereitgestellten Gesamtmenge (Sortiment) aufgrund von Bedarfsinformationen (Auftrag).

Es werden Lagergüter aus einem lagerspezifischen Zustand in einen verbrauchsspezifischen Zustand versetzt.

Der Kommissionierauftrag kann entweder produktionsorientiert oder absatzorientiert sein.

Krane
Bei den Kranen handelt es sich um fahrbare Hebezeuge. Sie sind entweder frei fahrbar oder geführt fahrbar.

Lagerlogistik
Sie hat die Aufgabe, Systeme für alle Arten der Lagerung, Kommissionierung sowie Förderung der Güter vom Wareneingang über alle Stufen der Produktion bzw. Lagerung bis zum Warenausgang zu gestalten (*Rupper*).

Lagerstandort
Die Lagerstandorte sind so zu wählen, dass der Materialfluss zu den Lägern und von den Lägern zeitminimal und störungsfrei erfolgen kann.

Die Standortwahl wird durch die Lagerart und unternehmensinterne sowie -externe Faktoren bestimmt.

Lagerstrategien
Lagerstrategien erstrecken sich auf folgende Komplexe:

- Zentralisierungsgrad des Lagers
- Eigenlager/Fremdlager
- Automatisierungsgrad des Lagers
- Einordnung der Lagergüter
- Rechnungssysteme im Lager.

Die Strategien haben Auswirkungen auf die Lagersysteme, die Lagerorganisation, die Lagerkosten.

Lagerstufen
Lagerstufen korrespondieren mit dem Leistungserstellungsprozess in einem Fertigungsunternehmen. Die Fertigungsstufen steuern den Materialfluss. Diesen Stufen werden die einzelnen Läger zugeordnet.

Es ergeben sich folgende Lagerstufen:

- Stufe 1: Eingangsläger
- Stufe 2: Läger im Fertigungsbereich
- Stufe 3: Erzeugnis- oder Endläger
- Stufe 4: Lagerung der Handelsware.

Lagersysteme
Unter Lagersystem kann man das Gesamtsystem Lager verstehen. Es umfasst sämtliche Vorgänge im Lager vom Wareneingang bis zum Warenausgang unter Berücksichtigung der Techniken und Einrichtungen.

Es geht im Wesentlichen um die Gestaltung des Materialflusses im Lager. Eine wichtige Rolle spielt die technische Seite, es stehen also die technischen Lagersysteme im Vordergrund.

Lagertechnik
Darunter versteht man die technischen Lagersysteme, die sich wie folgt darstellen:

- Bodenlager ohne Lagerhilfsmittel
- Blocklager
- Zeilenlager
- Regallager (siehe jeweils dort).

Lagerung
Sie bedeutet die Zeitüberbrückung zwischen der Warenverfügbarkeit und dem Bedarf. Der Prozess der Lagerung beginnt mit der Übernahme des Materials und endet mit der Abgabe der Erzeugnisse aus dem Erzeugnis- oder Versandlager.

LAPLAS
Es ist ein Layoutplanungssystem von *Brandt*. Es setzt sich aus folgenden Programmteilen zusammen:

- Programmteil zur selbsttätigen Erstellung eines Layoutvorschlages
- Programmteil zur frei interaktiv definierbaren Layoutcharakterisierung
- Programmteil zur grafisch-interaktiven Layouterstellung und -parametrisierung
- verknüpfendes Rahmenprogramm.

Layoutplanung
Die Planung des Layout bedeutet die innerbetriebliche Standortplanung. Sie soll die materialflussgerechte Fabrik schaffen. Im Prinzip ist so vorzugehen, dass eine gegebene Anzahl von Organisationseinheiten (Objekten), zwischen denen Kontakte bestehen, optimal zueinander angeordnet wird.

Lieferbeschaffenheit
Darunter versteht man den Grad der Erfüllung eines Vertrages hinsichtlich

- der Art der gelieferten Ware
- der Qualität der Ware
- des Zustandes der Ware bei ihrem Eingang.

Lieferflexibilität
Sie ist die Anpassungsfähigkeit des Lieferanten an Kundenwünsche hinsichtlich der Absatzmengen, Absatzzeitpunkte, des Versandes, der Kooperationswünsche u. Ä.

Lieferzuverlässigkeit
Man versteht darunter die Termintreue als Basis für die Zusammenarbeit zwischen Lieferanten und Kunden.

Logistikkonzeption
Sie ist die Betrachtung der logistischen Funktionen und Aufgaben in einem Gesamtzusammenhang; sie stellt den Rahmen für die Aufgabenformulierung in den einzelnen Logistikbereichen dar. Ein Logistikkonzept erkennt die Folgen logistischer Maßnahmen für andere Bereiche und steuert sie so, dass sie realisiert und akzeptiert werden.

Logistikkosten
Sie sind die Kosten, die bei der Erfüllung der Logistikleistungen entstehen, wie

- die Kosten der Gestaltung, Planung und Kontrolle des Materialflusses
- die Kosten der Fertigungsplanung und -steuerung
- die Lagerkosten
- die Transportkosten
- bestimmte Handlingskosten
- die logistischen Verwaltungskosten.

Logistik-Portfolio
Die Portfolio-Technik kann auch in der Logistik eingesetzt werden. Vor allem in der Planung und bei der Generierung von Logistikzielen kann sie verwendet werden. Will man klären, ob die Logistik eine strategische Bedeutung hat und ob man logistische Ziele und Strategien entwickeln muss, kann man sich einer Neun-Felder-Matrix bedienen.

Durch Eintragung der Logistikkompetenz und der Logistikattraktivität auf die Matrixachsen, ergibt sich der logistische Handlungsbedarf.

Logistikservice
Sie ist die vom Kunden erkannte Logistikleistung, die sich aus mehreren Elementen zusammensetzt, es sind

- die Lieferzeit
- die Lieferzuverlässigkeit
- die Lieferflexibilität
- die Lieferbeschaffenheit.

Logistikstrategien
Es handelt sich bei ihnen um Funktionsbereichsstrategien, die sich an den Unternehmensstrategien orientieren. Wegen der ausgeprägten Ausrichtung auf Kundenwünsche, richten sich Logistikstrategien stark an Marketingstrategien aus. Vor allem die Wettbewerbsstrategien haben bedeutende Konsequenzen für die Logistikstrategien.

Logistikziele, strategische
Die strategischen Logistikziele werden aus den übergeordneten Unternehmenszielen abgeleitet. Sie erstrecken sich auf alle logistischen Bereiche. Ziele könnten z. B. lauten:

- bestandlose Fertigung für bestimmte Teile
- Verminderung des Logistikbedarfs durch Erhöhung des Einflusses der Logistik auf andere Bereiche
- Intensivierung von Just-in-Time.

Logistikziele, operative
Durch sie werden die strategischen Ziele konkretisiert. Einige können wie folgt aussehen:

- Reduzierung von Durchlaufzeiten
- Reduzierung von Wartezeiten
- Senkung bestimmter Kosten.

Logistische Dienstleistungszentren
Solche Zentren üben Dienstleistungsfunktionen im Logistikbereich, Versicherungsbereich und ähnlichen anderen Bereichen aus. Sie führen selbst keine Transporte durch.

Logistische Hardware
Gegenstand der logistischen Hardware sind die Objekte und Hilfsmittel der Logistik. Es handelt sich um

- die internen und externen Transportsysteme
- die Lagereinrichtungstechnik
- die Informationstechnologie.

Logistische Software
Die logistische Software setzt sich aus den Methoden und Verfahren zusammen, die zur Unterstützung logistischer Aktivitäten und Entscheidungen erforderlich sind.

Lokalisierprinzip
Bei diesem Prinzip der Einlagerung existieren keine festen Lagerplätze. Bei jeder Einlagerung wird ein neuer Lagerplatz bestimmt. Diese Festlegung erfolgt durch das System; eine computergestützte Lagerführung ist also Voraussetzung. Das Lokalisierprinzip führt zum chaotischen Lager.

Luftfrachttransport
Wegen der hohen Kosten eignet er sich in erster Linie für hochwertige und zeitkritische Güter.

Magazinierprinzip
Bei diesem Prinzip erhält bei der Einlagerung jedes Lagergut einen festen Lagerplatz.

Make-or-buy
Im Zusammenhang mit der Logistik fallen zwei Arten von Überlegungen an:

- Eigenfertigung oder Fremdbezug von fertigen Produkten oder Teilen
- Ausführung von Logistikleistungen durch das eigene oder durch fremde Unternehmen.

Entscheidungsrelevant sind Kostenüberlegungen, Überlegungen, ob geeignetes Personal ausreichend verfügbar ist, ob die benötigten Einrichtungen vorhanden sind.

Manuelles Lager
In einem solchen Lager dominiert die manuelle Arbeit. Technische Einrichtungen fallen nicht ins Gewicht.

Marketingstrategien
Die strategischen Dimensionen der Marketingstrategien sind in erster Linie

- die Art der Marktbearbeitung
- der Umfang der Marktbearbeitung
- die Erfahrung auf dem Markt
- das Verhalten auf dem Markt gegenüber der Konkurrenz
- die Produkt-/Marktbeziehungen
- die Innovation
- die Technologieorientierung
- die Kooperation
- die Entwicklungsrichtung im Hinblick auf das Wachstum u. Ä.

Maßnahmenplanung
Es wird festgelegt, welche Maßnahmen zu welchen Zeiten ergriffen werden sollen, um die vorgegebenen Ziele zu erreichen. Dabei ist zu unterscheiden, ob Routinemaßnahmen oder Sondermaßnahmen zu planen sind.

Materialflussanalyse
Sie dient der Ermittlung des optimalen Materialflusses. Die Analyse hat eine

- qualitative Komponente
- quantitative Komponente.

Der qualitative Materialfluss basiert auf den Arbeitsplänen. Man ermittelt einige „Repräsentanten" und stellt die betroffenen Kostenstellen fest. Daraus erstellt man eine Materialflussmatrix.

Zur Darstellung des quantitativen Materialflusses ergänzt man die Arbeitspläne um die Produktionsmengen. Zur Darstellung des Materialflusses verwendet man häufig das „Von-Nach-Diagramm" und das „Sankey-Diagramm". Eine Darstellung der Materialflüsse ist auch im Layout möglich.

Mechanisierte Läger
Mechanisierte Läger liegen vor, wenn die Technik dominiert, ohne dass Automatisierung besteht.

Modular Sourcing
Das Modular Sourcing ist dadurch gekennzeichnet, dass nicht Einzelteile eingekauft werden, sondern vormontierte oder bereits montierte Module wie Armaturenbretter oder Festplatten.

Modulare Fabrik
Das von *Wildemann* entwickelte Konzept basiert auf der Fertigungssegmentierung. Ein Fertigungssegment ist die Zusammenfassung produktorientierter Organisationseinheiten der Produktion, die mehrere Stufen der logistischen Kette eines Produktes umfassen und mit denen eine spezifische Wettbewerbsstrategie verfolgt wird.

Die Segmentierung bewirkt den Aufbau einer modularen Fabrik, bei der sich die einzelnen Module an den jeweils günstigsten Standort verlagern lassen.

MRP-Konzepte
Sie sind Konzepte zur Produktionsplanung und -steuerung. Die zentralen Systeme arbeiten nach dem Push-Prinzip (Bring-Prinzip). Die Produktionsaufträge werden in den Produktionsprozess „hineingedrückt". Das Charakteristikum der Konzepte ist das sukzessive Vorgehen; die Aufgaben werden sukzessiv geplant und ausgeführt. Man verfeinert die Planung von Stufe zu Stufe.

Nettobedarf
Er ist der Bruttobedarf (siehe dort), vermindert um die Lagerbestände und Bestellbestände und erhöht um die Vormerkbestände.

Operative Planung
Sie wird aus der strategischen Planung abgeleitet. Sie trägt dazu bei, die geplanten Strategien zu realisieren. Die operative Planung ist detaillierter als die strategische Planung; deren Vorgaben werden konkretisiert. Die zukünftigen Aktivitäten werden durchdacht und auf ihre Auswirkungen hin überprüft. Die operative Planung erfolgt auf der Führungsebene der Geschäftsbereiche.

Optimale Losgröße
Sie ist die kostengünstigste Losgröße. Sie ergibt sich dort, wo die Summe der Lager- und Kapitalkosten sowie Herstellkosten zum Minimum wird.

OPT-Konzept
Das Konzept versucht das Unternehmen auf Flussprinzipien auszurichten und eine Konzentration auf die Engpasseinheit zu bewirken. Die optimale Auslastung der Engpasskapazität erreicht eine bessere Auslastung der Betriebsmittel, eine Reduzierung der Durchlaufzeiten und Senkung der Bestände.

Organisation
Sie ist ein System dauerhaft angelegter betrieblicher Regelungen, das einen möglichst kontinuierlichen und zweckmäßigen Betriebsablauf sowie den Wirkungszusammenhang zwischen den Trägern betrieblicher Entscheidungsprozesse gewährleisten soll (*Schwarz*).

- **Aufbauorganisation:** Die Aufbauorganisation legt die Struktur des Unternehmens fest. Sie setzt die Aufgabenanalyse und Aufgabensynthese ein.
- **Ablauforganisation:** Die Ablauforganisation regelt den Ablauf der Aufgabenerfüllung. Sie befasst sich mit den Arbeitsgängen und Arbeitsfolgen.

- **Funktionalorganisation:** Die bei größeren Unternehmen zu findende Organisationsform fasst jeweils gleichartige Verrichtungen in Unabhängigkeit von den Objekten zusammen.
- **Matrixorganisation:** Die Matrixorganisation ist eine Kombination der funktionsorientierten mit der objektorientierten Organisation.

  Die nach Objekten orientierte Spartenorganisation wird von der funktionsorientierten Organisation überlagert. Neben den Leitern der einzelnen Funktionen existieren Leitungsinstanzen, die für bestimmte Bereiche, in der Regel Produkte, Produktgruppen oder Projekte verantwortlich sind; es sind die Projektmanager. Sie haben in erster Linie Koordinierungsfunktion, vom Prinzip her keine Anweisungsbefugnis.
- **Objektorganisation:** Es handelt sich um eine divisionalisierte Organisation, häufig als Spartenorganisation. Die unter der obersten Führungsebene gebildeten Bereiche (Sparten, Geschäftsbereiche, Divisionen) bestehen aus Produkten, Produktgruppen oder verschiedenen Projekten. Erst auf der nächsten Ebene erscheinen für die verschiedenen Sparten die einzelnen Funktionsbereiche.
- **Sektoralorganisation:** Bei der für kleinere Unternehmen typischen Organisationsform wird das Unternehmen in einen kaufmännischen und einen technischen Bereich organisatorisch aufgegliedert. Alle Anweisungen mit weitreichender Wirkung gehen von der Unternehmensleitung aus.

Planung
Planung ist der Entwurf einer Ordnung, nach der sich das betriebliche Geschehen in der Zukunft vollziehen soll, sie ist das gedankliche, systematische Gestalten des zukünftigen Handelns.

Planungsprozess
Er umfasst sämtliche sich auf den einzelnen hierarchischen Stufen ergebende Planungsaktivitäten; er ist sowohl auf den strategischen als auch auf den operativen und taktischen Bereich und die damit verbundenen Tätigkeiten gerichtet.

Planungsrichtlinien
Sie haben die Aufgabe, alle an der Planung beteiligten Personen über die Ziele und Absichten der Planung zu informieren, über die aufgestellten Grundsätze aufzuklären und sie über den Planungsablauf zu unterrichten. Die Planungsrichtlinien finden ihren Niederschlag im Planungshandbuch.

Planungsvorbereitung
Sie umfasst die Bereiche

- Informationsgewinnung
- Entwurf von Planungsrichtlinien
- Dokumentation von Planungsrichtlinien.

Ohne Planungsvorbereitung ist eine effiziente Unternehmensplanung nicht möglich.

PPS-Systeme
PPS bedeutet Produktionsplanung und -steuerung mit den Aufgaben

- Planung
- Veranlassung
- Überwachung.

PPS-Systeme nehmen die integrierte Gestaltung und Durchführung der Produktionsplanung und -steuerung und die damit verbundene Datenverwaltung vor.

Primärbedarf
Er ist der Bedarf des Marktes an Fertigerzeugnissen, verkaufsfähigen Gruppenteilen und Ersatzteilen.

Qualitätsprüfung
Sie ist die Feststellung der Beschaffenheit einer Einheit bezüglich ihrer Eignung, festgelegte oder vorausgesetzte Erfordernisse zu erfüllen.

Quelle
Im Rahmen des Kanban-Systems ist die Quelle die Material bereitstellende bzw. produzierende Stelle.

Regallager
Die Regalläger sind gekennzeichnet durch die Lagerung in mehreren Ebenen mithilfe eines Regalsystems. Ein unmittelbarer Zugriff auf die gelagerten Güter ist jederzeit möglich. Es existiert eine Fülle von Regallägern. In der Regel dominiert in dieser Lagerform die Technik. Der Automatisierungsgrad ist hoch.

Reisende
Reisende sind Mitarbeiter im Außendienst. Sie befinden sich im Angestelltenverhältnis, sind demnach unselbstständig und stark weisungsgebunden.

Risikoanalyse
Sie stellt die Risiken fest und betrachtet sie kritisch. Sie beinhaltet

- die Risikoidentifikation
- die Risikobewertung
- die Risikoaggregation.

Risikofelder
Darunter versteht man die Bildung einer Risikostruktur durch Zerlegen des Gesamtrisikos in seine Komponenten.

Risikomanagement-Prozess
Er umfasst alle Handlungen, die im systematischen Umgang mit den Risiken erforderlich sind.

Risikoportfolio
Es ist ein Instrument der Risikohandhabung zur Auswahl und Durchsetzung von Risikostrategien.

Rohrleitungstransport
Bei ihm sind Verkehrswege, Transportgefäße und Transportmittel identisch. Der Transport wird mithilfe fest installierter Maschinen oder mit der Schwerkraft in Gang gesetzt.

Der Rohrleitungstransport dient der Beförderung von flüssigen und gasförmigen Gütern.

Satellitengestützte Systeme
Es handelt sich bei ihnen um Systeme der Telekommunikation während des Gütertransportes. Man unterscheidet

- geostationäres System (die Satelliten bewegen sich in einer erdfernen Umlaufbahn)
- erdnahes Satellitensystem (eine größere Anzahl kleinerer Satelliten wird erdnah eingesetzt).

Schienengüterverkehr
Träger des Schienengüterverkehrs ist primär die Deutsche Bahn AG mit DB Schenker und Tochterunternehmen. Private Bahnen spielen kaum eine Rolle.

Schiffsverkehr
Der Schiffsverkehr im Sinne des Schifffahrtsgütertransports erfolgt als

- Seegütertransport
- Binnenschifffahrtstransport.

Der Schiffsverkehr eignet sich besonders für Güter, die nicht zeitempfindlich sind. Die Vorteile liegen vor allem in der Kostengünstigkeit und in der guten Eignung für den Massentransport.

Sekundärbedarf
Er ist der Bedarf an Baugruppen, Einzelteilen und Rohstoffen für die Fertigung des Primärbedarfs.

Senke
Die Senke ist im Kanban-System die Material verbrauchende Stelle.

Serienfertigung
Von einer Serienfertigung spricht man, wenn man von bestimmten Produkten eine jeweils definierte, größere Menge herstellt.

Sicherungsfunktion
Sie ist eine Lagerfunktion, die besagt, dass Informationsdefizite über

- exakte Bedarfsmengen
- Liefermengen
- Bedarfszeitpunkte
- Lieferzeitpunkte
- Lagerschwund u. Ä.

eine Lagerhaltung erforderlich machen.

Single Sourcing
Single Sourcing bedeutet die Konzentration auf eine einzige Beschaffungsquelle für eine bestimmte Materialart.

Sortenfertigung
Die Sortenfertigung ist eine Sonderform der Serienfertigung. Aus einem Ausgangsstoff oder einigen Ausgangsstoffen werden mehrere Sorten einer Produktart hergestellt, wie das etwa in den Erdölraffinerien oder in Papierfabriken der Fall ist.

Spekulationsfunktion
Erwartete Preiserhöhungen auf dem Beschaffungsmarkt, befürchtete Qualitätsverschlechterungen oder günstige Sonderangebote können Veranlassung zur Lagerhaltung ohne aktuellen Bedarf sein.

Stapler
Stapler zählen zu den Flurförderzeugen mit geringem bis mittlerem Automatisierungsgrad. Bei ihnen erfolgt im Gegensatz zu den Wagen der Lastangriff außerhalb der Radbasis.

Es befindet sich eine Vielzahl von unterschiedlichen Staplern im Einsatz. Auswahlkriterien sind die Antriebsart, der konstruktive Aufbau, die erforderliche Arbeitsfläche, die Tragkraft, der Einsatzbereich innen/außen.

Stetigförderer
Sie sind Fördermittel auf festen Transportstrecken, die einen kontinuierlichen Materialfluss ermöglichen wie dies z. B. bei Rollenbahnen der Fall ist.

Straßengüterverkehr
Der Straßengüterverkehr zählt zu den außerbetrieblichen Transportsystemen. Er zeichnet sich u. a. durch hohe Flexibilität, relativ große Geschwindigkeit, permanent möglichen Einsatz, Flächen deckende Güterverteilung im 24-Stunden-Takt, relativ niedrige Stillstandszeiten, relativ geringes Transportrisiko aus.

Strategienplanung
Sie erstreckt sich auf die Entwicklung von Strategien, was soviel bedeutet wie Grundsatzentscheidungen zu treffen, die sämtliche Unternehmensbereiche tangieren. Die Strategienplanung macht deutlich, wie man die Erfolgspotenziale erkennen und nutzbar machen kann.

Strategische Geschäftseinheiten
Strategische Geschäftseinheiten (SGE) sind voneinander unabhängige Tätigkeitsfelder eines Unternehmens. Sie haben eine eigene, kundenbezogene Marktaufgabe, gegenüber anderen SGE klar abgrenzbare Produkte bzw. Produktgruppen und einen eindeutig bestimmbaren Kreis von Wettbewerbern. Die einzelnen SGE haben im Allgemeinen unterschiedliche Marktchancen und Risiken (*Nieschlag/Dichtl/Hörschgen*).

Strategische Logistikziele
s. Logistikziele

Strategische Maßnahmen
Sie sind Maßnahmen, die zur Durchsetzung der Strategien getroffen werden. Die Festlegung erfolgt durch die Instanzen, die die Strategien planen. Die strategischen Maßnahmen dürfen nicht mit den Handlungen verwechselt werden, die aus operativen Plänen resultieren.

Strategische Planung
Die strategische Planung legt die Strategien für bestimmte Geschäftsfelder für längere Zeiträume fest. Sie erstreckt sich auf die Faktoren, Quellen und Tätigkeiten, die den Erfolg eines Unternehmens begründen. Diese Erfolgspotenziale zu erkennen und nutzbar zu machen, ist eine zentrale Aufgabe der Unternehmensführung, sie in eine geeignete Form zu bringen und zu quantifizieren, ist Aufgabe der strategischen Planung.

Streckengeschäft
Das Streckengeschäft ist ein direkter Beschaffungsweg. Sein Wesen ergibt sich aus der Einschaltung eines Zwischengliedes, das in der Regel ein Großhändler ist. Das ganze Geschäft wird über ihn abgewickelt, lediglich der Warenfluss erfolgt auf direkter Strecke, also nicht über den Großhändler.

Stückliste
Eine Stückliste enthält Angaben über Art, Ausmaße, Qualität und Bezeichnung der Rohstoffe, Teile und Baugruppen eines Erzeugnisses. Sie informiert über Mengen, Gewichte, Zeitpunkt des Bedarfs, Lagerorte, Reihenfolge des Bedarfs u. Ä. Stücklisten werden in mehreren Ausgestaltungen erstellt.

Stücklistenprozessor
Er stellt ein Programmsystem zur Speicherung und Pflege von Teilestammdaten und Erzeugnisstrukturdaten dar. Ihm liegt der Gedanke zu Grunde, mehrfach benötigte Teile und Baugruppen nur einmal zu speichern.

Sub-Controlling
Subcontrolling ist unter dem Funktionalaspekt des Controlling zu sehen. Es handelt sich dabei um die Differenzierung und Dezentralisierung der Controlling-Funktion.

Synektik
Sie ist eine Kreativitätstechnik, bei der ein Ausgangsproblem schrittweise verfremdet wird. Dies erfolgt in der Regel durch Analogiebildung zu anderen Lebensbereichen. Nach der mehrstufigen Analogiebildung erfolgt die Rückbesinnung auf das Ausgangsproblem.

Teileklassifikation
Sie soll eine differenzierte Steuerung des Materialflusses erreichen. Sämtliche Teile eines Produktionsprogramms werden daraufhin untersucht, wie sie zu steuern sind. Daraus ergibt sich eine Teileklassifikation in I.-, II.- und III.-Teile.

Ziel der Analyse ist es, eine optimale Mischung von Programmfertigung und Auftragsfertigung zu erreichen.

Telekommunikation
Sie wird in der Logistik in zweierlei Hinsicht eingesetzt. Zum einen wird sie dafür verwendet, einen Auftraggeber bzw. Versender permanent über den Standort einer Sendung, über Transportzeiten, Ankunftszeiten u. Ä. zu informieren und zum anderen wird sie zur Fahrzeugplanung, -überwachung eingesetzt.

Tertiärbedarf
Er ist der Bedarf an Hilfsmitteln, Betriebsstoffen und Verschleißwerkzeugen.

Tourenplanung
Von einem Depot werden innerhalb eines bestimmten Planungszeitraumes bestimmte Knoten (in größeren Orten u. U. Zusammenfassungen von mehreren Kunden) beliefert. Der Bedarf der Knoten lässt sich jeweils mit einer Lieferung decken. Im Depot sind gleichartige Fahrzeuge mit der gleichen Kapazität verfügbar.

Dieses **Standardproblem** tritt in Variationen auf. Die Tourenplanung hat die Zielsetzungen: Minimierung der Transportstrecke, der Transportzeit, der proportionalen Kosten, der Fahrzeugzahl.

Transportkosten
Sie umfassen Personalkosten, Energiekosten, Wartungs- und Instandhaltungskosten, Zinskosten, Versicherungskosten, anteilige Raum-, Verwaltungs- und Leitungskosten.

Transportkosten entstehen beim Transport von Roh-, Hilfs- und Betriebsstoffen, unfertigen Erzeugnissen, Fertigerzeugnissen, Abfall, Ausschuss und Personen.

Transportsysteme
Sie sind eines der wichtigsten logistischen Betrachtungsobjekte. Zur Überwindung der räumlichen Distanzen müssen Instrumente geplant eingesetzt und kontrolliert werden. Diese Instrumente werden zu Systemen zusammengefasst.

Man unterscheidet

- innerbetriebliche Transportsysteme
- außerbetriebliche Transportsysteme.

Unstetigförderer
Sie zählen zu den Fördermitteln und sind dadurch gekennzeichnet, dass sie die Transportrichtung größtenteils bestimmen können und darüber hinaus während der Transportwege Unterbrechungen möglich sind.

Unternehmensziele
Sie sind die Zielvorstellungen für das Gesamtunternehmen, die die Unternehmensleitung aus ihrer Unternehmensphilosophie und den darauf basierenden Unternehmensgrundsätzen ableitet.

Veredlungsfunktion
Sie wird auch als Produktionsfunktion bezeichnet. Sie wird immer dann realisiert, wenn durch die Lagerung eine Qualitätsverbesserung des Lagergutes erreicht wird.

Vermittlungsgeschäft
Es ist eine Form der direkten Beschaffungswege. Der Vertragsabschluss und die Vertragserfüllung erfolgen direkt zwischen den Lieferanten und dem Abnehmer. Ein zwischengeschalteter Vermittler ist lediglich in der Geschäftsanbahnung aktiv.

Vertreter
Beim Vertreter handelt es sich um einen selbstständigen Gewerbetreibenden, der ständig damit betraut ist, für einen anderen Unternehmer Geschäfte zu vermitteln oder in dessen Namen abzuschließen (§ 84 HGB).

Verwendungsnachweis
Der Verwendungsnachweis spiegelt die Zusammensetzung eines Erzeugnisses und damit seinen Materialbedarf wider. Er gibt an, in welchen Produkten die einzelnen verwendeten Bestandteile enthalten sind.

Werkstattfertigung
Bei dieser Fertigungsstruktur, die nach dem Verrichtungsprinzip abläuft, werden die Maschinen, maschinellen Anlagen und Arbeitsplätze mit gleichartigen Verrichtungen räumlich in einer Werkstatt zusammengefasst, z. B. zu einer Dreherei oder Buchhaltung.

Wettbewerbsstrategien
Die Strategien sollen einen Beitrag leisten, dem Unternehmen die Marktposition zu sichern, rasch auf Marktveränderungen zu reagieren, die Position des Unternehmens durch strategische Maßnahmen zu verbessern.

Man unterscheidet

- die Strategie der umfassenden Kostenführerschaft
- die Strategie der Differenzierung
- die Strategie der Konzentration.

Wirtschaftlichkeitskontrolle
Die Wirtschaftlichkeitskontrolle überprüft durch

- Soll-/Istvergleich
- Zeitvergleich
- Betriebsvergleich

die Effizienz von Entscheidungen und Maßnahmen.

Zeilenlager
Ein Zeilenlager liegt vor, wenn die Lagergüter in Zeilen auf dem Lagerboden gelagert werden. Dies erlaubt bei einem großen Raumbedarf einen raschen Zugriff auf die Güter.

Ziele
Ziele sind Absichtserklärungen der Leitungsfunktionen von Unternehmen. Durch sie wird ein künftiger Zustand angepeilt.

A. Grundlagen

Becker, J., Marketing-Konzeption, 9. Auflage, München 2009

Beinert, C., Bestandsaufnahme Risikomanagement, in: Reichling, P., (Hrsg.), Risikomanagement und Rating, Wiesbaden 2002

Berschin, H. H., Handbuch Controlling, München 1989

Bichler/Schröter, Praxisorientierte Logistik, 3. Auflage, Stuttgart/Berlin/Köln 2004

Bramsemann, R., Handbuch Controlling, Methoden und Techniken, 3. Auflage, München/Wien 1993

Bünder, H., Logistik 2,0, in: Frankfurter Allgemeine Zeitung Nr. 141/2007

Bussiek, J., Anwendungsorientierte Betriebswirtschaftslehre für Klein- und Mittelunternehmen, 2. Auflage, München/Wien 1996

Dehr, G., Organisation des Marketingcontrollings, in: Reinecke/Tomczak/Geis (Hrsg.), Handbuch Marketingcontrolling, Frankfurt/Wien 2001

Ebel, B., Kompakt-Training Produktionswirtschaft, 3. Auflage, Herne 2013

Ebel, B., Produktionswirtschaft, 9. Auflage, Ludwigshafen/Rhein 2009

Ehrmann, H., Kompakt-Training Balanced Scorecard, 4. Auflage, Ludwigshafen/Rhein 2007

Ehrmann, H., Kompakt-Training Risikomanagement in Unternehmen, 2. Auflage, Herne 2012

Ehrmann, H., Logistik, 7. Auflage, Herne 2012

Ehrmann, H., Unternehmensplanung, 6. Auflage, Herne 2013

Eschenbach/Haddad, Die Balanced Scorecard: Führungsinstrument im Handel. Ein Handbuch für den Praxiseinsatz, Wien 1999

Fey, P., Logistik-Management und integrierte Unternehmensplanung, München 1989

Friedag/Schmidt, Balanced Scorecard – Mehr als ein Kennzahlensystem, 4. Auflage, Freiburg i. Br. 2002

Gudehus/Schönsieben, Integrales Logistikmanagement. Planung und Steuerung von umfassenden Geschäftsprozessen, 2. Auflage, Berlin 2000

Hahn, D., Risikomanagement, Stand und Entwicklungstendenzen, in: zfo, 3. 1987, S. 137 - 15

Hammer, R. M., Unternehmensplanung, 7. Auflage, München 1998

Heigl, A., Controlling - Interne Revision, 2. Auflage, Stuttgart/New York 1989

Heinen, E., Das Zielsystem der Unternehmung, 3. Auflage, Wiesbaden

Heiserich, O.-E., Logistik, 4. Auflage, Wiesbaden 2011

Helten, E., Risk-Management und Versicherung, Karlsruhe 1978

Hinterhuber, H. H., Fließprinzip, in: HWB, 4. Auflage, Stuttgart 1984, Sp. 1504 - 1509

Hinterhuber, H. H., Strategische Unternehmensführung, Band I: Strategisches Denken, 7. Auflage, Berlin/New York 2004

Horvath, P., Controlling, 12. Auflage, München 2011

Horvath & Partner, Balanced Scorecard umsetzen, 5. Auflage, Stuttgart 2012

Huber, Ph., Informationsflüsse und die Computerintegration in der Logistik, in: Rupper, P. (Hrsg.), Unternehmens-Logistik. Ein Handbuch für Einführung und Ausbau der Logistik im Unternehmen, 3. Auflage, Zürich/Köln 1991

Ihde, G. B., Transport, Verkehr, Logistik: gesamtwirtschaftliche Aspekte und einzelwirtschaftliche Handhabung, 3. Auflage, München 2001

Isermann, H. (Hrsg.), Logistik, Beschaffung, Produktion, Distribution, 2. Auflage, Landsberg/Lech 1998

Isermann, H., Logistik im Unternehmen – eine Einführung, in: Isermann, H. (Hrsg.), Logistik, 2. Auflage, Landsberg/Lech 1998

Jünemann, R., Materialfluss und Logistik, Berlin/Heidelberg/New York 1989

Kaplan/Norton, Balanced Scorecard. Strategien erfolgreich umsetzen, aus dem Amerikanischen von Horvath, P. u. a., Stuttgart 1997

Kiener, J., Marketing-Controlling, Darmstadt 1980

Klepzig, H.-J., Logistikstrategie – der Wertschöpfungskette Beine machen, in: Schmidt, K.-J. (Hrsg.), Logistik, Wiesbaden 1993

Klimke, W., Basis-Strategien zur Ausrichtung der Logistik-Konzeption eines Unternehmens, in: DGfL (Hrsg.): 4. Internationaler Logistik Kongress. Tagungsunterlage, Dortmund 1983, S. 215 - 218

Klöpper, H.-J., Logistikorientiertes strategisches Management. Erfolgspotentiale im Wettbewerb, Köln 1991

Koch, H., Aufbau der Unternehmensplanung, Wiesbaden 1986

Koch, H., Integrierte Unternehmensplanung, Wiesbaden 1995

Kosiol, E., Organisation der Unternehmung, 2. Auflage, Wiesbaden 1962

Kraljic, P., Versorgungsmanagment statt Einkauf, in: Harvard manager, H. 1, 1985, S. 6 - 14

Kreikebaum, H., Strategische Unternehmensplanung, 6. Auflage, Stuttgart 1997

Kummer, S., Logistik im Mittelstand. Stand und Kontextfaktoren der Logistik in mittelständischen Unternehmen, Stuttgart 1999

Kummer, S., Strategisches Logistikmanagement, in: Beschaffung aktuell, 1990, Nr. 5, S. 56 - 64

La Londe/Zinser, Customer Service: Meaning and Measurement, Chicago Ill 1976

Melzer-Ridinger, R., Produktion und Logistik, in: Pepels, W. (Hrsg.), Betriebswirtschaftslehre im Nebenfach, Stuttgart 1999

Melzer-Ridinger, R., Materialwirtschaft und Einkauf, Band 1, Beschaffung und Supply Chain Management, München 2008

Mertens, B., Die neuen Dienste, in: impulse, 12/2006, S. 46 - 49

Messinger/Rüdenberg, Das Große Wörterbuch Englisch, Berlin/München 1977

Oeldorf/Olfert, Material-Logistik, 13. Auflage, Herne 2013

Oepping, H., Integration von Risikomanagement und Rating, in: Everling O., (Hrsg.), Rating-Chancen für den Mittelstand nach Basel II, 2. Auflage, Wiesbaden 2001

Olfert/Rahn, Einführung in die Betriebswirtschaftlehre, 11. Auflage, Herne 2013

Olfert/Rahn, Lexikon der Betriebswirtschaftslehre, 8. Auflage, Herne 2013

Olfert/Steinbuch, Organisation, 13. Auflage, Ludwigshafen/Rhein 2003

Olfert, K., Organisation, 16. Auflage, Herne 2012

Pfohl, H.-C., Logistiksysteme, 8. Auflage, Berlin/Heidelberg/New York/Tokio 2009

Piontek, J., Controlling, 3. Auflage, München 2005

Piontek, J., Bausteine des Logistikmanagements, 3. Auflage, Herne 2009

Preißler, P. R., Controlling, 13. Auflage, München/Wien 2007

Rahn, H.-J., Unternehmensführung, 8. Auflage, Herne 2012

Reichel, J., Effiziente Kooperation von Industrie und Handel durch ECR, in: Pepels, W. (Hrsg.)

Handbuch Vertrieb, München/Wien 2002

Rupper, P., Die Logistik organisatorisch verankern, in: Rupper, P. (Hrsg.), Unternehmens-Logistik, Zürich/Köln 1991

Schmidt, K.-J., Logistik im Unternehmen, in: Schmidt, K.-J. (Hrsg.), Logistik, Braunschweig/Wiesbaden 1993

Schröder, E., Modernes Unternehmens-Controlling. Handbuch für die Unternehmenspraxis, 8. Auflage, Ludwigshafen/Rhein 2003

Schüle, H., Prozess- und Qualitätsmanagement, in: Pepels, W. (Hrsg.), Betriebswirtschaftslehre im Nebenfach, Stuttgart 1999

Schulte, Ch., Logistik, Wege zur Optimierung des Material- und Informationsflusses, 5. Auflage, München 2009

Schulte, Ch., Organisatorische Gestaltung der Logistik, in: ZfO 60 (1991) 6, S. 402 - 408

Stolpmann, M., Business-to-Business-Onlinevertrieb, in: Pepels, W. (Hrsg.), Handbuch Vertrieb, München/Wien 2002

Thom/Zaugg, Moderne Personalentwicklung, Mitarbeiterpotenzial erkennen und fördern, 3. Auflage, Wiesbaden 2008

Vahrenkamp, R., Logistikmanagement, 6. Auflage, München/Wien 2007

Weber, J., Thesen zum Verständnis und Selbstverständnis der Logistik, in: ZfB, 42. Jg. (1990), S. 976 - 986

Weber, J., Logistik als Koordinationsfunktion. Zur theoretischen Fundierung der Logistik, in: ZfB, 62. Jg. (1992), S. 877 - 895

Weber, J., Logistikmanagement – Verankerung des Flussprinzips im Führungssystem des Unternehmens, in: Isermann, H. (Hrsg.), Logistik, 2. Auflage, Landsberg/Lech 1998

Weber/Kummer, Logistikmanagement. Führungsaufgaben zur Umsetzung des Flussprinzips im Unternehmen, 2. Auflage, Stuttgart 1998

Weber/Kummer, Aspekte des betriebswirtschaftlichen Managements der Logistik, in: DBW, 50. Jg. (1990), S. 775 - 787

Weber/Weise/Kummer, Einführen von Logistik. Eine spannende Einführung zum programmierten Erfolg, Stuttgart 2002

Ziegenbein, K., Controlling, 10. Auflage, Herne 2012

B. Logistik-Instrumente

Aberle, G., Verkehrsinfrastruktur und deren Auswirkungen auf die Unternehmenslogistik, in: Isermann, H. (Hrsg.), Logistik, 2. Auflage, Landsberg/Lech 1998

Aberle/Hofmann, Begleitheft zum Infrastrukturgipfel 2012 auf dem EUREF

Beder, H., Der Luftfrachtverkehr, in: Isermann, H. (Hrsg.), Logistik, 2. Auflage, Landsberg/Lech 1998

Bichler/Schröter, Praxisorientierte Logistik, 4. Auflage, Stuttgart/Berlin/Köln 2009

Blohm/Lüder, Investition, 8. Auflage, München 1995

Bramsemann, R., Handbuch Controlling. Methoden und Techniken, 3. Auflage, München/Wien 1993

Darkow, I. L., Leistungen für das Management der Supply Chain, in: Baumgarten/Darkow/Zadek (Hrsg.) Supply Chain, Steuerung und Services, Berlin/Heidelberg/New York 2004

Ebel, B., Kompakt-Training Produktionswirtschaft, 3. Auflage, Herne 2013

Ebel, B., Produktionswirtschaft, 9. Auflage, Ludwigshafen/Rhein 2009

Ehrmann, H., Kostenrechnung, 2. Auflage, München/Wien 1997

Ehrmann, H., Marketing-Controlling, 4. Auflage, Ludwigshafen/Rhein 2004

Ehrmann, H., Logistik, 7. Auflage, Herne 2012

Ehrmann, H., Unternehmensplanung, 6. Auflage, Herne 2013

Engineering Dematic, Wetter 1998

Fey, P., Logistik-Management und integrierte Unternehmensplanung, München 1989

Heiserich, E.-O., Logistik, 4. Auflage, Wiesbaden 2011

Herden/Marx Gomez/Rautenstrauch/Zwanziger, Software-Architekturen für das E-Business, Berlin 2006

Holzwarth, J., Wie Sie aus Ihrem Kostenrechnungssystem eine Prozesskostenrechnung ableiten, in: Kostenrechnungspraxis, Zeitschrift für Controlling, 6/1990, S. 368 - 371

Isermann, H., Transportplanung und Transportmodell, in: HWB, 5. Auflage, Stuttgart 1993, Sp. 4204 - 4216

Jahrmann, F., Außenhandel, 13. Auflage, Herne 2010

Jünemann, R., Materialfluss und Logistik, Berlin/Heidelberg u. a. 1998

Kettner, H. u. a., Leitfaden der systematischen Fabrikplanung, München/Wien 2010

Kopsidis, R. M., Materialwirtschaft – Grundlagen, Methoden, Techniken, Politik, 3. Auflage, München/Wien 1997

Korndörfer, W., Unternehmensführungslehre, Einführung, Entscheidungslogik, Soziale Komponenten im Entscheidungsprozess, 9. Auflage, Wiesbaden 1999

Nieschlag/Dichtl/Hörschgen, Marketing, 19. Auflage, Berlin 2002

Olfert, K., Investition, 12. Auflage, Herne 2012

Olfert, K., Kostenrechnung, 17. Auflage, Herne 2013

Olfert/Rahn, Einführung in die Betriebswirtschaftslehre, 11. Auflage, Herne 2013

Olfert/Rahn, Lexikon der Betriebswirtschaftslehre, 8. Auflage, Herne 2013

Piontek, J., Internationale Logistik, Stuttgart/Berlin/Köln 1997

Rau/Rüd, Erfahrungen mit der Prozesskostenrechnung, in: Kostenrechnungspraxis, Zeitschrift für Controlling, 1/1991, S. 13 - 17

v. Reibnitz, U., So können auch Sie die Szenario-Technik nutzen, in: Marketing-Journal, 14. Jg. 1981 Nr. 1, S. 37 - 41

Schulte, Ch., Logistik, Wege zur Optimierung des Material- und Informationsflusses, 5. Auflage, München 2009

Schulte, Ch., Wettbewerbsvorteile durch Informationstechnik. Unternehmensübergreifendes Logistiksystem für die Transportkette, in: WiSt. 18 (1982), 2, 85 - 86

Schulze/Weber, Die Einbindung konventioneller Flurförderzeuge in ein CIM-Konzept, in: Der Betriebsleiter, 1987/4, S. 12 - 18

Spelthahn/Schlossberger/Steger, Umweltbewusstes Transportmanagement, Bern/Stuttgart/Wien 1998

Stadtler, H., Gestaltung von Lagersystemen, in: Isermann, H. (Hrsg.), Logistik, 2. Auflage, Landsberg/Lech 1998

Thome, R., e-Business. Informatik. Spektrum. Band 25 Heft 2, 2002, S. 151 ff.

Vahrenkamp, R., Logistikmanagement, 6. Auflage, München/Wien 2007

Venitz, M., Lager-, Puffer-, Bereitstellungsstrategien und Systeme, in: Schmidt, K.-J. (Hrsg.), Logistik. Grundlagen. Konzepte. Realisierung, Braunschweig/Wiesbaden 1993

Weis, H. C., Marketing, 16. Auflage, Herne 2012

Wiendahl/Voigts, Betriebsstättenplanung, in: RKW (Hrsg.), PPS-Fachmann, Band 3, Planung, Baustein 12, Eschborn 1987, S. 1 - 118

v. Wysocki, K., Grundlagen des betriebswirtschaftlichen Prüfungswesens, 3. Auflage, München 1988

Zwicky, F., Entdecken, Erfinden, Forschen im morphologischen Weltbild, 2. Auflage, München 1989

Online-Quellen

http://www.dachser.com/de/de/SID-6C286547-6F36F9BB/it_elogistics.htm

http://www.dachser.com/de/de/it_elogistics.htm

http://www.deutschebahn.com/de/konzern/geschaeftsfelder/dbschenker_rail_.html

http://www.dbschenker.com/ho-de/ueber_dbschenker/db_schenker_logistics/profil.html

http://www.railcargo.at/de/Unsere_Leistungen/index.jsp

http://www.sbbcargo.com/de/angebot.html

http://www.bmwi.de

http://www.kurs.de/e-business.htm

http://www.existenzgruender.de/recherchecenter/suche/index.php?searchterms=E.Bus...

http://www.existenzgruender.de/selbstaendigkeit/vorbereitung/gruendungswissen/ebu...

C. Beschaffungslogistik

Arnolds/Heege/Tussing, Materialwirtschaft und Einkauf, 11. Auflage, Wiesbaden 2010

Bichler/Beck, Beschaffung und Lagerhaltung im Handelsbetrieb, Teil 1, 3. Auflage, Wiesbaden 1999

Bichler/Beck, Beschaffung und Lagerhaltung im Handelsbetrieb, Teil 2, 2. Auflage, Wiesbaden 1999

Bichler/Schröter, Praxisorientierte Logistik, 4. Auflage, Stuttgart/Berlin/Köln 2009

Bussiek/Ehrmann, Buchführung, 9. Auflage, Herne 2010

Ebel, B., Kompakt-Training Produktionswirtschaft, 3. Auflage, Herne 2013

Ebel, B., Produktionswirtschaft, 9. Auflage, Ludwigshafen/Rhein 2009

v. Eicke/Femerling, Modular Sourcing. Ein Konzept zur Neugestaltung der Beschaffungslogistik, München 1991

Ehrmann, H., Marketing-Controlling, 4. Auflage, Ludwigshafen/Rhein 2004

Ehrmann, H., Logistik, 7. Auflage, Herne 2012

Ehrmann, H., Unternehmensplanung, 6. Auflage, 2013

Grochla, E., Grundlagen der Materialwirtschaft, 3. Auflage, Wiesbaden 1992

Hartmann, H., Materialwirtschaft, 9. Auflage, Stuttgart 2002

Heiserich, E.-O., Logistik, 4. Auflage, Wiesbaden 2011

Jünemann, R., Den Faktor Information nutzen, in: Handelsblatt (Hrsg.): Jahrbuch der Logistik 1987, Düsseldorf/Frankfurt 1987, S. 6 - 7

Köhler, R., Absatzsegmentrechnung, in: HWR, 3. Auflage, Stuttgart 1983, Sp. 7 - 15

Kopsidis, R. M., Materialwirtschaft – Grundlagen, Methoden, Techniken, Politik, 3. Auflage, München/Wien 1997

Kracke/Hildebrandt/Runge/Voges, Güterverkehrs- und -verteilzentren, in: Isermann, H. (Hrsg.), Logistik, 2. Auflage, Landsberg/Lech 1998

Kraljic, P., Versorgungsmanagement statt Einkauf, in: Harvard manager, H. 1, 1985, S. 6 - 14

Melzer-Ridinger, R., Materialwirtschaft, 3. Auflage, München 1994

Oeldorf/Olfert, Material-Logistik, 13. Auflage, Herne 2013

Olfert/Rahn, Einführung in die Betriebswirtschaftslehre, 11. Auflage, Herne 2013

Olfert/Rahn, Lexikon der Betriebswirtschaftslehre, 8. Auflage, Herne 2013

Rogalla, U., Die Anforderungen einer umfassenden Logistikstrategie an die Organisation am Beispiel der Automobilzulieferindustrie, Diplomarbeit, Bielefeld 1993

Schulte, Ch., Logistik. Wege zur Optimierung des Material- und Informationsflusses, 5. Auflage, München 2009

Sommerer, G., Materielle Versorgungs- und Bereitstellungsprozesse für die industrielle Fertigung - Instrumentarien zur Entscheidungsfindung, in: Isermann, H. (Hrsg.), Logistik, Landsberg/Lech 1994

Specht/Ahrens/Wolter, Material + Fertigungswirtschaft. Produktionslogistik mit PPS-Systemen, Ludwigshafen/Rhein 1994

Specht/Wolter, Produktionslogistik mit PPS-Systemen, 2. Auflage, Ludwigshafen 1997

Spelthahn/Schlossberger/Steger, Umweltbewusstes Transportmanagement, Bern/Stuttgart/Wien 1998

Tempelmeier, H., Quantitative Marketing-Logistik, 6. Auflage, Berlin 2003

Vahrenkamp, R., Logistikmanagement, 6. Auflage, München/Wien 2007

Vry, W., Beschaffung und Lagerhaltung, 7. Auflage, Ludwigshafen/Rhein 2004

Weber/Kummer, Logistik-Management. Führungsaufgaben zur Umsetzung des Flussprinzips im Unternehmen, 2. Auflage, Stuttgart 1998

Weis, H. C., Marketing, 16. Auflage, Herne 2012

Wildemann, H., Das Just-in-Time-Konzept, Produktion und Zulieferung auf Abruf, 5. unveränderte Auflage, St. Gallen: gfmt 2000

v. Wysocki, B. F., Grundlagen des betriebswirtschaftlichen Prüfungswesens, 3. überarbeitete Auflage, München 1988

Wyss, B., Produktionslogistik: Zielfelder und Ansätze zur Umsetzung in der Praxis, in: Rupper, P., Unternehmenslogistik. Ein Handbuch für Einführung und Ausbau der Logistik im Unternehmen. Zürich/Köln 1991

D. Lagerlogistik

Berschin, H. H., Handbuch Controlling, München 1989

Bichler, K. e. a., Beschaffungs- und Lagerwirtschaft, 9. Auflage, Wiesbaden 2010

Bichler/Schröter, Praxisorientierte Logistik, 4. Auflage, Stuttgart/Berlin/Köln 2009

Blohm/Lüder, Investition, 9. Auflage, München 2006

Blom/Harlander, Logistik-Management. Der Aufbau ganzheitlicher Logistikketten in Theorie und Praxis, 2. Auflage, Wien 2003

Bullinger, H., Handbuch des Informationsmanagements im Unternehmen, München 1991

Bussiek/Ehrmann, Buchführung, 9. Auflage, Herne 2010

Ehrmann, H., Kostenrechnung, 2. Auflage, München/Wien 1997

Ehrmann, H., Logistik, 7. Auflage, Herne 2012

Ehrmann, H., Unternehmensplanung, 6. Auflage, Herne 2013

Eschenbach, R., Erfolgspotenzial Materialwirtschaft, Wien/München 1990

Grochla, E., Grundlagen der Materialwirtschaft, 3. Auflage, Wiesbaden 1992

Grupp, B., Materialwirtschaft mit EDV, 6. Auflage, Grafenau 2003

Gudehus, T., Grundlagen der Kommissioniertechnik, Essen 1973

Hartmann, H., Materialwirtschaft, 9. Auflage, Stuttgart 2002

Heiserich, E.-O., Logistik, 4. Auflage, Wiesbaden 2011

Horvath, P., Controlling, 12. Auflage, München 2011

Ihde, G. B., Unerwünschte Vorräte. Minimale Lagerhaltung erhöht die Produktivität und verringert außerdem die Belastung der Umwelt, in: Wirtschaftswoche Nr. 48, 1990, S. 113 - 116

Kämpf/Kühnle, Lagerverwaltung und -steuerung mit einem PC, in: AV, 23 (1986) 2, S. 45 - 47

Kopsidis, R. M., Materialwirtschaft. Grundlagen, Methoden, Techniken, Politik, 3. Auflage, München/Wien 1997

Lerchenmüller, M., Handelsbetriebslehre, 4. Auflage, Ludwigshafen/Rhein 2003

Melzer-Ridinger, R., Materialwirtschaft, 3. Auflage, München 1994

Melzer-Ridinger, R., Materialwirtschaft und Einkauf, Band 1, Beschaffung und Supply Chain Management, 4. Auflage, München 2008

Oeldorf/Olfert, Material-Logistik, 13. Auflage, Herne 2013

Olfert/Rahn, Einführung in die Betriebswirtschaftslehre, 11. Auflage, Herne 2013

Olfert/Rahn, Lexikon der Betriebswirtschaftslehre, 8. Auflage, Herne 2013

Preißler, P. R., Controlling, 13. Auflage, München/Wien 2007

Reichel/Reichmann, Controlling mit Kennzahlen, 6. Auflage, München 2001

Rinker/Ditges/Arendt, Bilanzen, 14. Auflage, Herne 2012

Rupper, P., Lagerlogistik: BWI-Vorgehenskonzept und Planungsgrundlagen, in: Rupper, P. Unternehmenslogistik. Ein Handbuch für Einführung und Ausbau der Logistik im Unternehmen, Zürich/Köln 1991

Sagner, M., Belegloses Kommissionieren, in: VDI (Hrsg.), Steigerung der Wirtschaftlichkeit im konventionellen Lager, Düsseldorf 1985, S. 251 - 258

Schröder, E. F., Modernes Unternehmens-Controlling, 8. Auflage, Ludwigshafen/Rhein 2003

Schulte, Ch., Logistik. Wege zur Optimierung des Material- und Informationsflusses, 5. Auflage, München 2009

Schulte, Ch., Konzepte der Materialbereitstellung, in: Corsten, H. (Hrsg.): Handbuch Produktionsmanagement, Wiesbaden 1994, S. 189 - 205

Semmelroggen, H. G., Logistik im Unternehmen 11 (1997), Nr. 1/2, Januar/Februar

Wannewetsch, H., Integrierte Materialwirtschaft und Logistik. Eine Einführung, 4. Auflage, Berlin 2010

Weber, J., Logistik-Controlling, 4. Auflage, Stuttgart 1995

Weber/Kummer, Logistikmanagement, Führungsaufgaben zur Umsetzung des Flussprinzips im Unternehmen, 2. Auflage, Stuttgart 1998

Weber, R., Zeitgemäße Materialwirtschaft mit Lagerhaltung, 8. Auflage, Ehningen bei Böblingen 2006

Ziegenbein, K., Controlling, 10. Auflage, Herne 2012

E. Produktionslogistik

Abeln, O., Die CA-Techniken in der industriellen Praxis, 3. Auflage, München 1994

ACTIS, FORS Fortschrittszahlensystem für Automobilzulieferer, Leistungsbeschreibung, Stuttgart 1985

Becker/Rosemann, Logistik und CIM. Die effiziente Material- und Informationsflussgestaltung im Industrieunternehmen, Berlin u.a. 2007

Bichler/Kalker/Wilken, Logistikorientiertes PPS-System, Wiesbaden 1999

Bichler/Schröter, Praxisorientierte Logistik, 4. Auflage, Stuttgart/Berlin/Köln 2009

Brandt, H.-P., Rechnergestützte Layoutplanung von Industriebetrieben, Köln 1989

Corsten, H., Produktionswirtschaft. Einführung in das industrielle Produktionsmanagement, 1. Auflage, München/Wien 1990

Corsten, H., Produktionswirtschaft. Einführung in das industrielle Produktionsmanagement, 6. Auflage, München/Wien 1996

Corsten, H., Produktionswirtschaft. Einführung in das industrielle Produktionsmanagement, 10. Auflage, München/Wien 2004

Corsten, H., Produktionswirtschaft. Einführung in das industrielle Produktionsmanagement, 12. Auflage, München/Wien 2009

Ebel, B., Kompakt-Training Produktionswirtschaft, 3. Auflage, Herne 2013

Ebel, B., Produktionswirtschaft, 9. Auflage, Ludwigshafen/Rhein 2009

Ehrmann, H., Logistik, 7. Auflage, Herne 2012

Ehrmann, H., Unternehmensplanung, 6. Auflage, Herne 2013

Götzelmann, F., Computergestützte Layoutplanung von Fabrikanlagen – Bestandsaufnahme und Beurteilung, Diplomarbeit, Köln 1986

Goldratt, E. M., Computerized Shop Floor Scheduling, in: International Journal of Production Research, 1988, S. 443 ff.

Günther/Tempelmeier, Produktion und Logistik, 8. überarbeitete und erweiterte Auflage, Berlin/Heidelberg/New York usw. 2009

Heinemeyer, W., Fortschrittszahlen als Instrument zur Fertigungsplanung und -steuerung bei der Daimler Benz AG, in: BVL: (Hrsg.): Deutscher Logistik Kongress 1984, Band 2, Bremen 1984, S. 844 - 881

Heinen, E., Industriebetriebslehre, 9. Auflage, Wiesbaden 2002

Heinzel, R., Rechnergestützte Fabrikplanung mit LAYPLA, in: Techno Congress-Tagung „Rechnergestützte Fabrikplanung", München 1985

Heiserich, E.-O., Logistik, 4. Auflage, Wiesbaden 2011

Hüttel, K., Produktpolitik, 3. Auflage, Ludwigshafen/Rhein 1998

Koether, R., Technische Logistik, 3. Auflage, München/Wien 2007

Liebstückel, K., Die Bewertung von EDV-gestützten Produktionsplanungs- und -steuerungssystemen (PPS) aus betriebswirtschaftlicher Sicht, Dissertation, Würzburg 1986

Martin, H., Eine Methode zur integrierten Betriebsmittelanordnung und Transportplanung, Dissertation, Berlin 1976

Olfert/Rahn, Einführung in die Betriebswirtschaftslehre, 11. Auflage, Herne 2013

Olfert/Rahn, Lexikon der Betriebswirtschaftslehre, 8. Auflage, Herne 2013

Olfert/Steinbruch, Organisation, 13. Auflage, Ludwigshafen/Rhein 2003

Reese, J., Standort- und Belegungsplanung für Maschinen in mehrstufigen Produktionsprozessen, Berlin/Heidelberg/New York 1980

Scheer, A.-W., Strategie und Entwicklung eines CIM-Konzeptes, Veröffentlichungen des Instituts für Wirtschaftsinformatik, Nr. 51, Saarbrücken 1986

Scheer, A.-W., Integrierte PPS-Systeme, in: Scheer, A.-W., Wirtschaftsinformatik, Informationssysteme im Industriebetrieb, 2. Auflage, Berlin/Heidelberg/New York usw. 1988, S. 262 - 280

Scheer, A.-W., CIM: Der computergesteuerte Industriebetrieb, 4. Auflage, Berlin/Heidelberg/New York 1990

Scheer, A.-W., Architektur integrierter Informationssysteme. Grundlagen der Unternehmensmodellierung, 2. Auflage, Berlin/Heidelberg/New York 1992

Scheer, A.-W., Wirtschaftsinformatik, Referenzmodelle für industrielle Geschäftsprozesse, 7. Auflage, Berlin/Heidelberg/New York 1997

Schulte, Ch., Logistik. Wege zur Optimierung des Material- und Informationsflusses, 5. Auflage, München 2009

Schulte, Ch., Das Modell der Fertigungssegmentierung aus personeller und organisatorischer Sicht, Bergisch Gladbach/Köln 1989

Specht/Ahrens/Wolter, Material + Fertigungswirtschaft. Produktionslogistik mit PPS-Systemen, Ludwigshafen/Rhein 1994

Specht/Wolter, Produktionslogistik mit PPS-Systemen, 2. Auflage, Ludwigshafen 1997

Steinbuch, P. A., Betriebliche Informatik, 7. Auflage, Ludwigshafen/Rhein 1998

Steinmann, D., Konzeption zur Integration wissensbasierter Anwendungen in konventionellen Systemen der Produktionsplanung und -steuerung (PPS) im Bereich der Fertigungssteuerung, in: Scheer, A.-W. (Hrsg.), Betriebliche Expertensysteme II: Einsatz von Expertensystem-Prototypen in betriebswirtschaftlichen Funktionsbereichen, Wiesbaden 1989

Tempelmeier, H., Material-Logistik. Modelle und Algorithmen für die Produktionsplanung und -steuerung und das Supply Chain-Management, 6. Auflage, Berlin 2006

Wäscher, G., Innerbetriebliche Standortplanung. Modelle bei einfacher und mehrfacher Zielsetzung, in: ZfbF, 36. Jg. (1984), S. 930 - 958

Warnecke, H.-J., Die fraktale Fabrik, Revolution der Unternehmenskultur, Berlin/Heidelberg 1992

Warnecke, H.-J., Die fraktale Fabrik, Revolution der Unternehmenskultur, 2. Auflage, Reinbek 1996

Weber/Kummer, Logistikmanagement. Führungsaufgaben zur Umsetzung des Flussprinzips im Unternehmen, 2. Auflage, Stuttgart 1998

Wildemann, H., Werkstattsteuerung: Manuelle und DV-gestützte Lösungen. RKW-Schriftenreihe „Produktionsplanung und Produktionssteuerung". Merkblatt 8, Eschborn 1982

Wildemann, H., Flexible Werkstattsteuerung durch Integration von KANBAN-Prinzipien, München 1984

Wildemann, H., Produktionssynchrone Steuerung von Zulieferungen, in: Kreikebaum, H. u. a. (Hrsg.): Industriebetriebslehre in Wissenschaft und Praxis, Berlin 1985, S. 179 - 195

Wildemann, H., Just-In-Time-Lösungskonzepte in Deutschland, in: Harvard manager, 8 (1986)

Wildemann, H., Das Just-In-Time-Konzept, 5. Auflage, Frankfurt 2000

Wildemann, H., Die modulare Fabrik. Kundennahe Produktion durch Fertigungssegmentierung, 5. Auflage, München 2000

Wyss, B., Produktionslogistik: Zielfelder und Ansätze zur Umsetzung in der Praxis, in: Rupper, P., Unternehmenslogistik. Ein Handbuch für Einführung und Ausbau der Logistik im Unternehmen, Zürich und Köln 1991

Zäpfel/Missbauer, Traditionelle Systeme der Produktionsplanung und -steuerung in der Fertigungsindustrie, in: WiSt., 17. Jg. (1988), S. 73 - 77

Zäpfel/Missbauer, Neue Konzepte der Produktionsplanung und -steuerung in der Fertigungsindustrie, in: WiSt., 17. Jg. (1988), S. 127 - 131

F. Marketinglogistik

Becker, J., Marketing-Konzeption, 9. Auflage, München 2009

Besting, J., Ersatzteile online, Interview mit Josef Besting, in: Logistik und Transportmanagement, Beilage der FAZ Nr. 203 v. 2.9.1998

Bichler/Schröter, Praxisorientierte Logistik, 4. Auflage, Stuttgart/Berlin/Köln 2009

Boutellier/Lach, Produkteinführung. Herausforderung für Marketing und Logistik, München/Wien 2000

Domschke/Schildt, Standortentscheidungen in Distributionssystemen, in: Isermann, H. (Hrsg.), Logistik, 2. Auflage, Landsberg/Lech 1998

Ehrmann, H., Marketing-Controlling, 4. Auflage, Ludwigshafen/Rhein 2004

Ehrmann, H., Logistik, 7. Auflage, Herne 2012

Fleischmann, B., Tourenplanung, in: Isermann, H. (Hrsg.), Logistik, 2. Auflage, Landsberg/Lech 1998

Heiserich, E.-O., Logistik, 4. Auflage, Wiesbaden 2011

Isermann/Houtmann, Entsorgungslogistik in Industrieunternehmen, in: Isermann, H. (Hrsg.), Logistik, 2. Auflage, Landsberg/Lech 1998

Kotler, Ph., Marketing-Management, 11. völlig neubearbeitete Auflage, in deutscher Übersetzung, Stuttgart 2002

Kotler/Bliemel, Marketing-Management. Analyse, Planung, Umsetzung und Steuerung, 9. Auflage, Stuttgart 1999

Kuckelsberg, F., Analyse des Vertriebsmixes eines mittelständischen Zulieferers der Werkzeugmaschinenindustrie, Diplomarbeit, Bielefeld 1995

Meffert, H., Marketing-Management, Wiesbaden 2010

Meffert, H., Marketing, 10. Auflage, Wiesbaden 2008

Nieschlag/Dichtl/Hörschgen, Marketing, 19. Auflage, Berlin 2002

Olfert, K., Kostenrechnung, 17. Auflage, Herne 2013

Olfert/Rahn, Einführung in die Betriebswirtschaftslehre, 11. Auflage, Herne 2013

Olfert/Rahn, Lexikon der Betriebswirtschaftslehre, 8. Auflage, Herne 2013

Pfohl, H.-C., Marketing-Logistik, Mainz 1972

Pfohl, H.-C., Zur Formulierung einer Lieferservicepolitik. Theoretische Aussagen zum Angebot von Sekundärleistungen als absatzpolitisches Instrument, in: ZfbF, 29 (1977) 5, S. 239 - 255

Pfohl, H.-C., Mehr Kooperation mit Logistik-Dienstleistern, in: Handelsblatt, Nr. 136, 21. Juli 1987, S. 12

Pfohl, H.-C., Ersatzteil-Logistik, in Zfb 61 (1991) 9, S. 1027 - 1044

Schrecker, A., Planung und Steuerung fahrerloser Transportsysteme. Ansätze zur Unterstützung der Systemgestaltung, Berlin 2000

Schulte, Ch., Logistik. Wege zur Optimierung des Material- und Informationsflusses, 5. Auflage, München 2009

Tempelmeier, H., Quantitative Marketing-Logistik, 6. Auflage, Berlin 2003

Vahrenkamp, R., Logistikmanagement, 5. Auflage, München/Wien 2005

Weber/Kummer, Logistikmanagement. Führungsaufgaben zur Umsetzung des Flussprinzips im Unternehmen, 2. Auflage, Stuttgart 1998

Weis, H. C., Marketing, 16. Auflage, Herne 2012

A

B

C

K

L

M

N

O

P

Q

R